航天资源规划与调度

成像卫星学习型双层任务规划理论及应用

Theory and Application of Learning-Based Bi-level Task Planning for Imaging Satellites

何永明 陈英武 著

清华大学出版社
北京

内 容 简 介

本书创造性地提出了成像卫星学习型双层任务规划理论及应用。本书从成像卫星任务规划的发展趋势出发，详细阐述了成像卫星任务规划系统设计方法、学习型双层任务规划模型及求解框架，深入浅出地介绍了成像卫星运行控制和任务规划过程，便于读者快速理解本书的研究内容。针对任务规划问题的两个求解过程，分别设计确定性算法和强化学习算法，力求实现求解过程的通用性与高效性、求解效率与求解精度之间的有机统一。本书的研究成果可应用于实际工程问题中，理论分析过程也可为组合优化领域其他难题的求解提供思路与方法。

本书可作为系统工程、管理科学与工程、航空航天工程、运筹学、人工智能等专业学科的高年级本科生、研究生和高校教师的参考用书，也可供航天工业部门的工程技术人员、相关科研机构的研究人员，以及对卫星任务规划领域感兴趣的科技工作者阅读和参考。

图书在版编目（CIP）数据

成像卫星学习型双层任务规划理论及应用 / 何永明，陈英武著.—北京：清华大学出版社，2023.11
（航天资源规划与调度）
ISBN 978-7-302-64885-7

Ⅰ. ①成… Ⅱ. ①何… ②陈… Ⅲ. ①卫星图像–研究 Ⅳ. ①TP75

中国国家版本馆 CIP 数据核字（2023）第 214649 号

责任编辑： 陈凯仁
封面设计： 刘艳芝
责任校对： 薄军霞
责任印制： 沈　露

出版发行： 清华大学出版社
　网　　址： https://www.tup.com.cn, https://www.wqxuetang.com
　地　　址： 北京清华大学学研大厦 A 座　　**邮　　编：** 100084
　社 总 机： 010-83470000　　**邮　　购：** 010-62786544
　投稿与读者服务： 010-62776969, c-service@tup.tsinghua.edu.cn
　质量反馈： 010-62772015, zhiliang@tup.tsinghua.edu.cn
印 装 者： 天津鑫丰华印务有限公司
经　　销： 全国新华书店
开　　本： 170mm×240mm　**印　张：** 13.25　**插　　页：** 4　**字　　数：** 247 千字
版　　次： 2023 年 11 月第 1 版　**印　　次：** 2023 年 11 月第 1 次印刷
定　　价： 79.00 元

产品编号：101414-01

《航天资源规划与调度》编辑委员会

（2021年7月）

丛书序言

FOREWORD

2021年9月15日，习近平总书记在驻陕西部队某基地视察调研时强调，太空资产是国家战略资产，要管好用好，更要保护好。人造地球卫星作为重要的太空资产，已经成为获取天基信息的主要平台，天基信息是大国博弈制胜的利器之一，也是各科技强国竞相角力的主战场之一。随着"高分辨率对地观测系统""第三代北斗卫星导航系统"等国家重大专项工程建设及民营、商业航天产业的蓬勃发展，我国卫星呈"爆炸式"增长，为社会、经济、国防等重要领域提供了及时、精准的天基信息保障。

另外，受卫星测控站地理位置限制，我国卫星普遍存在的入境时间短、测控资源紧缺等问题日益突出；突发自然灾害、军事斗争准备等情况下的卫星应急响应已成为新常态；随着微电子、小卫星等技术的快速发展，卫星集成度越来越高、功能越来越多，卫星已具备一定的自主感知、自主规划、自主协同、自主决策能力，传统地面离线任务规划模式已无法适应大规模多功能星座发展和协同、高时效运用的新形势。这些问题都对卫星管控提出了新的更高要求。在此现状下，为应对飞速增长的卫星规模、有限的管控资源和应急响应的新要求，以现代运筹学和计算科学为基础的航天资源调度技术起到至关重要的作用，是保障卫星完成多样化任务、高效运行的关键。

近年来，在诸多学者与航天从业人员的推动下，航天资源调度技术取得了丰富的研究成果，在我国"北斗""高分""高景"等系列卫星为代表的航天资源调度系统中得到长期的实践与发展。目前，国内已出版了多部航天领域相关专著，但面向近年来发展起来的敏捷卫星调度、大规模多星协同、空天地资源协同调度、自主卫星在线调度等新问题，仍然缺乏详细和系统的研究和介绍。本套丛书涵盖航天资源调度引擎、基于精确算法的航天资源调度、基于启发式算法的航天资源调度、空天地资源协同调度、航天影像产品定价、面向应急救援的航天资源调度、航天资源调度典型应用等众多内容，力求丰富航天资源调度领域前沿研究成果。

本套丛书已有数册基本成形，也有数册正在撰写之中。相信在不久以后会有不少新著作出现，使航天资源调度领域呈现一片欣欣向荣、繁花似锦的局面，这正是丛书编委会的殷切希望。

丛书编委会

2021 年 7 月

前言

PREFACE

成像卫星平台的载荷能力逐渐加强、数量与日俱增，让成像卫星实现更广泛应用、产生更大社会效益的同时，也给成像卫星任务规划带来了新的挑战：综合管控精细化，导致问题中变量数目增加、决策维度升高、解空间变大，也对算法求解质量提出了更高的要求；快速响应常态化，导致用户对成像产品时间效率的期望不断提升，同时对算法运算效率和算法运行稳定性提出了更高的要求；约束条件复杂化，导致问题中变量之间的耦合关系加深，要求算法对不同类型、不同性质的成像卫星实现统一接入和有机整合，以提升对各类成像卫星的综合管控能力和统筹应用效果。正因为上述变化与需求，成像卫星任务规划过程中通用性与高效性之间、求解效率与求解精度之间的矛盾日益尖锐。鉴于此，本书介绍了成像卫星学习型双层任务规划理论及应用。主要研究内容展开为如下五个方面：

1) 提出了成像卫星任务规划系统设计的一般方法

面向新型成像卫星及其运行控制过程的特点，分析系统设计需求，梳理成像卫星任务规划系统的整体结构、划分成像卫星运行控制的业务流程、抽象任务规划系统模块之间的相互关系。围绕系统设计理念，确定整体设计思路与设计原则。以此为基本原则，利用面向对象的可视化建模技术实现对系统的详细设计，从而保证设计的一致性、模块的独立性、开发的敏捷性。研究内容遵循软件设计规范和基本原则，为相关研究者提供了一套可参考、易实施的方法论基础。

2) 提出了成像卫星任务规划问题的双层优化模型

基于对成像卫星运行控制过程的梳理与分析，确定成像卫星任务规划问题的标准化描述及基本假设。在综述成像卫星任务规划模型研究现状、分析成像卫星任务规划问题基本要素的基础上，提出成像卫星任务规划的问题分解方案和双层组合优化框架：任务分配过程为任务选择一个合适的可见时间窗，任务调度过程基于确定的任务分配方案来决策每个任务的具体执行时刻。在学习型双层组合优化框架下，针对任务调度过程和任务分配过程分别设计了数学规划模型和有限马尔可夫决策模型，并提出了集成强化学习与确定性算法的学习型双层任务规划求解思路，以充分发挥强化学习和确定性算法的优势。这一部分研究内容是任务调度过程和任务分配过程分析与求解的基本依据，为实现不同卫星、不同场景的统一化建模与求解提供了方法论基础。

3) 提出了两种确定性算法求解任务调度问题

任务调度问题被考虑为数学规划模型，并将该模型中的约束条件分为四类，设计统一的约束表示方法和基于时间线推进机制的约束检查算法，从而实现对复杂约束的高效处理。根据问题特点及精确求解算法优势，该部分内容设计了基于剩余任务密度的启发式算法、基于任务排序的动态规划算法，求解过程的设计保证了结果的稳定性；复杂度分析过程说明了算法的运算效率，同时可通过理论推导证明这两种算法在满足不同特定条件时的最优性，保证了算法的求解质量。此外，这两种算法的运算过程与约束条件耦合度的降低，提高了算法在成像卫星任务调度问题中的通用性。通过仿真实验，验证了基于剩余任务密度的启发式算法的时间效率和运算稳定性具有明显优势，同时求解质量不亚于基于时间窗的构造启发式算法、学习型蚁群算法、自适应大邻域搜索算法这三种对比算法；基于任务排序的动态规划算法在可接受的时间内得到比基于剩余任务密度的启发式算法更高的任务完成率和任务收益率，尤其是在过度订阅场景中，任务完成率和任务收益率分别比自适应大邻域搜索算法平均提升约 26% 和 19%。

4) 改进了深度 Q 学习算法求解任务分配问题

在有限马尔可夫决策模型的基础上，进一步细化对该模型各要素的设计：考虑到任务分配问题的输入参数众多、关系复杂、信息密度低等特点，在确保动作空间和状态空间完备性的基础上，尽可能缩小动作空间和状态空间；同时配合领域知识设计短期回报函数的计算方法以及价值函数的表示方法，可有效缓解训练过程中由于稀疏回报等导致的训练效率偏低等问题。基于该模型设计了改进深度 Q 学习算法，该算法包含了面向随机初始状态的求解框架和基于领域知识和约束条件的动作剪枝策略，提升算法的训练效率。仿真实验中，对算法属性的消融性研究，讨论了算法中价值函数及属性配置、多类算法集成对求解效率和效果的影响，确定了求解成像卫星任务分配问题的深度 Q 学习算法参数与辅助函数配置方案。同时，通过对算法的训练和应用过程分析，证明了深度 Q 学习算法在求解任务分配问题中的可行性以及集成强化学习和确定性算法在任务规划问题中的优越性。

5) 研究成果在“高景一号”任务规划场景中得到验证

以实际项目背景出发，设计了“高景一号”任务规划系统，通过系统的内外部接口设计和数据结构设计保证系统设计的合理性。建立了面向“高景一号”星座的双层优化模型和集成规划算法，并用于求解对应的任务规划问题。系统、模型和算法的设计均遵循该星座的运控流程和行业规范，可以很好地与实际应用接轨。14 组“高景一号”星座日常任务规划场景中的仿真实验结果表明，本书所设计的两种集成算法的求解精度在所有场景中均优于对比算法，其在有限的计算资源下，能够求解的实验场景最多，说明所提出集成算法的计算效率很高。面向未来复杂应用场景，所提出的集成算法具有巨大的优势和潜力。

本书凝结了作者 2014—2023 年在国防科技大学系统工程学院求学与工作过程中不断积累的主要学术成果，一字一句都离不开作者导师陈英武教授的悉心指导以及课题组各位老师同学、航天工业部门的各位同仁在本书撰写过程中的大力支持，也离不开清华大学出版社陈凯仁编辑为本书出版的辛勤付出。另外，本书还得到了国家自然科学基金青年科学基金项目（72201273）资助。在此，作者由衷地感谢对本书给予支持与帮助的专家学者和老师同学们！

本书围绕成像卫星学习型双层任务规划系统、模型、方法、应用等开展了初步的研究工作，具有较高的学术研究价值和应用推广价值，其中许多科学问题值得进一步深入研究，作者渴望能够通过本书激发广大读者对相关科学问题的兴趣。虽然作者已尽全力提高内容质量，但由于水平有限，书中难免存在错误和值得改进之处，恳请各位读者提出宝贵意见，不胜感激！

作　者

2023 年 6 月于长沙

目录

CONTENTS

第1章

引　言

我国卫星工业飞速发展，促使航天器在高效管理和智能任务规划等方面的需求日益迫切。尤其是近二十年来，我国成像卫星数量和质量上的“双飞跃”促使任务规划问题的复杂程度陡然增加[1]。如何合理配置卫星资源，使其实际效益最大化，逐渐成为组合优化领域和航空航天领域学者关注的热点问题之一。本章从成像卫星、成像卫星任务规划的基本概念出发，剖析成像卫星任务规划问题的特点与难点，分析成像卫星任务规划问题的现实需求，从而引出本书研究内容的研究动机与意义，进而总结本书的特色与创新点。

1.1　成像卫星

作为一类重要的天基信息获取工具，成像卫星通过其搭载的成像载荷获取太空视角的遥感数据，并由技术部门对这些数据进一步处理，生产有价值的图像或情报产品并分发给用户[2]。由于卫星工作环境的特殊性，成像卫星在许多实际应用场景中有地基、空基信息获取工具无法比拟的优势，为国防、经济、社会等众多领域的工作和生产活动提供高效、可靠的信息支持，极大提升了社会生产力和国防实力[3]。近年来，随着成像载荷与平台技术的不断突破，卫星数量的井喷式增长，成像卫星的应用领域也从宏观的“战略”层次保障向更加具体的“战术”和“战役”层次不断深入[4-5]：亚米级分辨率卫星日益普及，使得成像卫星在高分辨率要求的场景中应用越来越广泛[6]；卫星姿态机动能力逐步加强，卫星执行各类动作也越来越灵活，使得卫星能够在有限的时间内完成更多成像任务[7-9]；在轨运行卫星规模有增无已，提升了成像卫星系统全天时全天候的工作能力，使得成像卫星的应用模式和适用场景不断扩展延伸[10]。

作为遥感卫星大家族的重要组成部分，成像卫星的主要工作是基于成像载荷进行的。常见的成像载荷有光学载荷、合成孔径雷达载荷、红外成像载荷等，其通过不同类型的传感器接收并处理信号。这些信号通常被转化为电信号后结合图像信号处理等技术最终解析为遥感图像信息[8]。卫星所能够获取的图像区域是由载荷视场角范围宽度与卫星轨道、卫星的姿态机动能力等因素共同决定的[11]。成像卫星的基本工作过程如图 1.1 所示。图 1.1 中，方框代表需要成像的区域，其中的数字代表任务的编号。

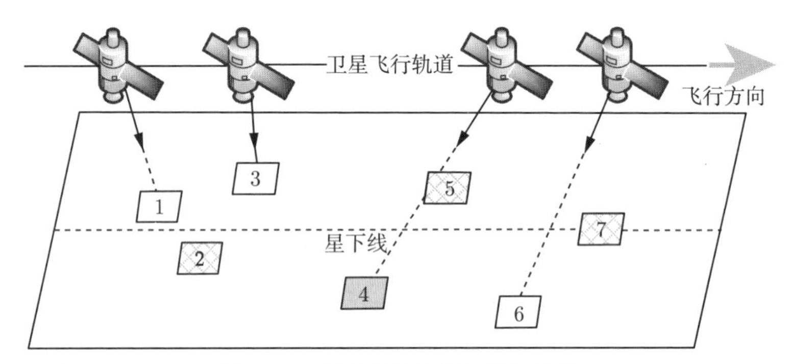

图 1.1　成像卫星的基本工作过程

1.1.1　基本分类

成像卫星的基本工作原理大致相同，但成像卫星可按照用途、轨道类型、载荷类型、姿态机动能力、管控方式等不同标准进行分类。

(1) 按照用途，成像卫星可以分为侦察卫星、预警卫星、测绘卫星、气象卫星等。其中，侦察卫星的功能是利用高分辨率成像载荷对地面、海面或空中目标进行侦察、识别、跟踪，获取尽可能详细的目标信息；预警卫星的主要功能是对潜在的战略威胁进行探测和监视，并为己方战略防御和反击提供可靠的情报支撑；测绘卫星主要利用宽幅成像载荷实现对区域内快速无缝影像覆盖，为国土资源规划、农林规划、城市交通规划等领域提供服务；气象卫星通过搭载各类气象遥感器收集处理各类气象信息，被广泛应用于环境监测、防灾减灾、大气科学等研究中。

(2) 按照轨道类型，成像卫星可以分为低地球轨道（low earth orbit，LEO）卫星、中地球轨道（medium earth orbit，MEO）卫星、高地球轨道（high earth orbit，HEO）卫星、地球静止轨道（geostationary orbit，GEO）卫星、椭圆轨道卫星等。低轨卫星通常是指轨道高度在 2000km 以下的卫星，目前绝大多数成像卫星都被设计在低轨道面工作，其优点是数据传输延迟短，相同的成像载荷可以获得更高分辨率的数据产品。高轨卫星通常是指轨道高度大于 20000km 的卫星，其中一类特殊的高轨卫星是静止轨道卫星，其轨道高度是 36000km。高轨卫星的成像覆盖范围大，但是其分辨率通常低于低轨卫星，同时需要更大功率的配套设备来配合其完成成像和数据接收等工作。中轨卫星、椭圆轨道卫星则结合了低轨、高轨卫星的优缺点，根据实际需要灵活设计相应的卫星轨道。

(3) 按照载荷类型，成像卫星可以分为光学成像卫星、红外成像卫星、合成孔径雷达（synthetic aperture radar，SAR）成像卫星等。光学成像卫星是主要采用可见光载荷实现成像的一类卫星，数据直观、后期处理难度小、分辨率高等特点使其成为应用最广的一类成像卫星。但是光学成像卫星的成像效果易受光照条件的影响，且被地物或云层遮挡后无法获取有效的图像产品。红外成像卫星和 SAR 成像卫星分别通过红外辐射、微波雷达信号来合成影像，其优点是受光照和气候等影响较小。

(4) 按照姿态机动能力，成像卫星可以分为敏捷卫星和非敏捷卫星。卫星的敏捷性是新型成像卫星的特点之一。传统的非敏捷型卫星由于卫星平台与成像载荷在卫星飞行过程中的俯仰角无法改变，所以卫星只能在特定的时刻才能对目标进行成像。随着卫星平台与载荷技术的发展，卫星具备了较强的姿态机动能力，这就使得卫星可以在一定时间区间内决策成像任务的执行顺序与实际执行时刻，提升了成像卫星的工作效率和任务规划方案的灵活性。成像卫星具备上述能力则称卫星具有敏捷性。成像卫星的敏捷性虽然提高了卫星的使用效率，但也给成像卫星的管控过程带来了一类更复杂的约束条件——时间依赖型约束[12]。成像卫星的敏捷性如图 1.2 所示。图 1.2 中，方框代表需要成像的区域，其中的数字代表任务的编号。

(5) 按照管控方式，成像卫星可以分为自主卫星和非自主卫星。随着卫星平台和载荷能力的提升，成像卫星逐渐具备了从传统的“指令执行者”转变为具有一定智能性的“任务决策者”的条件。自主卫星可根据星上电量、存储、接收到的任务信息等动态调整其任务规划方案，从而实现对突发事件的快速响应、提升卫星资源的实际利用率等。

1.1.2 发展方向与挑战

随着我国成像卫星相关技术的快速发展，高性能新型成像卫星如雨后春笋般涌现，以满足日益迫切、复杂的情报保障和国土资源监测等需求。新型成像卫星所配备的全新技术特点和应用模式，扩展了卫星领域智能决策相关技术的内涵和外延，也为智能任务规划系统与模型算法设计带来了新的挑战：

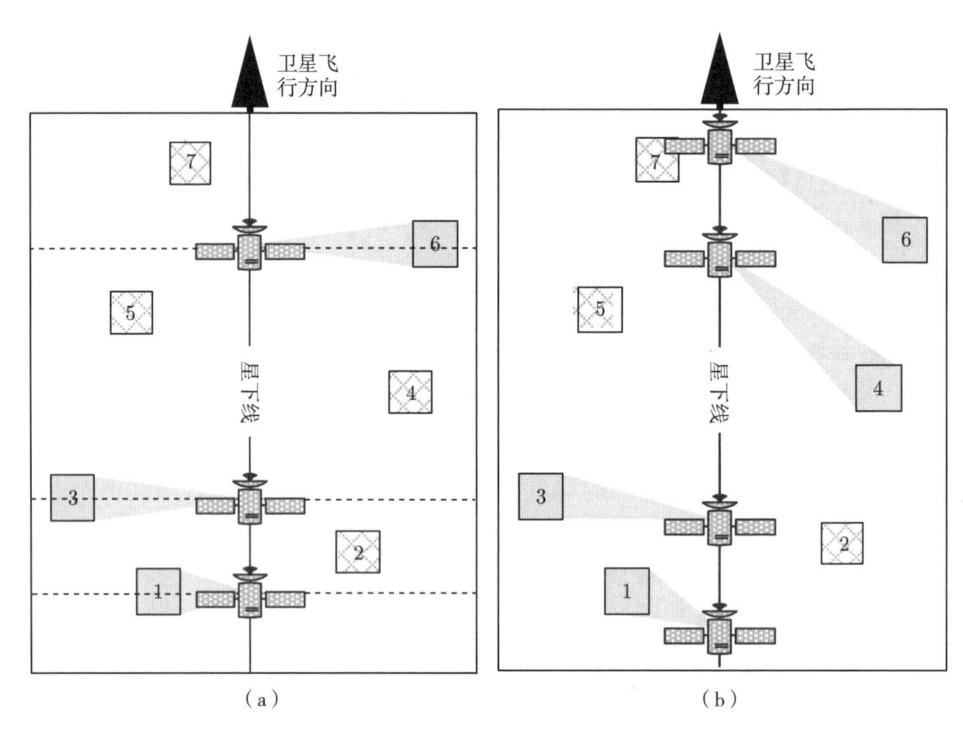

图 1.2　成像卫星的敏捷性

(a) 非敏捷卫星；(b) 敏捷卫星

1) 新型成像卫星的研制是提升复杂任务执行能力的物质基础

随着卫星平台与载荷技术的快速发展，新型卫星平台操控及任务模式更加复杂。“高分多模卫星”“试验二十号 C 星”等标志性卫星的升空，代表着我国正从航天大国向航天强国迈进。新型成像卫星让之前许多不可能实现的功能变为可能，例如对于立体成像、动中成像、非沿迹推扫等复杂任务，新型卫星能够直接完成。与此同时，每一项复杂任务的完成，都伴随更多影响因素和更复杂的约束条件，例如某型敏捷卫星的一个区域目标的实传任务需要数十条控制指令，由于指令之间存在复杂的逻辑关系，使得在执行这些任务的过程中不能突破客观条件限制。这些指令按照一定的规则和约束排列，其中任意一条指令出现错误，都会影响后续所有指令的执行。此外，卫星硬件能力的提升也给卫星在轨健康管理带来很大的风险，从而需要更加精准的状态监控方法，进而导致任务规划过程的数据处理压力增大。

2) 新型成像卫星的应用是缓解数据接收处理压力的有效途径

截至 2022 年年底，我国在轨卫星数量已接近 600 颗，其中遥感卫星领域的在轨卫星数量也超过 200 颗，居世界前列。一方面，卫星数据接续传输等新型应用模式在一定程度上解决了传统卫星受测控资源限制等“瓶颈”问题，但低效的任务规划也会造成巨大的资源浪费，导致卫星综合效能大打折扣。另一方面，现行的任务规划过程仍然依赖相关工作人员的经验和技巧，需要地面操作人员了解不同卫星的操作细节及载荷使用方法。由于其容错性低，所以任务规划过程非常烦琐，通常需要操作人员付出大量的时间和精力去学习和理解卫星的基础知识和应用过程，学习成本很高。在运行保障过程中，操作人员还经常需要与卫星研制方对指令及参数进行校对确认，人力成本高，出错风险也很大。这显然不适应未来大规模星群的发展需要，急需采用智能化的手段提升卫星管控的效率。

3) 卫星智能任务规划是形成天基快速响应能力的关键

运用成像卫星来应对重大自然灾害、突发公共事件、打击违法犯罪、地区热点事件等潜力巨大，但是这些事件在时间和空间上具有很强的突发性和不确定性，借助成像卫星获取相关情报支撑对卫星的工作效率和精度均提出了很高的要求。目前成像卫星任务规划周期通常在一天到数天不等，规划方案制定完成后，生成相应的卫星指令，在星地时间窗口内将指令注入在轨卫星，卫星将严格按照方案实施对地观测。规划周期长除了硬件和管理方面的客观因素，还有一个重要的原因就是任务规划算法智能性不足，无法在不同场景下灵活选取合适的规划策略从而导致规划方案不能很好地满足需求，方案需要经过逐级审核，并不断地迭代和修正，导致卫星运行控制的全过程进度受到影响。因此，一方面需要改进成像卫星运行控制模式，包括改进测控过程中数据传输的内容，实现从基础的“指令级”信息传递到“使命、任务级”改变，力争用最少的数据量实现星地之间信息交互与同步的过程；另一方面需要提升算法的通用性，让成像卫星运行控制过程在不同场景下均能一次性输出稳定、满意的任务规划方案，减少重复性工作。

1.2 成像卫星任务规划

成像卫星任务规划（以下简称“任务规划”或“规划”）是成像卫星运行控制过程的核心决策过程，是卫星运行控制系统的“大脑”。它需要统筹考虑所有与卫星运行控制相关的资源（如卫星资源、测控资源、数传资源等）的能力与约束，利用科学计算的方法来产生合理的成像卫星任务规划方案[13]。成像卫星任务规划方案主要包括所管控的成像卫星的工作计划和相关地面接收站的接收计划，但也要考虑测控方案的可行性。成像卫星任务规划过程必须遵循两大原则：

1) 必须保证各个资源安全稳定运行

成像卫星造价昂贵，必须严格满足所有约束条件，且尽量避免所形成规划方案的不确定性。对成像卫星管控失误所导致的卫星非正常工作通常伴随巨大代价，因此实际工程项目中任务规划过程都尽可能避免使用随机性算法，保证计算结果的可解释性和稳定性。

2) 尽量提高卫星系统整体运行效率

要求算法在运算过程中统筹考虑各资源的实际情况，实现任务规划中整体计算过程“快”“准”“稳”，充分发挥成像卫星的信息获取能力，保证成像卫星任务规划过程在各类复杂环境中的计算效率和求解效果。

广大学者将成像卫星任务规划问题考虑为组合优化问题，并结合每一颗卫星的具体约束条件为任务规划过程订制特定的数学规划模型[9]。这也让该问题由依赖管理者或决策者主观经验的“软管理”问题转变为运筹优化领域的科学问题：应用最优化理论和智能计算方法，在条件各异的成像卫星任务规划问题中利用有限的计算资源寻找满意的任务规划方案，为管理者和决策者提供决策依据，进而提高成像卫星运控系统的运行效率。面向成像卫星任务规划问题的组合优化模型基本形式如模型式 (1.1) 所示。

$$\begin{aligned} \min \quad & F(\boldsymbol{r}, \mathbf{es}) \\ \text{s.t.} \quad & G_k\left(\boldsymbol{r}, \mathbf{es}\right) \leqslant 0, k=1,2,\cdots,g \\ & [\boldsymbol{r}, \mathbf{es}] \in \varOmega \end{aligned} \tag{1.1}$$

式中，目标函数 $F(\boldsymbol{r}, \mathbf{es})$ 用于评价方案的好坏；$\boldsymbol{r}$ 表示完成任务所对应的成像资源所构成的向量；$\mathbf{es}$ 表示所有任务的执行开始时刻组成的向量；$G_k\left(\boldsymbol{r}, \mathbf{es}\right) \leqslant 0$ 代表成像卫星任务规划问题的第 k 条约束；g 表示问题中的约束条目数；$[\boldsymbol{r}, \mathbf{es}]$ 表示决策变量 $\boldsymbol{r}$ 和 $\mathbf{es}$ 所构成的矩阵，它代表一个解；$\varOmega$ 代表解的可行域。该模型中，成像卫星任务规划问题中决策变量 $\boldsymbol{r}$ 和 $\mathbf{es}$ 是由自然数组成的向量，且两者之间存在深层逻辑关系。考虑具体问题的背景和特点，绝大多数成像卫星任务规划问题的组合优化模型都可被证明是多项式复杂程度的非确定性问题（non-deterministic polynomial，NP）-难的。这类问题在多项式时间复杂度内无法保证求得最优解，其中最典型的就是敏捷地球观测卫星调度问题（agile earth observation satellite scheduling problem, AEOSSP）[14]。

不难发现，可根据决策变量将这类模型考虑为两个求解过程[15]：

(1) 每一个任务在哪一个资源上执行？（任务分配过程）

(2) 每一个任务具体在何时执行？（任务调度过程）

如果仅关注决策过程本身，不讨论具体的约束条件，现实生活中许多行业（如生产、制造、交通、物流、航空航天、军事运筹等）普遍存在可被描述成形如模型

式 (1.1) 的组合优化问题[16]，如车间作业调度问题（job-shop scheduling problem，JSP）[17]、带时间窗的旅行商问题（traveling salesman problem with time window，TSPTW）[18-19]、车辆路径问题（vehicle routing problem，VRP）[20-21] 等。此类问题具有很强的理论研究价值和应用前景，因此吸引了众多管理科学、系统科学、运筹学等相关领域专家的关注，针对这类问题所设计的求解方法近年来也如雨后春笋般涌现。

成像卫星任务规划问题曾经也常被映射为上述经典问题并采用对应的先进算法来求解[22-23]。这种方式有利于问题模型标准化、求解过程程序化。然而，成像卫星硬件水平的稳步提升、管控方式的不断革新、卫星管控部门对卫星应用模式的深入思考，这些变化都让成像卫星任务规划问题日益复杂。一方面，将成像卫星任务规划问题通过各种手段映射为经典问题难度陡然加大；另一方面，经典问题也不一定能很好地描述复杂多约束条件下的成像卫星任务规划问题的本质特点。每一颗成像卫星的功能定位、平台与载荷能力、空间位置、管控方式等各不相同，其对应的任务规划问题的本质也各不相同[24-26]。图 1.3 总结了影响成像卫星任务规划问题建模的主要因素。

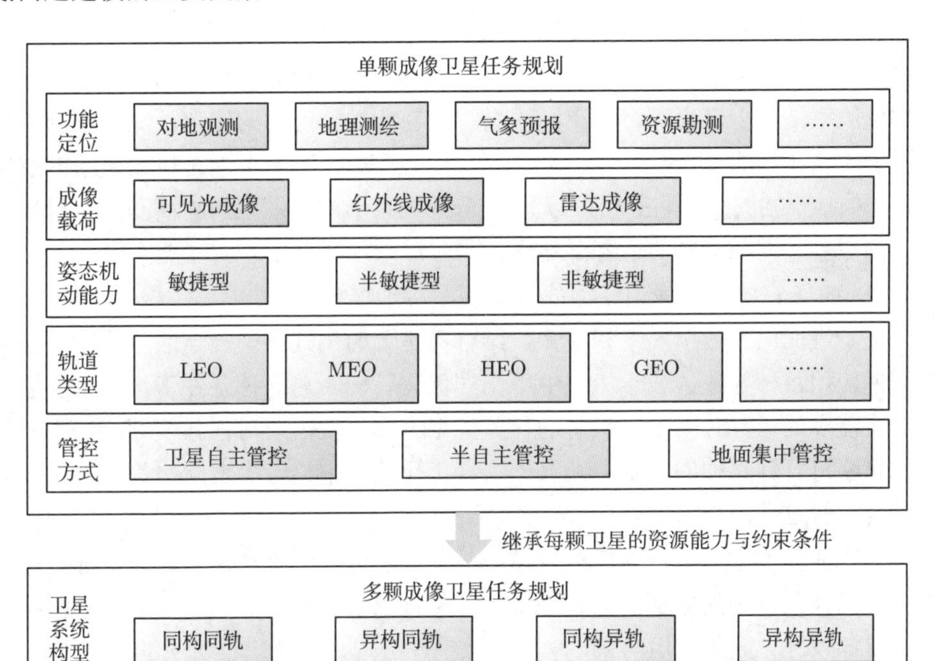

图 1.3 影响成像卫星任务规划问题建模的主要因素

仅改变一个约束条件，甚至改变约束的取值范围，问题的本质都有可能发生变化。例如当考虑卫星具有俯仰能力时，成像卫星任务规划问题是 NP-难问题，否则不是[27]。正因为问题中用户需求、工作环境、载荷特点、管控模式等客观条件的多样性，导致了成像卫星任务规划模型的复杂性，进而导致了实际工程和理论研究中所讨论问题的鸿沟进一步拉大——许多在经典组合优化问题中表现很好的算法，在实际工程中求解成像卫星任务规划问题效果差甚至无法应用。具体而言，相较于经典组合优化问题，成像卫星任务规划问题具有如下三个方面的鲜明特点和难点：

(1) 成像卫星任务规划问题的解析性质难以被统一描述，从而很难人工设计合理的求解规则[28-29]。由于成像卫星任务规划是复杂卫星管控系统中的重要环节，用户提出的成像需求需要经过一系列复杂运算才能转化为成像卫星任务规划模型的输入参数[30]。这些运算很难用简单的函数或公式来表达，这给挖掘问题模型的内在特征并总结求解规则带来巨大阻力。

(2) 成像卫星任务规划问题的约束条件更加复杂，从而针对具体约束条件设计算法规则变得越来越困难[31]。成像卫星任务规划问题的约束条件是参考卫星制造方、卫星管控方提供的卫星使用文档整理出来的，所以实际工程中，一颗卫星的约束条件可以多达数十条或上百条[31]。同时，经典规划模型中的约束条件一般是数值约束，很少包含逻辑约束；成像卫星任务规划问题的约束项随参数的变化并不一定是线性的（如绝对值约束、二次项约束等），甚至可能是更为复杂的逻辑约束（如唯一性约束、非空约束等），复杂的约束形式给模型的约简和分析带来了很大的困难，需要深厚的运筹学功底，同时深入理解问题本质才能完成。

(3) 成像卫星任务规划模型的目标函数更加多元化[32-33]。这主要是根据各成像卫星系统面向的应用场景和使命，结合决策者的偏好共同确定的。实际问题中不同的应用目标导致了数学模型中不同的优化目标，在这种条件下，为了能够采用尽可能少的运算时间得到满意的任务规划方案，就需要对任务规划算法中的规则和策略进行针对性的调整。经典的组合优化问题中，较少考虑决策者的偏好对模型与求解过程的影响。

由于成像卫星任务规划问题与模型具有上述特点和难点，目前工业部门解决成像卫星任务规划问题基本上还停留在“一颗卫星一套系统”的局面，即根据成像卫星的设计方案与使用约束，来构建卫星任务规划系统以及对应的模型和算法，难以做到对成像卫星任务规划系统、模型和算法的标准化设计与统一管理。同时，成像卫星任务规划算法会面临更大的挑战：随着问题复杂度的提升，算法求解效率与求解精度之间的矛盾会更加突出。

在卫星数量快速增长、卫星运行环境和约束条件日益复杂的今天，继续采用这种模式来开发成像卫星任务规划系统不仅需要投入更多的成本来进行系统和算法的开发维护，还更难保证所开发系统的可靠性和稳定性。成像卫星任务规划系统之所以难以做到统一开发，主要原因是成像卫星不断迭代更新，导致成像卫星任务规划问题的约束条件和目标函数难以统一描述。因此，为了减小成像卫星运行控制系统的研发和维护压力，提高成像卫星系统整体应用效率，研究能够统一描述和处理各类约束条件的成像卫星任务规划模型，设计稳定、高效的算法势在必行。

1.3 研究动机与意义

本书着眼于缓解成像卫星任务规划问题中两对日益突出的矛盾——数学模型的通用性与高效性之间的矛盾、求解算法的运算效率与求解精度之间的矛盾，充分考虑成像卫星任务规划问题与经典组合优化问题之间的共性与特性，致力于探究一种更加通用且高效求解成像卫星任务规划问题的方法体系。首先，基于对系统设计方案的理解，提出对各要素统一化描述的成像卫星任务规划模型，最大限度将具体问题中不同的背景、约束条件等内容与决策过程解耦合，摆脱目前“一颗卫星一套系统”的开发现状，以缩短卫星工业中任务规划系统的开发周期和维护成本。其次，在此模型的基础上，设计合理的求解算法，在保证求解精度的前提下，提升卫星任务规划算法的普适性、智能性、快速响应性，最终实现成像卫星在各类复杂多变的环境中的规划过程“又快又好”。

长期以来，成像卫星任务规划问题被描述为最优化模型，并设计确定性算法或随机性算法来解决[30,34]。确定性算法（deterministic algorithm）是指算法运算过程中不存在随机变量，其决策依据是某一确定性的策略，如动态规划算法[35]、分支定价算法等均属于典型的确定性算法；与之相对的随机性算法（如遗传算法、蚁群算法、模拟退火算法等智能优化算法）则是利用算法中的随机参数实现算法在解空间中的搜索过程。这两种算法各自的优劣也非常明显：确定性算法的收敛方向明确，不需要反复迭代，因此其计算效率通常较高；随机性算法看似可以实现求解过程的通用性，但是由于随机性算法的本质特征，其求解质量和求解效率之间的矛盾很难调和。此外，随机性算法的求解质量不如确定性算法稳定，这与 1.2 节介绍的第一条原则相违背。因此，在实际工程中的成像卫星任务规划问题更倾向于选择确定性算法进行求解，而不是采用更热门的智能优化算法。

但是面对复杂的问题背景和大规模应用场景，确定性算法通常也难以在可接受的时间内保证算法的最优性：在该问题日益复杂化的背景下，如果将成像卫星任务规划问题简单地建立为模型式 (1.1) 的形式并采用单一的确定性算法来求解这个问题，会导致所建立的数学模型冗长复杂，模型的普遍适用性降低。同时对模型进行化简、变形等处理的难度增大，从而导致求解该模型的算法设计成本增加，并且所设计算法的效率与求解质量难以保证[27,36]。因此，立足于当前和未来的卫星工业发展水平，这种求解思路不利于成像卫星任务规划问题的理论研究及大规模推广应用。

作为机器学习领域中擅长于决策问题的一类范式，强化学习（reinforcement learning，RL）近年来逐渐受到规划调度领域专家的关注，并将其成功地应用于 JSP、VRP 等经典调度问题中[37-39]。强化学习的基本原理：通过研究决策时刻的状态、动作和相应回报之间的关系，利用“探索”（exploration）和“挖掘”（exploitation）的手段训练得到类似人类专家经验的知识。由于强化学习算法的设计过程无须对问题的背景知识深入研究，训练过程无须提前准备标注好的数据辅助训练，所以逐渐受到组合优化领域专家的青睐。然而，强化学习也存在明显的局限性[40]：随着任务规划问题求解规模的增大，其训练效率陡然降低甚至无法收敛。不同的问题选择不同的训练算法和策略，训练效果也存在天壤之别。

由上述分析可得，无论是组合优化领域主流的数学规划算法、启发式算法、元启发式算法，还是近几年热度不减的强化学习，从已知公开的研究成果来看，都很难独立求解复杂的成像卫星任务规划问题。因此，合理分解问题，并针对不同求解过程的特点设计对应的算法，可以更加有效地发挥不同算法的优势，达到“1+1>2”的效果。分层求解成像卫星任务规划问题的思路应运而生。大量复杂组合优化问题的求解经验表明：将原问题分解为若干个具有逻辑先后关系的求解过程，并分层求解这些问题，可以有效降低原问题的复杂性，进而保证求解质量和求解效率[41-43]。

本书从实际应用情况出发，梳理了卫星运行控制过程，并利用统一建模语言设计了基本的成像卫星任务规划系统框架，分析了其运行流程、功能模块、数据结构等，为进一步理解和定义成像卫星任务规划问题提供了基础。

在设计成像卫星任务规划系统的基础上，如何对成像卫星任务规划问题分层？如何对每一层中的求解过程建模并分析？能否找到相对通用的方法来保证成像卫星任务规划问题解的质量？这些问题是本书关注的重点问题。本书考虑将成像卫星任务规划问题建立为双层优化模型：上层为任务分配过程，决策每一个成像任务执行所对应的可见时间窗口；下层为任务调度过程，决策每一个成像任务在确定的可见时间窗口内的具体执行时刻。

在该模型中，基于任务分配过程的结果，可以将任务调度过程建立为一类复杂度较小的组合优化问题。该问题面临的主要挑战来自约束条件的复杂性。约束条件的种类繁多、数量巨大，这一特点在经典组合优化问题中考虑较少。本书通过梳理成像卫星任务规划问题中的约束条件，对约束条件进行分类并对每类约束分别处理，提出了一种高效的约束建模与约束检查方法；基于此约束检查方法，设计了两种确定性算法对任务调度过程进行求解；通过理论分析，证明了所设计的两种算法在特定条件下的最优性。这两种算法在主流程中均不包含针对特定约束条件的设计，最大限度保证了算法在不同工程问题中的通用性和可靠性。

相对于任务调度过程，任务分配过程很难独立采用传统的最优化理论进行求解，这是因为很难找到独立的目标函数来评价分配过程的好坏，分配方案的质量最终由任务调度结果评价，它不仅与任务分配过程考虑的约束条件、分配算法等相关，还与任务调度的求解过程密不可分。通过强化学习方法训练得到任务分配的经验公式来指导分配过程，是提升任务分配过程精准性、快速性的有效途径[44]：

(1) 任务分配过程可以被描述为一类序贯决策问题[45]：根据任务队列和资源的具体情况，资源逐一选择合适的任务，并在每一次分配之后更新任务队列和资源的信息。通过将这一过程描述为有限马尔可夫决策过程（finite Markov decision process，MDP），通过强化学习算法能得到满意的求解效果。

(2) 卫星的约束条件和能力参数等十分复杂，但是在卫星任务规划场景中这些条件不会发生改变。采用传统的运筹学算法绕不开对这些复杂条件和参数的分析，而在强化学习所擅长解决的问题中，这些因素对应 MDP 模型中的环境（environment）部分，算法只需要根据所作决策调用环境部分的输出结果，不需要对其内部的原理进行讨论[46]。

(3) 任务分配过程的优化目标很难用显式数学公式表达，但是其决策变量、目标函数等是明确的。也就是说，经过一系列复杂运算，每一个分配方案有唯一的目标函数值与之对应。因此，上层任务分配过程被描述为 MDP 模型比建立为数学规划模型更有优势。

综上所述，上层任务分配过程的研究重点就是如何为该问题设计合理且高效的 MDP 模型、如何设计并改进强化学习算法，以提高其在任务分配过程中的求解效率。

在综合考虑成像卫星任务规划问题的难度、深入分析经典优化算法和强化学习方法的优势和不足后，研究集成确定性算法和强化学习来求解成像卫星任务规划问题。将上层任务分配过程建模为一个 MDP 过程，并采用强化学习算法进行求解；下层任务调度过程建模为数学规划模型，并设计确定性算法进行求解。

如何合理搭建双层优化模型和集成确定性算法和强化学习的求解框架来求解复杂的成像卫星任务规划问题，是本书研究的关键与基础。通过结合强化学习算法和运筹学中的确定性算法来解决成像卫星任务规划问题，探究所设计的方法在求解复杂问题时的一般性规律，对促进强化学习和运筹学领域理论研究和卫星任务规划领域工程应用都具有重大意义。本书的研究意义可总结为以下四个方面：

(1) 双层优化模型打破了常规的单颗成像卫星任务规划模型和多星协同任务规划模型之间的界限，通过将任务分配过程设计为对任务可见时间窗的选择，实现了对单星和多星任务规划问题的统一描述。既规范了任务分配过程的决策变量，也降低了任务调度过程的求解难度，有利于对两个过程中的问题开展研究。相较于广泛使用的混合整数规划模型，该模型为成像卫星任务规划问题的标准化描述提出了一种更合理的方案。

(2) 对求解任务调度问题的确定性算法深入讨论，证明了算法在特定条件下的最优性。基于所证明的结论，成像卫星任务调度问题可进一步被简化，为成像卫星任务规划领域研究者的后续研究工作提供理论基础。另外，第 4 章给出的算法最优性证明过程可以借鉴到类似问题的证明过程中，为组合优化领域中其他实际问题的研究者提供一种可行的思路。

(3) 在集成确定性算法和强化学习的任务规划算法的全过程均实现了决策过程与具体约束的解耦，即具体约束条件可以完全看作一个黑箱模型，整个集成算法的求解过程不对具体约束进行分析和处理，仅需要在检查约束、计算收益等过程中调用相关函数读取输出结果即可。这种求解思路可最大限度保证算法的通用性，也规范了问题的描述，不仅有利于各种实际问题的统一建模求解，还可以促进该领域理论研究的标准化。

(4) 长期以来，成像卫星任务规划领域理论研究与实际应用之间存在巨大的鸿沟：实际应用由于需要考虑过多约束条件和现实因素，大多数理论研究成果很难应用于实际问题中，或者先进的算法在实际问题中无法得到好的求解效果。第 6 章通过综合运用本书所有的研究成果，实现了集成确定性算法和强化学习的组合优化算法在“高景一号”任务规划问题中的应用，证明了该方法在求解实际问题时的有效性，缩小了成像卫星任务规划领域理论研究与实际应用之间的鸿沟。

1.4 本书特色与创新点

本书的研究工作从实际成像卫星运行控制过程出发，研究该问题的一般化建模与求解方法。内容由浅入深，从系统设计、问题分析、学习型双层优化求解框架建立、任务调度与任务分配过程的数学模型建立与求解、工程应用等方面展开研究，逐步揭示成像卫星学习型双层任务规划技术的科学规律与应用结论。本书的创新点可总结如下：

(1) 设计了成像卫星任务规划系统，实现了对成像卫星运行控制过程中的工作流程、协作关系、业务逻辑、功能结构等标准化描述，并基于软件设计通用的可视化建模技术实现了对系统的用例、结构对象和行为对象进行详细分析设计，为卫星管控人员、系统开发人员和科研工作者理解、改造、研究成像卫星任务规划系统提供了一个有效的范式。

(2) 提出了面向成像卫星任务规划问题的双层优化模型。首先通过对成像卫星任务规划问题的描述与定义，提出了本书研究过程的基本假设。其次对问题的输入、输出、目标函数和约束条件进行了详细的分析，实现了对问题的分解，并提出了面向成像卫星任务规划问题的双层优化模型。

(3) 提出了集成确定性算法和强化学习算法的求解框架。该框架集成了确定性算法和强化学习算法，其中，确定性算法用于求解任务调度问题，强化学习算法用于求解任务分配问题。通过这两个算法模块的不断交互，产生训练数据，从而实现最终用于任务分配问题的价值函数的训练过程。

(4) 针对任务调度问题，提出了基于剩余任务密度的启发式算法和基于任务排序的动态规划算法。两种算法都可以通过理论证明其特定条件下的最优性，并利用复杂度理论分析算法的时间、空间效率，对约束的处理保证了算法在面对不同的复杂约束时的普适性。实验结果表明，两种算法各具优势，其中基于剩余任务密度的启发式算法在运算效率方面较基于任务排序的动态规划算法以及其他元启发式算法具有显著优势，基于任务排序的动态规划算法在绝大多数场景中的求解精度占优。

(5) 针对任务分配问题，提出了改进深度 Q 学习算法。首先基于问题特点，建立了面向任务分配问题的 MDP 模型，然后设计了深度 Q 学习算法，并采用领域知识和约束对其进行剪枝，以提高训练效率。从实验结果分析，该算法可以在很少的迭代次数内收敛，并在不同的测试数据中具有较好的泛化能力。

(6) 研究成果在“高景一号”商业遥感卫星星座的仿真规划场景中得到验证。通过梳理实际工程问题的接口与数据结构，结合对具体约束条件的分析，可以提炼出对应工程中的成像卫星任务规划问题。将研究成果应用于“高景一号”商业遥感卫星星座，并对算法在日常规划场景中的各项性能分析，可得本书所提出的方案在求解复杂的实际工程问题时可以稳定得到较高的方案总收益，证明了学习型双层任务规划理论与方法具有较高的工程应用价值。

1.5 本书内容框架

本书研究了集成确定性算法和强化学习的学习型双层优化方法及其在成像卫星任务规划领域的应用，组织架构如图 1.4 所示。

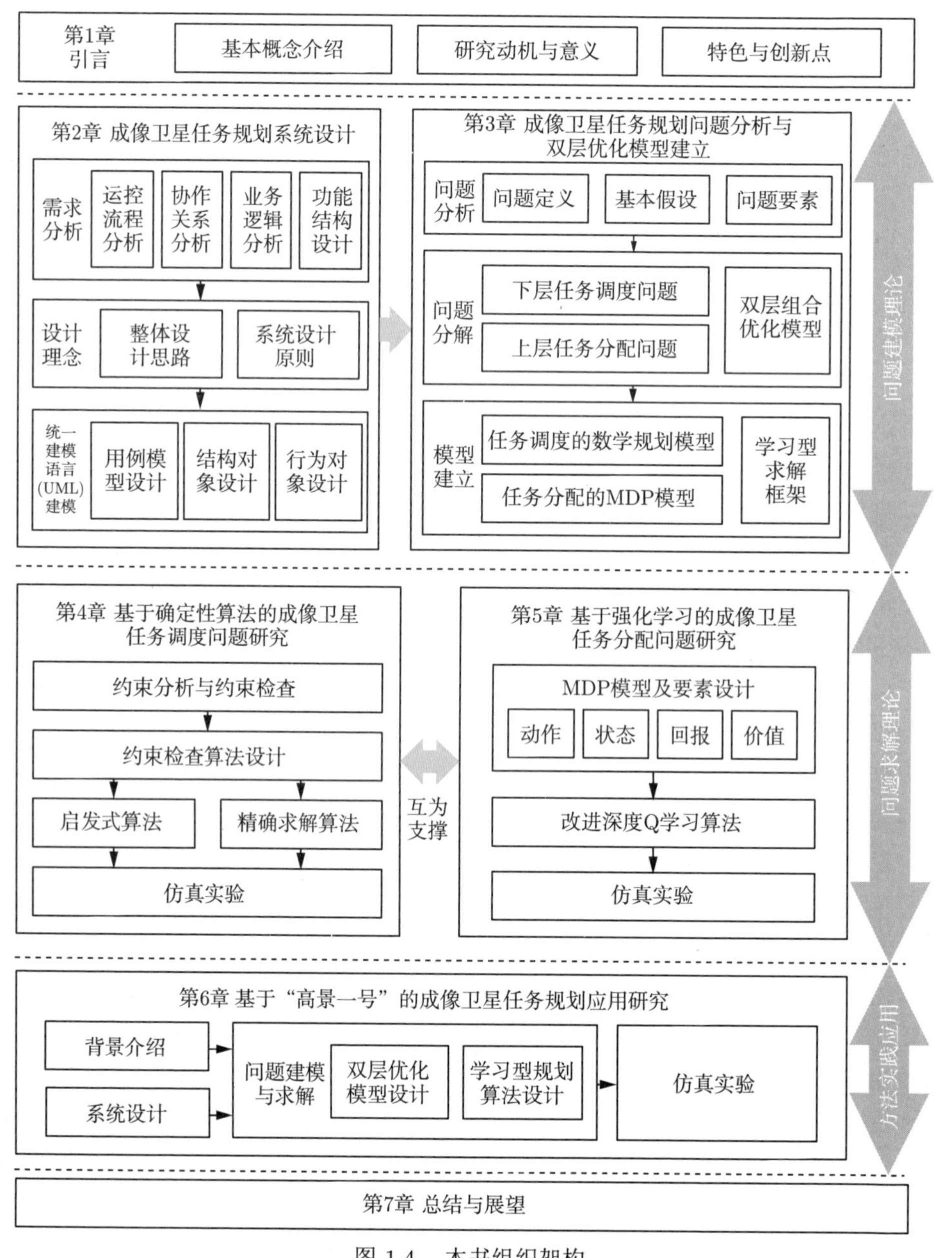

图 1.4 本书组织架构

第2章

成像卫星任务规划系统设计

本章通过对成像卫星任务规划中各要素的系统建模来帮助初学者快速理解成像卫星任务规划过程，并基于对实际工程应用中成像卫星任务规划系统特点的分析，提出了一套兼容当前主流管控模式并适应卫星工业未来发展趋势的通用任务规划系统及其相关功能架构。首先，给出了与成像卫星任务规划过程相关的术语及其定义，调研了国际典型卫星任务规划系统和研究项目；其次，从成像卫星的运控流程、协作关系、业务逻辑、功能结构四个方面的整体情况出发研究成像卫星任务规划系统的特点和功能需求；再次，提出成像卫星任务规划系统的设计理念和原则；最后，利用软件开发中通用的可视化建模技术——统一建模语言（unified modeling language，UML）对系统的用例模型、结构对象和行为对象等进行详细设计，深入剖析系统内部各组成部分的相互关系、基本特点及其内涵，为成像卫星任务规划问题分析奠定基础。

2.1 术语解释

由于成像卫星任务规划具有较强的专业性，本章首先对本书涉及的主要专业术语进行定义。

(1) 成像需求[47-48]：成像需求是用户为了获取遥感图像而向运控中心提交的相关信息，包含目标属性集和成像要求属性集两大部分。目标属性集是为了确定需求的地理位置，其中，目标点的经纬度是目标属性集中最基本的属性；成像要求属性集是为了确定用户对图像产品其他方面的要求，如成像质量要求、成像时间要求、成像角度要求、观测模式要求、成像需求收益等。

(2) 成像任务[49-50]：成像任务是一个数据集合，是任务规划阶段的主要输入之一，包含对应的可见时间窗口集合、完成该任务后的收益等必要属性。其中，可见时间窗口是根据需求的目标属性结合卫星轨道参数、卫星载荷能力等信息进行综合计算，并根据所有成像需求进行裁剪，最终得到的一个时间区间。该时间区间被定义为“时间窗”。

(3) 成像元任务：元任务是本问题中决策对象的基本单元。一个元任务的属性包含时间窗口、成像持续时间等属性，对应描述成像任务单个成像机会的必要属性。由于卫星轨道的周期性，一个任务可能存在多次成像机会，所以也就对应多个元任务。因为对应单次成像机会，所以一个元任务中仅包含单个成像窗口，需要决策的内容是在成像窗口中的实际成像开始时间。

(4) 轨道根数：轨道根数是用来描述卫星空间轨道的一组参数，当这一组参数确定后，卫星轨道的位置唯一确定。在卫星运控领域，有两种方式来唯一确定一颗人造地球卫星的轨道：一是轨道六根数（即半长轴 a、偏心率 e、轨道倾角 i、升交点赤经 Ω、近地点角 ω 以及平近点角 M）；二是两行轨道根数（two line elements，TLE）。其中，轨道六根数简洁明了，通常用于仿真实验中；两行轨道根数（TLE）所记录的数据更多，通常应用于实际工程项目中。第 4~5 章开展的仿真实验采用的是轨道六根数来刻画卫星轨道以简化相关描述，而第 6 章应用实例采用国际通用的两行轨道根数（TLE）来描述卫星轨道信息。

(5) 轨道圈次：成像卫星在围绕地球运转时是在特定轨道上飞行的。除地球静止轨道外，其他卫星飞行轨道都具有周期性。将卫星连续两次以同一方向（升轨或者降轨）经过同一纬度所对应的时间组成的区间称为一个轨道圈次。

(6) 任务预处理[29,51]：广义上的任务预处理包括各类卫星从用户需求转化为成像任务的所有过程，包括区域目标分解、点目标合成等。本书所涉及的任务预处理过程主要是指将结构化、规范化描述的成像需求结合卫星的能力与约束，通过一系列计算处理成任务规划模型所需要的任务集合，以便后续计算。任务预处理的大部分过程是面向具体输入的数值计算，这些计算过程结合卫星工业的行业标准与要求，经过长时间的发展和沉淀，已经形成了一套成熟的计算方法和流程[30]。

(7) 卫星工作计划：卫星工作计划是指卫星在一段时间内被安排的任务以及每个任务的成像参数配置方案。任务的成像参数配置过程既包括调用对载荷要求、工作模式等输入信息，也包括对任务开始与结束时间等的决策。通常一颗卫星在一个规划周期内唯一对应一个工作计划，单颗卫星的任务规划方案与该卫星的工作计划可相互转化，任务规划方案必须保证满足任务规划模型中的所有约束条件。

(8) 卫星控制指令：卫星控制指令是卫星设计方在充分考虑卫星平台与载荷特点、工作模式与环境等基础上，设计的一种机器语言格式。目前绝大多数成像卫星是通过指令控制的，指令通常是由特定的数据格式来描述。每一个动作的执行都包含一串指令，保证动作执行的准确性。一个任务（包括成像任务、数传任务等）又是由一系列动作组成，所以每一个任务的执行都对应着一个指令组。根据任务规划方案生成指令的过程称为“指令编译”，根据卫星控制指令翻译为任务规划方案的过程称为“指令反编”。

2.2 国外典型系统研究现状

国际航空航天领域多家科研机构都在加紧研究卫星任务规划与调度系统，以支持航天器的高效稳定运行，在多种不同的应用场景中满足日渐复杂的用户需求。通过公开渠道可获知的国外典型成像卫星任务规划项目和系统主要有：美国国家航空航天局（National Aeronautics and Space Administration，NASA）的地球观测一号（earth observing-1，EO-1）的自动规划与调度环境（automated planning / scheduling environment，ASPEN）、NASA 的星上调度规划与重规划模块（continuous activity scheduling planning execution and replanning，CASPER）、德国宇航中心（Deutsches Zentrum für Luft-und Raumfahrt，DLR）的星载自主任务规划试验（verification of autonomous mission planning onboard a spacecraft，VAMOS）、欧洲航天局（European Space Agency，ESA）的星载自主计划系统（project for on-board autonomy，PROBA）及法国国家空间研究中心（Centre National D'études Spatiales，CNES）的自主通用体系结构测试和应用（autonomy generic architecture-test and application，AGATA）项目等。

1) NASA 的自动规划与调度环境（ASPEN）

ASPEN 针对复杂的成像目标，建立统一的目标描述方法，通过一系列优化计算，统一生成 EO-1 卫星的各项载荷计划，进而生成卫星指令。ASPEN 内嵌了一种航天器任务规划专用的建模语言，能够对星上活动、资源、状态、参数进行标准化描述。而在 EO-1 卫星的专用模型设计方面（即用 ASPEN 内嵌的建模语言对 EO-1 进行建模），ASPEN 主要对 EO-1 所搭载的成像设备的成像活动进行建模。在不同成像任务的建模方面，除了常规用户需求提供的信息，ASPEN 考虑成像任务的优先级取决于以下几个方面：成像区域的云层覆盖情况、成像区域的太阳高度角、固存溢出之前的数据回传窗口参数、任务所对应的成像产品与其他卫星产品的相近程度、成像区域的重要度等。

2) NASA 的星上调度规划与重规划模块（CASPER）[52]

CASPER 是 ASPEN 的精简版，它接受基于目标状态的指令，并在不违反约束条件的前提下，安排一系列动作以达到目标状态。在每次规划时，CASPER 维护四部分信息：当前状态，当前目标，当前方案和对未来状态的估计（基于前三部分信息的系统运行的仿真计算结果和预期状态）。CASPER 有两种时间线推进机制：基于固定时间触发的任务规划和基于事件触发的任务规划。其中基于事件触发的任务规划是根据事件的发生时刻来确定状态更新的时间点，并根据硬件传感器或仿真系统反馈的数据更新当前状态和目标状态，进而迭代优化计算任务规划方案等过程，如此循环生成未来一段时间的卫星任务规划方案。CASPER 软件的系统结构和功能模块之前的逻辑关系如图 2.1所示。

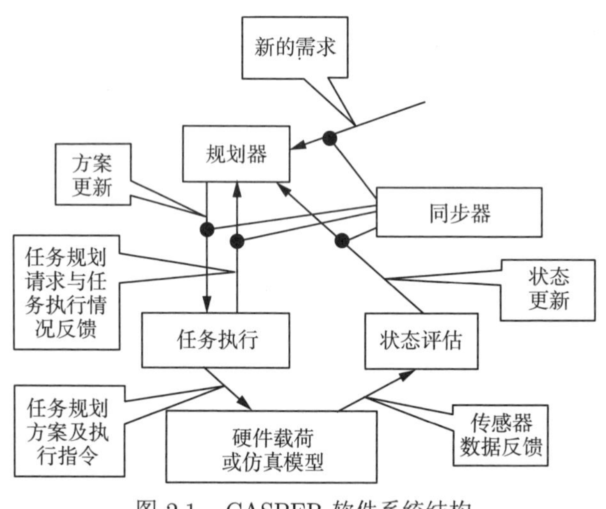

图 2.1 CASPER 软件系统结构

3) DLR 的星载自主任务规划试验（VAMOS）[53]

VAMOS 主要为了验证星上自主资源状态的检查调整能力，以提高实际卫星规划效率与资源利用率。VAMOS 借助“火鸟一号”（fire bi-spectral infrared detection，FireBIRD）卫星计划进行在轨测试与验证，FireBIRD 计划的整体架构如图 2.2 所示。该试验包括太空组成部分和地面组成部分两大部分，地面组成部分（On-Ground component of VAMOS）位于德国空间业务中心，其中，任务规划模块是其重要组成部分之一。任务规划模块的功能包含通过整理不同用户的需求和预测的资源与环境状态，利用启发式任务规划算法，给出一个全局任务规划方案，并将其上注卫星。星上组成部分的主要功能都是在星载实时操作系统中完成，通过星载事件触发时间线插件（on-board event triggered timeline extension，OBETTE）来实时监测成像结果、环境与资源的变化情况，可实时调整星上实际资源使用情况，以保证星上任务规划方案的可行性。VAMOS 还可快速规划基于星载图像处理模块的图像自主识别功能产生的实时任务需求，进一步识别、定位和跟踪探测等，以实现星上对异常热源的自主发现、自主监视目标等功能。

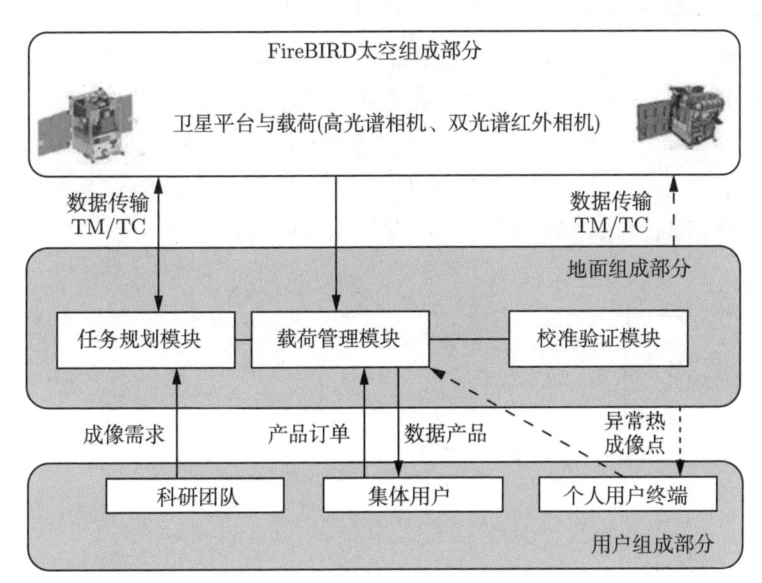

图 2.2　FireBIRD 计划整体架构

4) ESA 的星载自主计划系统（PROBA）

PROBA 所服务的卫星设计有三个有效载荷，包含一个主载荷和两个附加载荷，主载荷是一个具有自主性的观测载荷，用户可向卫星提交面向目标的任务需求（包括目标的地理坐标和成像时长等必要信息）。卫星在接收到这些任务需求后，即可在星上根据实际约束来自主决策，完成对所有星上有效载荷或设备的相关动作（如成像准备、载荷姿态机动、相机开关机、成像、读写数据等），保证卫星能够自主完成成像、数传、数据处理分析等各项功能。为了保证规划结果的质量和可靠性，必须在星载计算机中嵌入一个约束检查、约束优化等功能模块，考虑到每个任务相关的约束、资源、需求和收益等，尽可能提高求解质量。PROBA 在星上完成的任务规划相对来说是短周期规划，目的是尽可能用较少的星上计算资源来得到一个可行的任务规划方案。

5) CNES 的自主通用体系结构测试和应用（AGATA）项目[54]

AGATA 是 CNES 与法国国家宇航研究局签订的一个共同研究计划的成果，其主要研究内容包括空间体系结构设计、自主任务规划与自主故障诊断、软件升级与在轨验证方法等。该实验平台的目标：开发原型系统来评估先进卫星管控概念的有效性、研究具有高智能性的航天器、验证卫星的智能性对操作员技巧的影响等。该演示验证试验平台主要由空间部分和地面部分两大块组成，空间部分由一个或若干个航天器组成；地面部分包括地面站、运控中心和测控中心等。AGATA 通用结构的目标在于设计星上软件的决策机制。其系统在一个通用模式的基础上建立，各模块之间的相互作用构成整体功能。每个模块负责控制系统的一部分，并且处理与该部分相关的数据，同时它会考虑从其他模块来的请求和信息，也可以向其他模块发送需求、请求信息。AGATA 每个模块都按照“感知—决策—行动”模式建立，在一个内部模型和从其他模块、硬件获取到的数据基础上，维持它所控制的系统区域的知识。AGATA 任务规划触发机制如图 2.3 所示。

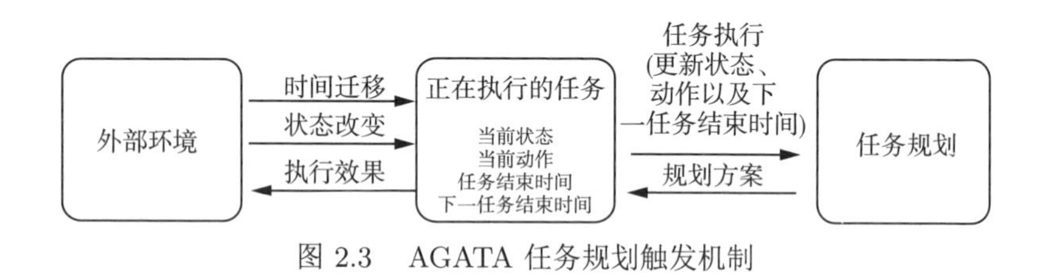

图 2.3 AGATA 任务规划触发机制

2.3 系统需求分析

在广泛调研国外典型的成像卫星任务规划系统和项目的基础上，结合我国实际，从成像卫星的整体运控流程出发，对成像卫星运行控制的流程、协作关系、业务逻辑和功能结构等进行设计与分析，从整体角度归纳成像卫星任务规划系统的基本需求，从而实现系统的整体设计。

2.3.1 运控流程分析

成像卫星任务规划是卫星运行控制过程（以下简称“运控过程”）的中枢与核心[55]。因此，为了能更好地理解成像卫星任务规划问题的本质，首先需要对卫星的运控过程进行分析与设计。运控过程概念图如图 2.4 所示。

成像卫星运控过程是一项复杂的系统工程，需要众多部门相互协作才能共同完成对成像卫星的运行控制。图 2.4 中仅描述了成像卫星运控过程的主干流程，过程简述如下：首先，运控中心接收来自不同用户的成像需求，收集并整理这些成像需求后，考虑每个用户需求的成像要求与偏好、卫星的载荷能力与平台使用约束等情况，决定哪些需求可以被满足，具体何时、以什么方式满足。其次，运控中心将决策结果分解为卫星工作计划、数传计划、测控计划等，同时根据每一颗卫星的工作计划生成对应控制指令。其中，控制指令和测控计划发送给测控中心，测控中心根据测控计划将指令上注对应的卫星，成像卫星在接收到指令后执行这些代码，并采集图像数据；数传计划发送给数据中心，配合完成数据接收等工作[56]。最后，数据中心接收卫星数据并加工成图像产品分发给用户[57]。

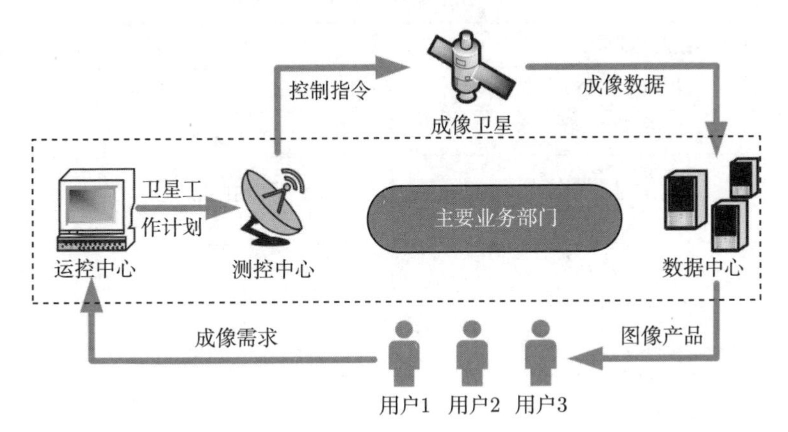

图 2.4 运控过程概念图

运控中心、测控中心和数据中心作为成像卫星运控过程的主要工作部门，对成像卫星运控过程而言是不可缺少的。具体而言：

(1) 运控中心可以看作运控过程信息中枢，用户、测控中心、数据中心和成像卫星关于任务规划相关的信息都集中于此，通过对信息的收集、整理、运算、分发，来制订具体的成像卫星工作计划（包括成像计划和数据传输计划等），并根据这些计划基于相应的指令编码规范生成卫星的程序控制指令、基于数据传输计划生成数据接收计划，分别分发给测控中心和数据中心，进而实现高效的卫星管控。

(2) 测控中心可以看作卫星的直接管理者，它在成像卫星运控过程中的主要职能包括遥测和遥控两个方面：遥测主要是对卫星进行跟踪测量，接收并处理卫星的遥测参数，确定并更新卫星的轨道、姿态、星上载荷等工作状态，进而对卫星进行监视控制，确保卫星各分系统处于正常的工作状态；遥控主要是通过所属的测控站向卫星传输实时或程序控制指令，来实现对卫星执行动作的控制。

(3) 数据中心可以看作卫星产品的接收者，通过所属的地面接收站与卫星相互配合实现数据回传操作。基于卫星采集的原始数据，结合图像处理技术和用户需求，进一步整理成为用户所需要的图像产品，分发给对应用户。

成像卫星高效地实现对地观测任务，需要运控中心、测控中心、数据中心和在轨卫星四个部分协同配合才能实现。通常习惯于将运控中心、测控中心和数据中心统称为地面支持部分，成像卫星或星座看作在轨运行部分，其中每一颗卫星至少包含星务分系统、天线分系统、姿轨控分系统、成像载荷分系统、数据存储分系统、异常监测分系统和电源分系统等[54,58]。在轨卫星各组成部分的功能统计如表 2.1所示。

表 2.1 在轨卫星各组成部分的功能统计

组成部分名称	主要功能
星务分系统	卫星或星座的运行管理、其他分系统控制
天线分系统	数据与指令接收、星间或星地数据传输
姿轨控分系统	卫星在轨位置和卫星姿态控制
成像载荷分系统	成像参数调整、成像相关动作的执行
数据存储分系统	成像数据和卫星遥测数据存储与管理
异常监测分系统	卫星工作状态监测，确保状态正常
电源分系统	提供卫星工作能量、充放电过程控制
⋮	⋮

根据上述描述与整理不难发现，成像卫星任务规划过程主要在运控中心完成，运控中心确定：①满足哪些用户的需求；②用哪些资源来满足用户需求；③何时执行对应的成像任务；④卫星指令通过哪个测控站上传；⑤卫星指令何时上传；⑥卫星数据通过哪个地面站回传；⑦卫星数据何时回传等。这需要运控中心收集用户和各部门与卫星任务规划相关的必要信息，采用先进的组合优化算法来实现资源的合理配置和任务的高效决策。

2.3.2 协作关系分析

成像卫星运行控制协作图如图 2.5 所示，图中的箭头表示系统各组成部分之间的信息传递方向，数字编号表示卫星工作过程中业务和信息传递的逻辑顺序。

用户将卫星成像需求发送至卫星运行控制中心，需求信息包括：①成像区域坐标范围；②时效性要求；③任务优先级；④成像模式要求等具体参数和对成像产品的要求。运控中心负责整理来自各用户的需求。接着，结合成像卫星运行轨道、卫星姿态机动能力、卫星载荷能力、地理环境等条件实现用户需求的分解与合并，将用户需求转化为标准化描述的成像任务。然后, 对成像任务进行优化决策，形成满足成像卫星任务规划约束条件的规划方案。最后，基于该方案生成对应卫星、测控站、数据接收站等的工作计划，同步生成对应卫星可执行的指令，分别分发至测控中心和数据中心，各部门接收到工作计划和指令后在特定的时刻执行相应的动作[59-60]。星上系统的天线分系统接到指令后立刻将指令发送给星务分系统并解析，同时星务分系统结合卫星授时和状态等信息，在特定时刻调用指令控制其他分系统执行动作，如姿轨控分系统执行姿态机动动作、成像载荷分系统执行成像及其相关动作、数据存储分系统记录或传输数据等。对应动作执行结束后，各分系统反馈执行情况至星务分系统保存，形成日志数据，并存储在数据存储分系统统一进行数据传输[61]。星务分系统循环检查指令调用的时间并命令对应分系统执行操作，直到所有指令均被执行。

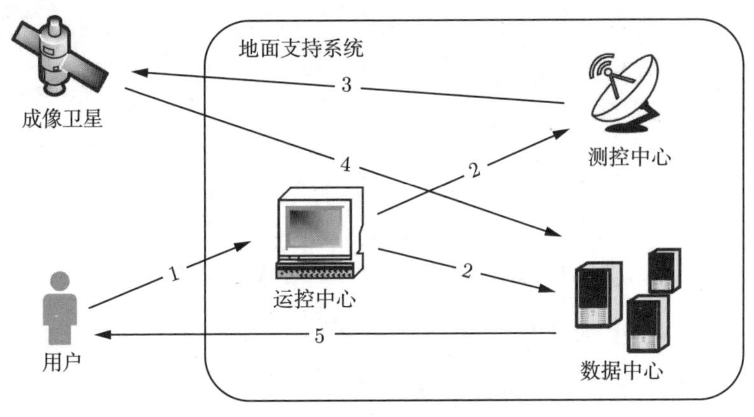

图 2.5　成像卫星运行控制协作图

由于成像卫星飞行轨道的限制，卫星很难保持对成像需求区域、测控站和数据接收站等地面目标时刻可见。目前的成像卫星任务规划系统中的相关计算模块主要采取系统仿真的方式来模拟卫星飞行过程并计算一系列状态信息，综合运用物理模型、数学模型、仿真模型等手段构造任务规划所需要的辅助计算函数，如轨道计算模型、星历预报模型、地影预报模型、测站预报模型、姿态机动时间计算模型、固存消耗模型、电量消耗模型等。这些模型为任务规划过程提供了必要的信息支撑，其计算精度与任务规划方案的好坏息息相关。本书不涉及对轨道预报模型、固存消耗模型等辅助模型计算精度和计算效率的优化，重点在必要的信息和辅助模型确定且已知的条件下研究如何提高任务规划方案的质量和任务规划过程的计算效率。

2.3.3　业务逻辑分析

基于对协作关系的分析可得，成像卫星任务规划过程与任务执行过程是交替滚动进行的，即星上系统执行的指令是基于上一周期任务规划方案确定的，执行指令的同时地面系统进行下一周期任务规划相关工作。根据用户需求的紧急程度、任务的重要性和任务总数量等条件，成像卫星的任务规划周期一般设置为一天到一周不等。成像卫星任务规划过程中各组成部分的甘特图如图 2.6 所示。

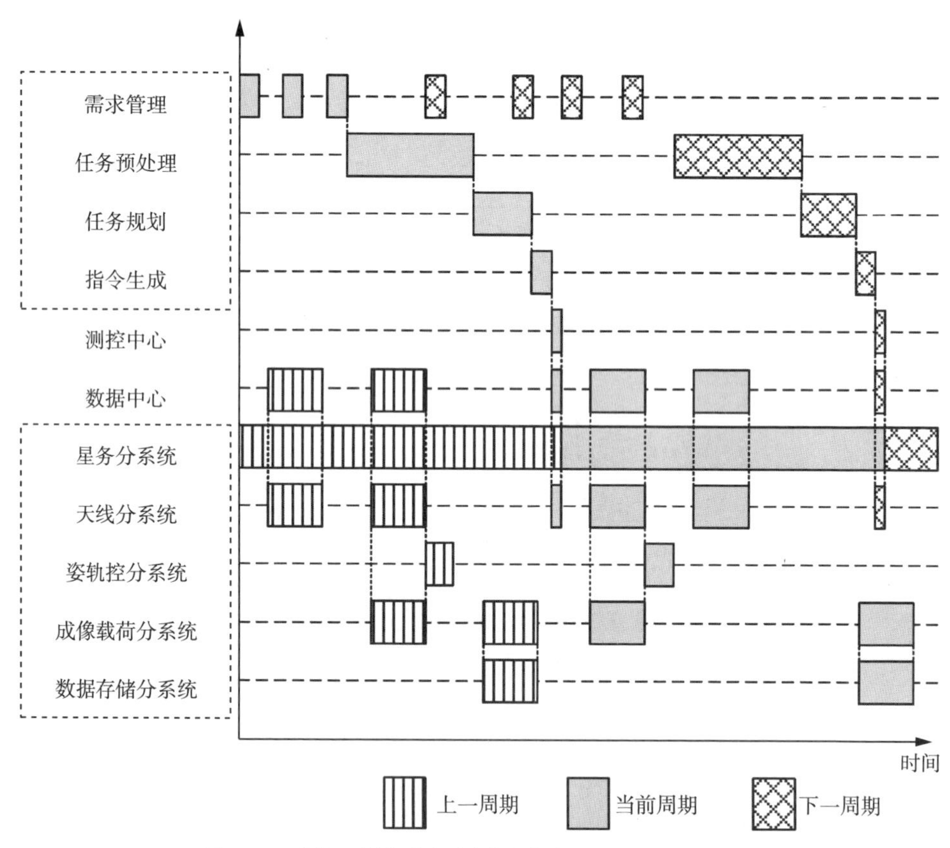

图 2.6　成像卫星任务规划过程中各组成部分的甘特图

任务规划过程、数据接收计划的制订和指令生成等过程需要在上一规划周期结束之前提前完成并发送给相应的分系统。运控中心接收到用户需求，并统一对任务进行周期性规划，生成卫星指令和数据接收计划分别发送给测控中心和数据中心。如在这之后有新的任务需求到达，则需要分析任务成像所在的规划周期内是否还存在测控窗口[62-64]。若任务要求在本周期内成像，但是从运控中心接收任务到任务成像需求时间之前无测控窗口，则可直接判定该任务无法被满足；若任务要求在下一周期成像，则运控中心可重新规划任务，并重新将卫星指令和数据接收计划分别发送给对应单位并通知其覆盖原工作方案。

2.3.4 功能结构设计

随着成像卫星功能日益复杂、需求数量不断增加，完全依赖业务人员决策每颗成像卫星的执行任务及其相关属性的业务模式的效率与可靠性不断降低，任务规划系统应运而生。任务规划系统通常部署于运控中心，负责从收集用户需求到生成卫星控制指令、测控计划和数据接收计划等全过程。典型的成像卫星任务规划系统的基本功能组成及其相互关系如图 2.7 所示。

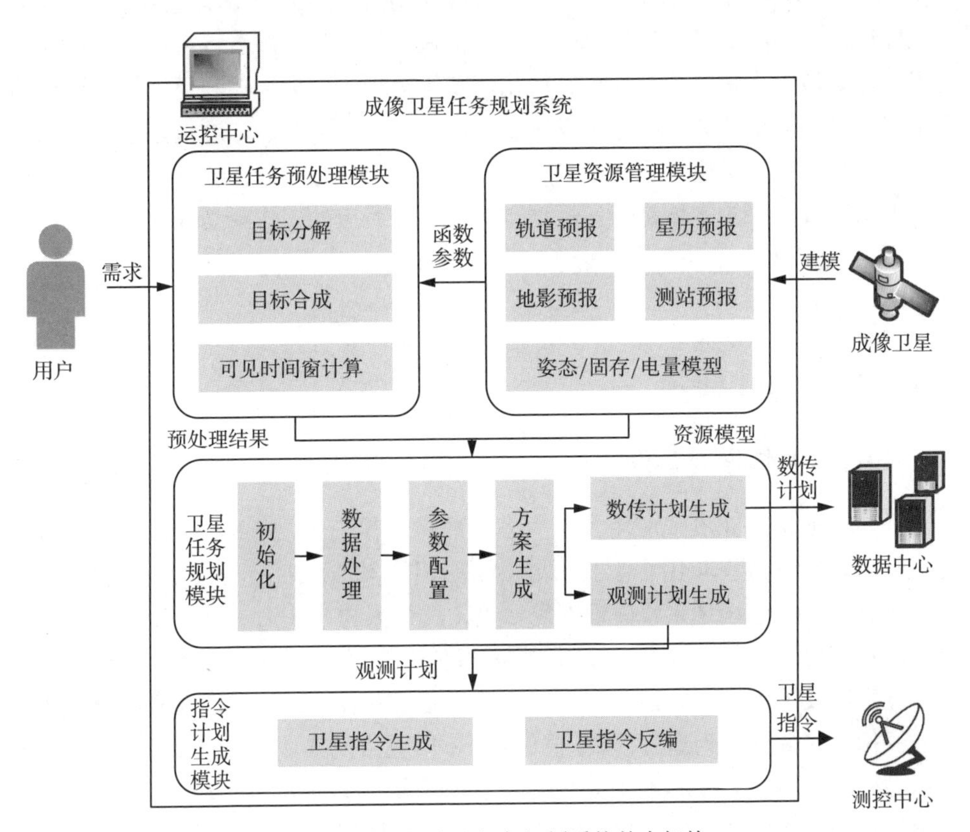

图 2.7 地面集中式任务规划系统基本架构

由图 2.7 可知，成像卫星任务规划系统主要包括卫星资源管理模块、卫星任务预处理模块、卫星任务规划模块和指令计划生成模块四大部分。结合成像需求对应的目标地理位置和卫星轨道、星历预报、地影预报等信息可以计算得到对应目标的可见时间窗口。结合数据接收站、卫星测控站等地面设施的位置和卫星的相关信息可以计算得到卫星可用的测控窗口和数据传输窗口。根据时间窗口属性以及地理位置属性可实现部分成像需求的合并操作，该过程被称为任务预处理[65]。

结合任务的时间窗、成像收益等需求信息，以及地面站的可用等窗口信息，考虑基于实际需求设计的目标函数与约束条件，形成完整的任务规划方案，指令计划生成模块将其编译为对应的卫星工作计划和指令、卫星测控计划和数据传输计划。

上述过程中，各类资源的预报过程和任务预处理过程是任务规划的前提与基础，这两个过程通常是基于客观物理规律、硬件结构特性或运行管理模式等实际情况针对性地建立仿真模型或数学计算模型来模拟卫星真实运转时的环境和状态变化。由于涉及复杂的物理过程，并且对计算精度的要求高，所以资源预报和任务预处理过程需要相对较长的计算时间。任务规划问题的求解过程中需要不停地调用相关计算函数来辅助约束检查、优化调整等过程，所以通过利用大规模迭代的策略来改进解质量的方式不适合求解成像卫星任务规划问题，这也是任务规划问题相较于经典组合优化问题的难点之一。最后一个部分是指令计划生成模块，该过程根据完成任务的实体将任务规划方案拆分为对应的工作计划或指令，相关技术已相对成熟稳定，本书不对其展开研究。

2.4 系统设计理念

2.4.1 整体设计思路

目前，卫星工业实践应用中绝大多数成像卫星任务规划系统都是“定制化”的，即针对不同类型、不同型号的成像卫星设计辅助模型、计算方法并开发系统，每一颗卫星的任务规划系统建设都需要投入大量人力、物力、财力和时间。在我国卫星数量快速增长的今天，按照这种模式开发成像卫星任务规划系统已成为卫星工业高速发展的重要制约因素，因此必须立足现有系统基础，实现系统中部分功能的标准化并固化为通用模块，同时将不同卫星的差异化内容（如资源模型、数学模型、优化算法等）尽可能与通用模块解耦合，以插件的形式接入成像卫星任务规划系统，以降低系统开发成本和难度、提高系统通用性与高效性，实现任务规划项目的快速开发建设。

成像卫星任务规划的实质是如何充分利用卫星资源，在不违反约束条件的前提下，合理地安排成像任务，使得卫星使用效益最大化。本书所设计的通用化的成像卫星任务规划系统如图 2.8 所示。该设计方案是图 2.7 所示系统架构的改进版本，继承了经典成像卫星任务规划系统中的任务预处理、任务规划、指令生成等功能模块，将资源管理模块按照能力参数和计算模型分为两个部分，计算模型如星历预报、地影预报等与预处理模块合并，能力参数部分作为不同卫星的个性化参数单独作为资源参数独立管理；新增对任务规划数学模型的管理模块，便于对任务规划过程的决策变量、目标函数、约束条件等个性化管理与维护，可实现根据实际需要对决策偏好、环境条件、应用目标等的快速调整。

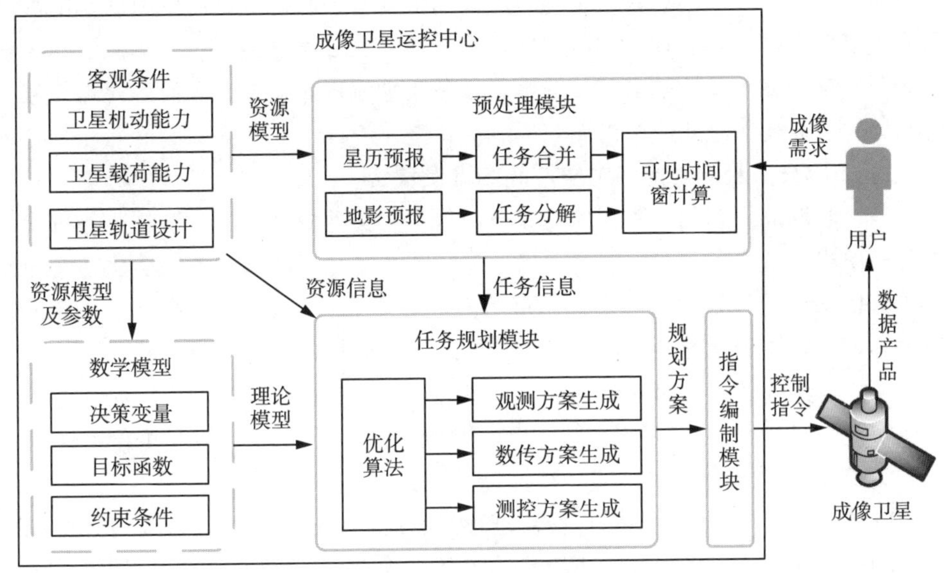

图 2.8　通用化的成像卫星任务规划系统设计图

本章工作的落脚点是设计通用、高效的成像卫星任务规划系统。通过对成像卫星运行控制全过程的分析与论证，改进当前成像卫星任务规划系统，提出新的成像卫星任务规划系统架构、功能组成、数据结构、逻辑关系等，建立任务规划系统与其他系统之间的关系，梳理成像卫星任务规划系统运行机制，降低卫星工业部门开发系统的成本和复杂性，提升卫星任务规划过程的效率与柔性，进一步挖掘成像卫星的应用效能。

2.4.2　系统设计原则

立足我国现有成像卫星管控体系和长期实践所积累的经验与成果，面向未来新型遥感卫星通信能力和载荷性能提升，以及复杂应用场景中成像卫星高效信息获取等重大需求，为了实现成像卫星任务规划系统的通用化、柔性化、插件化，展开对成像卫星任务规划系统的设计。根据成像卫星任务规划的新需求、新特点，结合卫星管控方对成像卫星应用不断提升的期望效果，成像卫星任务规划系统设计应遵循如下原则[8,66-67]：

1) 整合任务规划流程，提升系统工作效率

面向未来，用户对成像卫星任务规划过程的时效性要求越来越高，同时，面对自然灾害、环境事件、重大安全事故等应急行动通常在时间和空间上均有较大的不确定性和突发性，且通常重要程度比常规任务要高，所以需要卫星作出快速响应。成像卫星任务规划过程涉及的部门较多，业务流程复杂。为了保证任务规划的高效性、提升业务效率，必须整合任务规划流程，减少非必要的计算和人工干预过程，提高信息处理与传输效率，优化整体流程。

2) 重组任务规划功能，力争“高内聚低耦合”

多个职能部门的业务协同才能完成成像卫星任务规划过程。这些业务所涉及的功能模块数量众多、调用条件严格、逻辑关系复杂，所以对系统功能结构的设计是成像卫星任务规划系统设计的重点内容。其中，“高内聚低耦合”是评价软件系统设计好坏的标准之一，它衡量软件系统中模块内部各要素之间联系紧密程度、模块与模块之间接口的复杂程度，本系统设计的目标是实现模块内部功能高度集中，模块之间关联尽量降低，从而增强系统模块的可重用性和可移植性。

3) 聚焦智能计算业务，实现快速精准决策

成像卫星任务规划系统是一类管理信息系统，它的本质是通过对复杂多元数据（如需求参数、卫星参数、环境参数等）进行整合、处理、分析、计算，从而得到高价值信息（如任务规划方案）的过程。这一过程又可以被细分为很多具体的计算过程，这些具体的计算过程中，应重点关注任务规划过程的核心决策业务，并以该业务为核心来设计其他数值计算过程，使得所有功能模块为核心决策过程服务，提升系统整体的应用效果和计算效率。

2.5 系统 UML 建模

成像卫星任务规划系统的总体设计实现了对系统内外部重要对象以及对象与系统之间的组成、逻辑、关系等初步梳理，但是更细节的用例模型、系统结构对象和系统行为对象等需要借助相关理论进行详细设计。本节围绕系统设计理念，基于 UML 系统建模理论，对系统用例模型、结构对象和行为对象进行分析与设计，形成成像卫星任务规划系统的基本设计方案。

2.5.1 用例模型设计

用例建模主要用于描述系统与外部对象之间的作用。用例建模过程包括如下几个步骤：

1) 确定参与者

建立用例模型的第一步是确定参与者。根据对成像卫星运行控制过程能力与需求的设计不难发现：用户向系统提出成像需求，也从系统获取最终的成像产品。运控中心业务员基于部署在运控中心的成像卫星任务规划系统完成任务接收、任务规划、生成和分发指令计划等工作，保证任务规划方案的可行与高效。测控中心业务员基于成像卫星测控系统接收并维护上注指令信息并监控卫星的实时状态，保证卫星运行过程的安全与可靠。数据中心业务员基于数据接收系统控制相关设施以配合成像卫星的数据接收、处理与分发工作，保证卫星数传过程的稳定与协同。通过上述分析，确定该系统的参与者有运控中心业务员、测控中心业务员、数据中心业务员、用户等，如表 2.2 所示。值得说明的是，用例模型中的运控中心业务员、测控中心业务员、数据中心业务员泛指能够完成对应操作、控制对应系统实现相关功能的所有实体，可以是自然人、系统中具有一定信息处理和决策权限的专用自动设备或程序控制模块等。用户泛指能够产生实时任务需求并发送至任务规划系统的实体，当前的卫星管控模式下绝大多数任务需求是由个人用户或有卫星应用需求的企业、事业部门员工等提报，面向未来智能卫星组网的任务规划过程中，成像需求也可以通过卫星之间通信链路相互传输，或在轨卫星根据实际需要自主生成。

表 2.2　系统中的参与者及其内涵

参与者	可对应的实体
用户	个人用户、运控中心员工、需求智能生成模块等
运控中心业务员	运控中心员工、程序控制模块、其他自动设备等
测控中心业务员	测控中心员工、程序控制模块、其他自动设备等
数据中心业务员	数据中心员工、程序控制模块、其他自动设备等

2) 确定系统范围

根据 2.3.1 节的设计，成像卫星运控过程至少需要考虑运控中心、测控中心、数据中心和成像卫星等业务部门与实体，分别对应四个系统：任务规划系统、测控系统、数据接收系统和卫星管理系统，这些系统业务之间存在紧密的内在联系，共同完成卫星运行控制相关业务。每个系统中与任务规划直接相关的功能集合即本书所研究系统的要素，系统边界与接口根据系统功能和系统要素确定。成像卫星任务规划工作涉及的用户、运控中心业务员、测控中心业务员、数据中心业务员基于上述四个系统实现相互配合，最终目的是实现成像卫星系统的高效运行。

3) 确定需求结构

成像卫星任务规划系统需要考虑多个业务部门的相关功能模块，相应的也可以将用例需求分为面向用户、运控中心、测控中心和数据中心四个需求单元。在这四个业务系统中，运控中心、测控中心和数据中心分别有一套完整的管理系统完成相应的职能，互相配合实现成像卫星的运行控制全过程。经过长时间的发展，系统中与任务规划相关的功能模块也逐渐成熟并固化。本书中对任务规划系统的设计遵循当前卫星运行控制体系的规范，保证所设计的软件系统具有较强的兼容性，在适应当前的卫星管控模式的同时，能够满足智能自主成像卫星、大规模星群管控等未来发展趋势的需要。

4) 提取用例

综合本节所有分析过程，提取成像卫星任务规划系统中的用例主要分为运控中心业务员、测控中心业务员、数据中心业务员、用户等参与者的用例需求。各参与者的具体用例需求如表 2.3 所示。

表 2.3 各参与者的具体用例需求

参与者	用例需求
用户	(1) 提交需求信息或目标位置信息。 (2) 接收成像产品
运控中心业务员	(1) 接收并处理资源、状态、需求等信息。 (2) 拟制任务规划方案。 (3) 生成卫星指令、测控计划和数据接收计划。 (4) 分发卫星指令、测控计划和数据接收计划
测控中心业务员	(1) 接收并查看卫星指令。 (2) 根据测控计划更新卫星指令。 (3) 维护卫星状态信息
数据中心业务员	(1) 获取数据接收计划。 (2) 实施数据接收计划。 (3) 处理并分发卫星数据和产品

上述各参与者的用例需求是系统基本用例需求，为了更好地满足上述需求，系统内部还需要补充若干用例实现子系统之间的交互。详细的内部用例需求与各参与者的实际工作流程、软硬件条件、管理机制等密切相关，该部分内容不作为本书的研究重点，所以在此不展开讨论，有兴趣的读者可按照书中介绍的方法进一步细化。

5) 用例场景描述

综合以上分析，将用例场景描述如下：

(1) 根据用户的实际应用需要，向运控中心提出成像需求。

(2) 运控中心接收并审核成像需求，对符合规范的成像需求进行任务预处理，得到标准化描述的成像任务。

(3) 综合运用卫星资源、环境、任务等信息进行任务规划及必要的计算，得到成像卫星任务规划方案。

(4) 基于任务规划方案形成卫星测控计划、数据接收计划以及卫星程序控制指令，并分别将其分发至对应参与者。

(5) 测控中心收到卫星测控计划和卫星指令，更新信息并检查数据完整性、一致性与正确性，并调整测控站的工作计划以配合完成卫星测控任务，将指令上注卫星。

(6) 数据中心收到数据接收计划，并调整数据接收站的工作计划以配合成像卫星完成数据传输等过程，从而实现数据接收与数据转发等功能。

(7) 成像卫星接收到程序控制指令后，执行指令所对应的一系列动作以实现相应功能，在测控站、数据接收站等的配合下，共同保证成像卫星工作过程的稳定、安全。

根据系统的参与者及其用例分析，可绘制系统用例图，如图 2.9 所示。图 2.9 中，任务规划用例是影响整个系统应用效果的关键用例，任务预处理用例为任务规划提供了标准的数据和参数，其他绝大多数用例是为了保障成像卫星运行控制流程正常运行所必需的。

2.5.2 结构对象设计

基于用例分析，成像卫星任务规划系统的逻辑模型可初步建立，同时梳理了任务规划所需的功能需求。结构对象分析是对系统中各基本要素及其相互关系的分析，并进行结构化设计，以便更好地说明系统内部数据的存储结构以及数据之间的联系。

首先，描述系统中各基本要素及其关系如下：用户从实际应用的角度出发提出成像卫星的成像需求，包括成像位置信息、成像清晰度要求、成像收益等。结合卫星资源信息和辅助计算函数对所有用户需求形成的需求集合进行预处理，实现任务分解、任务合成、可见时间窗计算等功能，得到成像卫星任务集合。任务集合中包含一些描述任务集整体状态的信息，便于统计和规划时检查约束，也包含若干条任务信息；任务信息包含任务类型、任务编号、任务收益、任务包含的元任务数量和与任务有关的时间参数等信息。一个任务是由一个或多个元任务构成的，每一个元任务的属性包含该条元任务的可见时间窗信息、成像时间窗信息和持续时间等信息。而元任务又是根据目标获得的，且每一个目标可以对应一个或多个元任务。目标信息包括目标的类型、所属国家和边界点的坐标等，坐标点通过一个点的经度、纬度和高度唯一确定。同时，需要确定一个任务集，要根据场景信息、卫星姿态和其他一些辅助函数共同确定。场景信息中与任务规划相关的信息有卫星能力信息（如卫星的姿态机动能力、卫星的电量和固存大小、卫星成像载荷的能力等）、卫星轨道信息和地面站预报信息等；卫星姿态信息描述的是卫星在某一时刻的指向信息；而其他辅助函数如计算姿态机动时间、计算任务的排序和条带划分等，需要结合场景信息、任务信息和目标信息等共同确定。

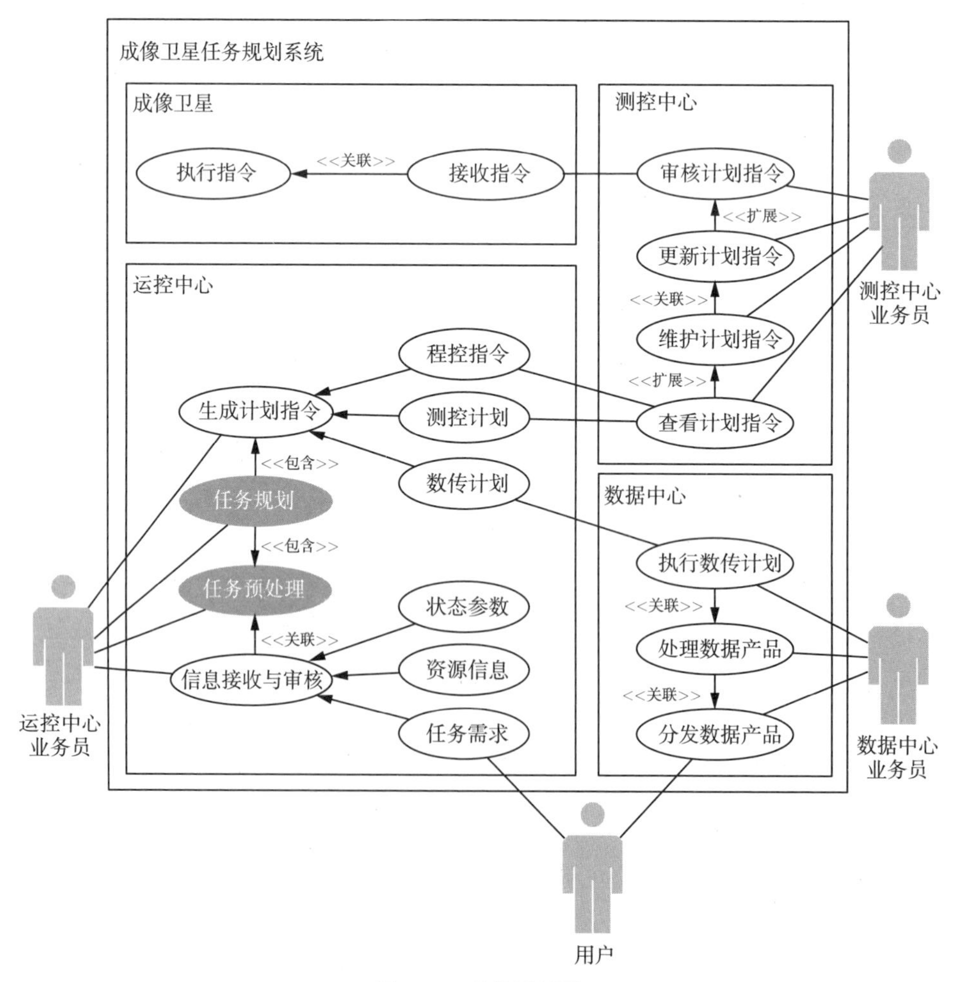

图 2.9 系统用例图

下一步需要对系统的结构对象进行分析，设计构成成像卫星任务规划系统数据的静态结构及其相互关系。UML 建模中的类图为我们提供了一种描述系统模型静态结构的方法。

1) 确定类与接口的属性、操作等要素

类表示某一组具有相同特征和性质的对象，接口表示需要通过其他类元来实现的一些公共操作的集合。对于本系统，主要包含需求、规划场景、任务、元任务、坐标点、卫星姿态和辅助信息 7 个实体类和任务集接口以及元任务接口 2 个接口类。系统中的各类与接口的属性和操作等要素如表 2.4 所示。

表 2.4　系统中的各类与接口的属性和操作

类元名称	属性	操作
成像目标	目标所属国家、目标类型、目标成像位置信息（目标区域范围）等	无
规划场景	卫星能力信息、卫星轨道信息、地面站预报信息等	初始化、计算总收益、任务排序、更新电量和固存信息等
任务集	任务数量、剩余可用电量、剩余可用固存、最大可用电量、最大可用固存等	初始化任务集、计算总收益、任务排序、计算剩余资源等
任务	任务类型、任务编号、任务收益、任务持续时间、成像时间窗、可见时间窗、元任务数、任务被规划标记等	初始化、计算该任务需要的固存和电量等
元任务	元任务编号、元任务持续时间、可见时间窗、执行时间窗等	无
坐标点	经度、纬度、高度	无
卫星姿态	滚动角、俯仰角、偏航角、太阳高度角	计算某时间对某任务的姿态等
预处理接口	无	计算姿态机动时间、计算任务位置
元任务接口	无	进行条带划分并生成元任务

2) 确定类与类之间的关系

类与类之间的关系包括复合、聚合、关联和依赖等，本系统中对各类之间的关系分析如下：

规划场景中可以不包含任务，但对于任务规划过程而言，任何任务都需要在特定的任务集中才能进行处理，因此任务与任务集是聚合关系；规划场景依赖各类功能接口、任务集和卫星姿态等信息实现任务规划功能，因此规划场景与各类功能接口、任务集和卫星姿态之间是依赖关系。

每个任务至少包含一个元任务，且任务不存在时，元任务不能单独构成一个整体。同理，一个成像目标至少包含一个坐标点，定义坐标点如果不关联成像目标则可以认为该坐标对于任务规划没有意义。因此元任务与任务之间、坐标点与成像目标之间是组合关系。

卫星姿态中属性需要通过规划场景中的属性和任务属性综合计算得到，所以卫星姿态类与各类功能接口、任务类是依赖关系。元任务接口的操作需要成像目标和规划场景的属性作为输入，因此元任务接口与规划场景、用户需求类也是依赖关系。

通过以上建模分析，成像卫星任务规划系统的基本数据模型可用如图 2.10 所示的系统类图描述。

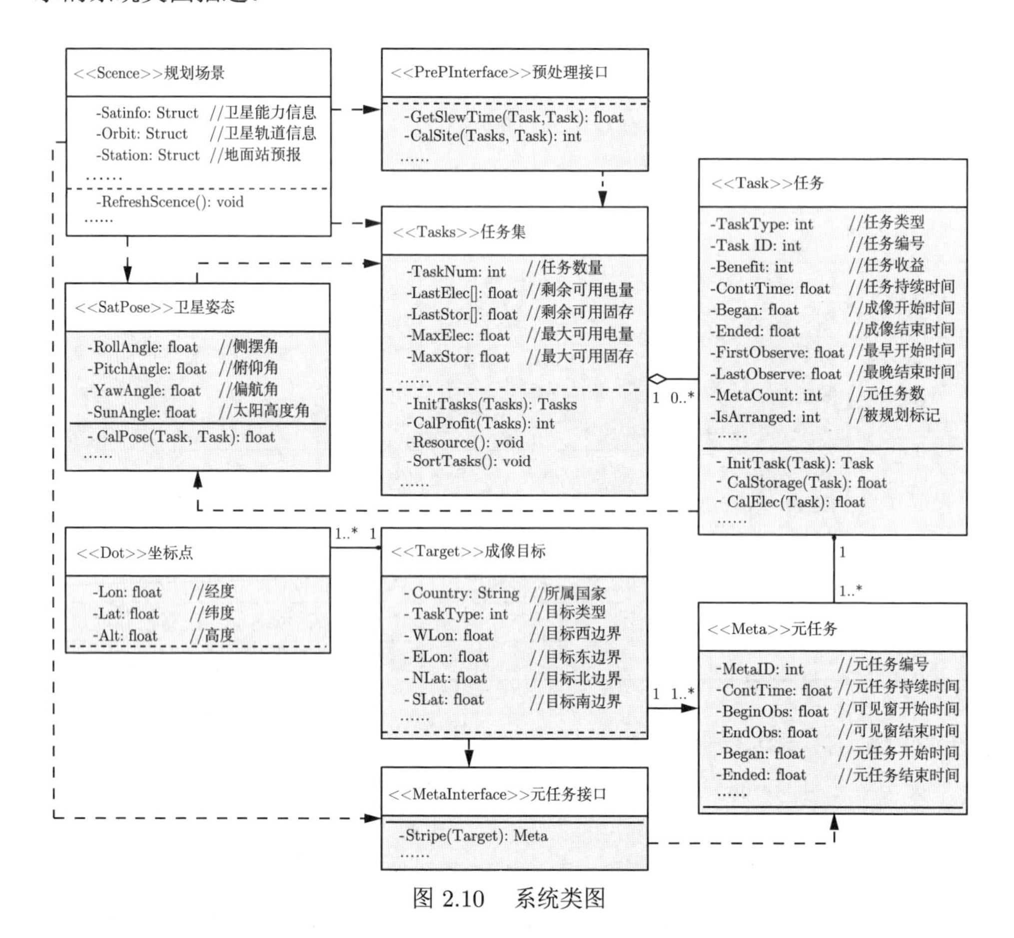

图 2.10　系统类图

2.5.3　行为对象设计

系统对象既有结构，又有行为。分析和理解对象的行为，通常用顺序图来表示。通过顺序图可以更加直观地表示从用户提出成像卫星的使用需求，到该用户获取到最终图像产品整个过程中系统各对象及其信息的传递内容及顺序关系。本节主要利用 UML 建模语言中的顺序图来建立以时间顺序安排的对象交互，并通过顺序图进一步阐明用例的实现方法。

1) 创建活动对象及其生命线

活动对象可包括成像卫星任务规划系统的参与者和其他系统对象。在成像卫星任务规划系统中，地面支持部分的三个组成部分（运控中心、测控中心和数据中心）的职能由业务员来具体操作实现，在轨运行部分（即成像卫星或星群）的职能主要是通过程序模块或控制指令基于提前设定好的规则来实现。由于用户、在轨运行部分、测控中心和数据中心关于任务规划的具体业务功能不是本书研究内容的重点，所以本部分对这些活动对象的行为作适当简化，重点突出运控中心与任务规划直接相关的功能模块及其行为逻辑。综合上述所有分析，成像卫星任务规划过程中，运控中心至少包含需求管理、资源管理、任务预处理、任务规划、指令生成等功能模块，因此在本节展开对运控中心需求管理模块、资源管理模块、任务预处理模块、任务规划模块、指令生成模块的活动及逻辑顺序进行讨论。

2) 创建活动

针对各活动对象，可分别创建消息，所得到的系统对象的活动列表如表 2.5 所示。

表 2.5　系统对象的活动列表

对象	活动
用户	提出成像需求、接收成像产品等
在轨运行部分	接收指令、执行指令、数据存储、状态监测、反馈指令执行情况等
需求管理模块	接收并存储用户需求、需求参数标准化、需求合并等
资源管理模块	资源信息管理、轨道预报、地影预报、测站预报、辅助模型维护等
任务预处理模块	任务分解、任务合成、任务时间窗计算等
任务规划模块	约束处理、约束检查、方案迭代优化、方案生成、方案审核等
计划指令生成模块	计划编排、卫星指令编译、卫星指令反编、发送计划指令等
测控中心	接收测控指令、上注测控指令、监测卫星状态、卫星在轨维护等
数据中心	接收数传计划、执行数传计划、接收卫星数据、加工成像产品等

3) 确定活动的顺序

对于上述活动的分析，可总结出有关活动的顺序如下：

(1) 用户根据实际应用需要，产生成像需求，并发送至运控中心需求管理模块。

(2) 需求管理模块接收成像需求，检查需求信息完整性并标准化相关参数，并合并重复需求。

(3) 任务预处理模块读取标准化的成像需求，并调用资源管理模块的必要信息与模型开始任务预处理操作。

(4) 任务预处理结束后得到的任务信息作为任务规划模块的输入，并综合资源和任务等各类信息与计算模型开始任务规划。

(5) 任务规划结束后，形成的任务规划方案作为计划指令生成模块的输入，进而编排测控计划、数传计划，同时编译卫星指令，审核无误后将计划、指令发送至对应的对象。

(6) 测控中心接收到测控计划和卫星指令后，基于计划和指令，考虑所属测控站的占用情况来安排工作，实现卫星指令上注。

(7) 数据中心接收到数传计划后，综合所属地面站的实际运转和占用情况，调配对应设施配合成像卫星完成数据接收工作。

通过对活动的初步分析，即可得到本系统中行为对象之间所传递的消息主要包括需求、方案、指令和数据产品等。成像卫星任务规划系统行为对象之间的逻辑关系可用系统顺序图表示，如图 2.11 所示。

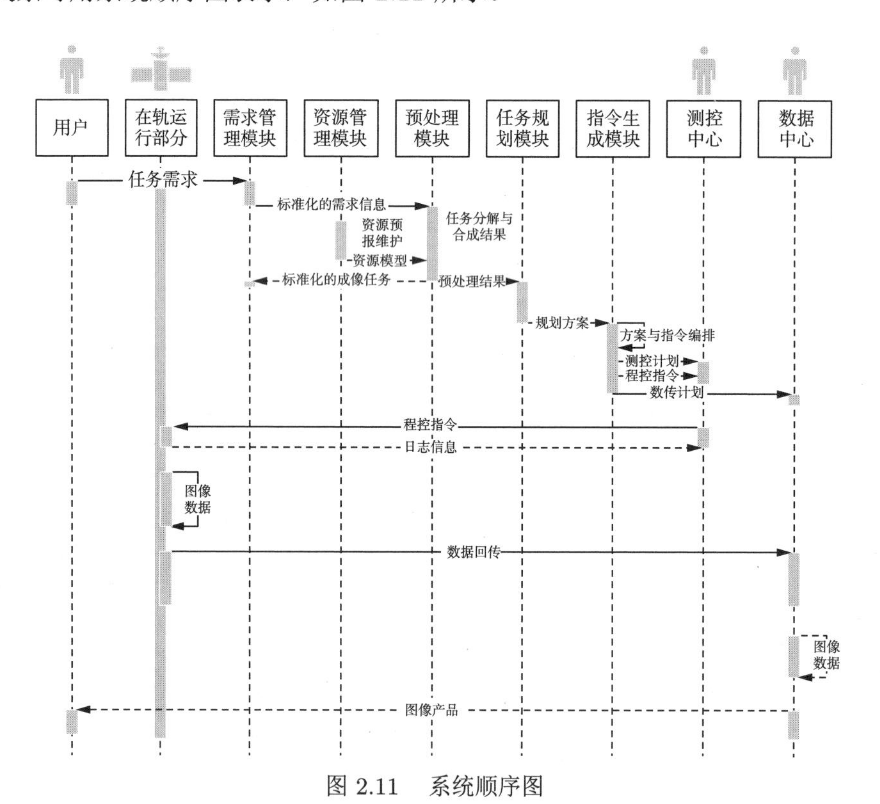

图 2.11 系统顺序图

2.6 本章小结

本章系统地介绍了成像卫星运行控制系统的工作流程、功能组成、业务逻辑等，可以为读者更好地理解本书第 3 章中成像卫星任务规划问题的建模部分打下基础。立足当前现状、面向未来需求，本章提出了一种成像卫星任务规划系统的设计方案，并遵循软件设计相关规范，利用 UML 建模技术保证了方案的合理性与科学性，为卫星工业部门设计与研发成像卫星任务规划系统提供了一条可行的技术路线，同时为相关科研人员分析与研究实际工程中的成像卫星任务规划问题提供基础知识支撑。

第3章 成像卫星任务规划问题分析与双层优化模型建立

基于第 2 章对成像卫星任务规划系统的设计，本章首先给出了成像卫星任务规划问题及相关定义。通过对问题研究现状的调研与分析，进一步明确了本书所研究问题的重点，从而给出了成像卫星任务规划问题的基本假设，确定了问题的输入、输出，总结了成像卫星任务规划问题中常见的目标函数，并分类讨论约束条件及其特点；其次，提出面向成像卫星任务规划问题的双层优化模型，明确模型中各部分的功能及相互关系，并确定该模型的求解框架；最后，在上述模型和框架下，给出上下两层求解过程的特点与算法设计原则：上层任务分配过程建立为有限马尔可夫决策过程（MDP）模型并设计强化学习算法求解，下层任务调度过程建立为数学规划模型并设计确定性算法求解，以保证算法在不同实际问题背景下的稳定性、求解效率与求解精度。

3.1 成像卫星任务规划问题

3.1.1 问题定义

从完整的成像卫星运控过程来看，主要的决策优化问题有：

(1) 满足哪些用户需求？

(2) 用哪颗卫星满足这些用户需求？

(3) 何时执行对应的成像任务？

(4) 卫星指令通过哪个测控站上传？

(5) 卫星指令何时上传？

(6) 卫星数据通过哪个地面站回传？

(7) 卫星数据何时回传？

……

根据第 2 章对成像卫星运控过程及任务规划系统的分析与设计，成像卫星任务规划问题的主要决策过程都是在运控中心完成的，是卫星正常运转的基础，是卫星测控中心、数据中心等开展相关工作的前提。因此，成像卫星任务规划问题是卫星运控中枢需要解决的核心问题，其求解质量对于提高卫星实际运行效率是至关重要的。

本书的研究重点是在测控资源和数传资源充足的条件下，寻找缓解成像资源与用户需求之间供需矛盾的先进技术方法。根据上述分析与整理可得，成像卫星任务规划问题是从接收任务预处理产生的一系列成像任务开始，通过组合优化方法得到满意的任务调度方案和卫星工作计划的过程。本书对成像卫星任务规划问题定义如下：

定义 3.1 (成像卫星任务规划问题)　给定 n 个成像任务（用一组时间窗、成像时长、收益组成的集合来描述一个成像任务）和 m 个成像卫星，每一颗卫星上的载荷能力有限，并且每一颗卫星都有其对应的使用约束。在规划周期内，每个卫星考虑对 k 个轨道圈次的任务进行规划，每个轨道圈次内任务规划过程相对独立。在所有条件和目标函数均确定且不发生改变的前提下，通过组合优化算法计算得到问题中的每一颗成像卫星应该选择哪些任务、何时执行这些任务，以求满足所有约束且最大化目标函数的方案。

成像卫星任务规划问题示意图如图 3.1 所示。可见，本问题的搜索空间巨大。不考虑通过约束合并与化简来缩小解空间的大小，问题的搜索空间可由式 (3.1) 来估算：

$$|\boldsymbol{\Omega}| \approx \prod_{j=1}^{mk}\prod_{i=1}^{n}(\mathrm{we}_{ij} - \mathrm{ws}_{ij} - d_{ij}) \tag{3.1}$$

式中，$|\boldsymbol{\Omega}|$ 表示解空间的大小；we_{ij} 和 ws_{ij} 分别表示每个任务的可见时间窗结束时间和开始时间；d_{ij} 表示任务成像时长。显然，搜索空间的规模随着任务和资源数量的增长呈指数级增长。虽然在一些实际问题中，根据问题背景可以针对性设计剪枝策略来减少搜索空间，但是随着实际问题中约束条件的数量和复杂度提升，这种方式需要大量理论基础支撑，同时策略设计的时间成本提升，不利于问题的研究和成果大规模推广。因此，面对日益增长的资源和任务规模、日益复杂的约束条件，建立一个相对通用的组合优化模型势在必行。

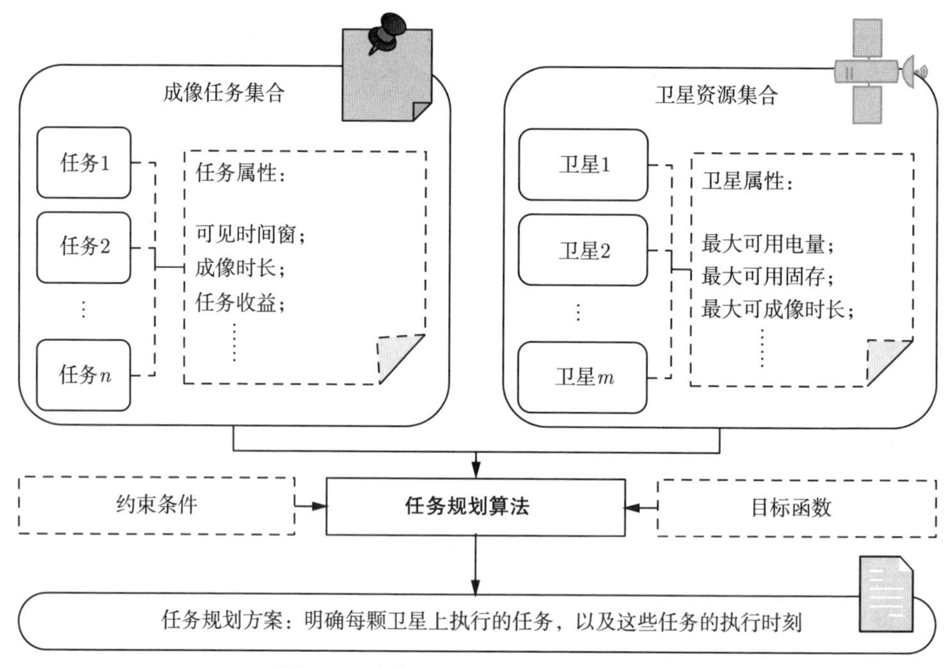

图 3.1 成像卫星任务规划问题示意图

3.1.2 基本假设

本书所设计的模型突出成像卫星任务规划问题的本质特征，将差异化的条件和约束作为黑箱模型统一处理，力争提升模型的通用性与高效性，从而适用于大多数实际工程中的成像卫星任务规划问题。将成像卫星任务规划问题建立为学习型双层优化模型并结合确定性算法和强化学习算法对其进行求解的基本假设和前提条件总结如下：

(1) 任务和资源的数量是有限且已知确定的，且任务规划算法一旦开始工作，将不接收新的任务和资源（即将任务规划问题考虑为一类静态优化问题）。

(2) 成像卫星任务规划问题中的目标函数、约束条件都可以用数学表达式或逻辑表达式显式表达，这些表达式不会随输入条件的变化而变化。

(3) 不考虑资源发生故障等不确定性因素对任务规划过程的影响，即认为资源除提前已知的可用性约束外，不考虑其他不确定性导致资源不可用。

(4) 任务规划模型的目标函数为确定性的单目标函数，即给定两个任务规划方案，可采用显式的评价算法计算得到评价指标，并对比这两个方案的好坏。

(5) 卫星运行过程中，测控资源和数传资源始终充足，即本书所研究的科学问题聚焦于缓解成像资源与用户需求之间的供需矛盾，不考虑对测控过程和数传过程的优化决策。

3.2 成像卫星任务规划问题研究现状

成像卫星任务规划过程与成像卫星系统高效、可靠的运转密不可分。通过调研早期成像卫星运行控制相关工作，发现国内外在 20 世纪 90 年代之前几乎没有专门研究成像卫星任务规划问题的文献。这是由于当时卫星硬件结构相对简单、工作模式单一，任务规划过程是一个可以完全靠人工实现的简单过程，无须专门建立模型和设计算法去求解。随着卫星工业的发展，成像卫星任务规划问题所需要考虑的条件越来越多，从而衍生出许多成像卫星任务规划问题的变体。从基础的成像卫星任务规划问题出发，比较典型的问题变体及其相互间逻辑关系如图 3.2 所示。

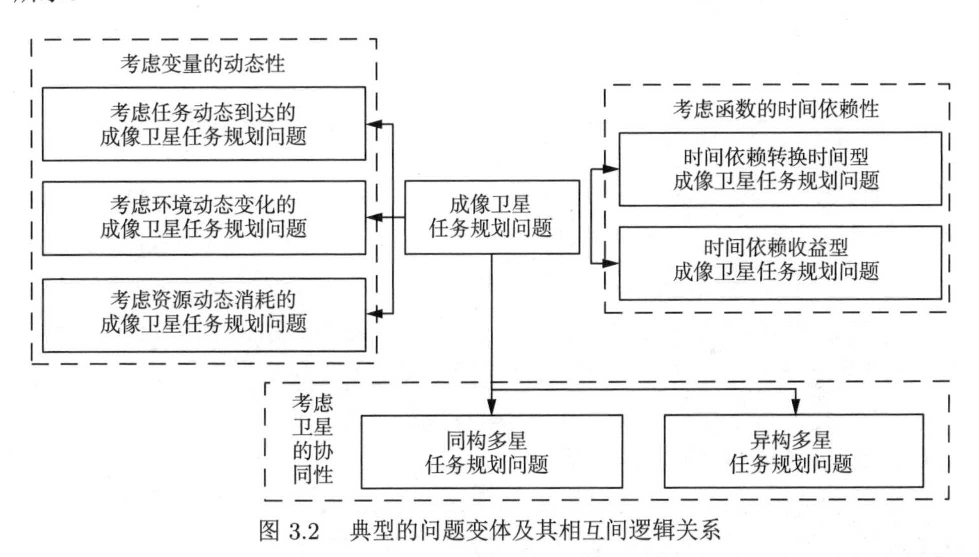

图 3.2 典型的问题变体及其相互间逻辑关系

图 3.2 中仅展示了单一条件改变后成像卫星任务规划问题的变体。许多学者针对不同的条件对成像卫星任务规划问题进行专项研究。虽然实际应用中的成像卫星任务规划问题比这些模型更复杂，但是无论问题特点如何变化，这类问题往往通过建立如下几类模型而进行研究。

3.2.1 专家系统模型

专家系统模型强调相关领域专家的经验和知识对决策过程的贡献。在卫星任务规划问题研究的早期阶段，问题被看作一个“软管理”问题，即采用管理学、组织行为学等知识，结合成像卫星应用领域专家的经验对成像卫星任务进行统筹管理。这些经验和知识通常可以描述成形如“何种情况和条件下，卫星采取何种操作”的语句[68]，用计算机语言一般表示为形如“IF < 条件 > THEN < 行动 >”的固定规则对卫星实现控制。图 3.3 是基于专家系统的成像卫星任务规划过程示意图。

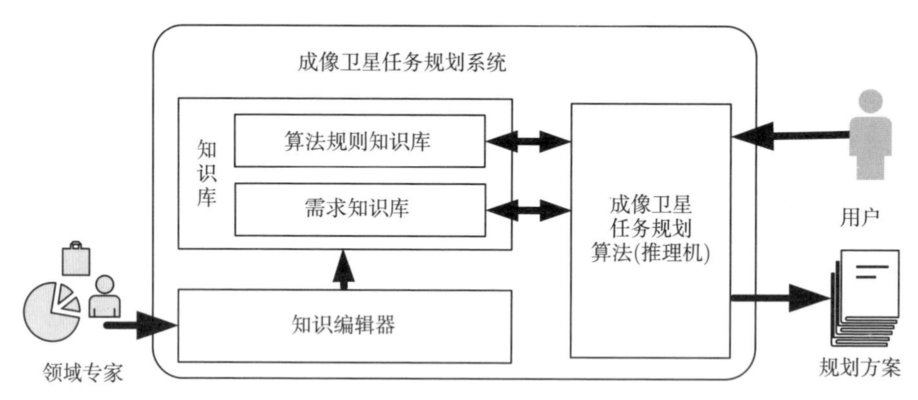

图 3.3 基于专家系统的成像卫星任务规划过程示意图

在图 3.3 中，知识库是专家系统的核心。根据 NASA 于 1988 年发布的工作报告，Barry[69] 为 Rockwell 卫星开发了一套基于专家系统的调度与控制系统。专家系统与人工规划相比，能够节约人力成本，减少人工干预过程中出现的低级错误，但这样做的局限性很明显：规则和知识包含了过多专家和管理人员的主观因素，很难从全局去衡量这些规则的好坏，无法保证卫星的整体运行效率。且知识库开发与维护的成本往往较高，随着卫星数量的增加，过度依赖领域专家的专家系统在卫星任务规划领域逐渐被淘汰。

随着人工智能技术逐渐走向成熟，不少人工智能技术代替了人工构造规则的方式被应用于知识库的自动构建。知识图谱就是其中较为典型的代表。然而，这项技术的应用本身还存在很多难点，如知识自动获取、多源信息自动融合、知识推理与综合应用等，再加上成像卫星任务规划问题的复杂性，我们还没有在公开发表的文献中找到知识图谱在成像卫星任务规划领域的成熟研究成果和应用实例，将知识图谱应用于本领域需要更多的基础与支撑。

3.2.2 一般整数规划模型

整数规划（integer programming）模型是指模型中部分或全部变量的取值范围被限定为整数。从 20 世纪 90 年代起, 美国空军技术学院就开始通过混合整数规划模型研究空军卫星控制网络（air force satellite control network，AFSCN）的调度问题[70]。2000 年，Wolfe 和 Sorensen[71] 提出了窗口约束打包问题模型。它针对实际问题中的具体条件设计整数规划模型来描述成像卫星任务规划问题，之后的 20 余年里，成像卫星任务规划问题被习惯性地考虑为形式各异的整数规划模型进行研究。

按照模型中约束项的变量构成，整数规划模型可以分为线性整数规划模型和非线性整数规划模型。整数规划模型的基本形式和组成要素与模型式 (1.1) 相同，与一般的最优化模型的最大区别就是整数规划模型的部分或全部变量取值为整数[72]。对于这类模型的处理，典型的做法是找到一个与原问题相关的衍生问题，再通过变量松弛技术，找到对应问题的松弛问题（slack problem）。根据松弛问题的特征，选择适当方法进行求解[73]。

整数规划模型能够客观地反映成像卫星任务规划问题的本质，但是这种方式来解决这一问题对要素的表达和处理有很高的要求，需要深厚的运筹学功底和丰富的卫星运行控制背景知识，学习成本较高[74]。另外，整数规划模型的可拓展性较差，需要对模型中每一条具体约束进行分析与处理[75]。由于成像卫星任务规划问题考虑的约束条件数量多、形式复杂，因此单纯地将成像卫星任务规划问题建模为整数规划模型并求解很难大规模推广应用。

3.2.3 经典规划问题模型

成像卫星任务规划问题作为组合优化领域的典型应用之一，长期以来一直受到领域内学者的关注。经过数十年的研究，学者们一直在寻找更准确、更快速的方法来求解它。其中一个思路就是将成像卫星任务规划问题映射为经典的数学规划模型，如资源受限的项目调度问题[76]、TSPTW[45]、JSP[17] 等。除此之外，成像卫星任务规划问题还经常被映射到背包问题模型[72]、有向图模型[77]、指派问题模型[78] 等经典模型上。问题基于各种假设和变形被映射到这些经典模型上，并采用成熟的求解算法进行求解。

Abramson[79] 等为了提高卫星观测的总时间，将多星任务规划问题描述成图论中的最短路问题，并使用经典算法求解了该问题。白国庆[80] 针对复杂多任务调度问题，建立了基于最短路径问题的调度模型。王钧和李军[81] 针对电磁探测卫星有效载荷特点，建立了基于动态拓扑结构无环路有向图的卫星自主任务规划模型。Berger[77] 从全局和阶段两个角度出发，全局优化基于卫星任务规划多重约束条件建立了多目标任务调度模型，阶段优化则建立了综合调度的多目标有向图模型。彭观胜[78] 将 AEOSSP 抽象为带多时间窗的多约束团队定向问题。

这些经典数学模型为解决实际问题提供了强有力的理论支撑。然而，随着成像卫星任务规划问题中考虑越来越多的现实条件和复杂约束，上述模型通常在描述实际工程问题时过度简化，导致经典数学规划模型难以刻画实际工程问题的本质特征。Baptiste 等[82] 试图将规划调度问题的约束形式化处理，但是实际卫星任务规划过程中的许多约束仍然难以用统一的建模语言标准化描述。

3.2.4 约束满足问题模型

约束满足问题（constraint satisfaction problem，CSP）模型以变量的取值范围或变量之间的关系作为约束，并以此为基础寻找满足所有约束的解[83]。这类模型强调的是通过约束传播、约束消解等手段来分析模型的状态结构，进而对大规模多约束问题的描述和简化起到重要帮助。刘洋[84] 将侦察卫星动态调度问题建模为一类 CSP 模型，并提出了约束的概念模型。高永明[85] 结合航天器体系的建模方式和计划域建模方式，提出了面向卫星自主任务规划的 CSP 模型。刘嵩[86] 针对敏捷成像卫星自主规划问题，在分析主要约束条件的基础上，建立基于时间线约束网络的问题模型。在此基础上，针对卫星任务规划问题的 CSP 模型考虑了任务的可见时间窗约束条件。Ackermann[87] 等研究了多颗遥感卫星的 CSP 模型。Beaumet[88] 采用了规划域建模语言（planning domain definition language，PDDL）建立了卫星动作执行的 CSP 模型，并基于此模型来判定卫星的行动方案是否满足约束，进而决策对应动作执行与否。

综合来看，不同的成像卫星任务规划问题可以根据具体特征建立成对应的 CSP 模型，并且这些约束条件易于描述与理解，可拓展性强，表现出了良好的适用性，因此无论是在成像卫星任务规划领域的理论研究还是在工程应用方面，这种建模手段都被广泛应用。然而，这种建模方式与整数规划模型在求解复杂的、大规模的任务规划问题时遇到类似的“瓶颈”：通过回溯或局部搜索等手段求解复杂的 CSP 模型效率低，并且对模型优化的难度也逐渐加大。

3.3 成像卫星任务规划问题基本要素

3.3.1 输入参数

成像卫星任务规划问题的输入参数主要包括两个部分：资源信息和任务信息。

资源信息是描述资源特征的所有参数集合。由于在经过任务预处理过程后，一个成像任务会被转化为具有若干可见时间窗（若干次观测机会，每一次观测机会对应一个元任务）的元任务集合，并输入模型进行处理。因此，一个任务在多颗成像卫星上的观测机会和在单颗成像卫星上多个轨道圈次的观测机会从模型的输入形式来看，并无本质区别，区别在于某些约束条件需要结合其他轨道圈次的任务规划情况共同来判定。如果实现具体约束条件与模型的决策主流程分离，即可实现单星任务规划问题与多星任务规划问题的统一化建模。

遵循这种思路，将每一颗卫星中每一个卫星轨道圈次认为是一个独立的资源：假设有 m 颗卫星，每颗卫星考虑对 k 个轨道圈次时间范围内的任务进行调度，那么本问题中总共有 mk 个资源统一进行调度。每一个资源存在一些能力的限制，如卫星电量的限制、星上存储空间的限制等。这样描述问题的资源信息是不同类型成像卫星任务规划问题的标准化建模基础。资源信息的数学描述形如式 (3.2) 和式 (3.3)：

$$\mathbf{RS} = \bigcup_{i}\bigcup_{j}\mathrm{RS}_i^j \tag{3.2}$$

$$\forall i, \mathrm{RS}_i^j = \left(C_1^j, C_2^j, \cdots\right) \tag{3.3}$$

$$i = 1, 2, \cdots, m \tag{3.4}$$

$$j = 1, 2, \cdots, k \tag{3.5}$$

式中，$\mathbf{RS}$ 表示任务规划问题中的资源集合，集合成的元素数量即为 mk。而每一个资源 RS_i^j 又需要给出这个资源与任务规划过程相关的固有属性 C，如电池容量、存储空间大小等。这些属性被记录下来，用于后续构建模型的约束条件。

每一个任务的属性 TS_i 可以用一个三元组的集合来描述：可见时间窗 $[\mathrm{ws}_i^j, \mathrm{we}_i^j]$，成像时长 d_i^j 和收益 p_i^j。这些属性与任务编号 i 和资源编号 j 直接相关，涉及任务预处理过程，不同的任务在不同资源上的时间窗、成像时长甚至收益都可能不同。所有任务属性即该三元组的集合，任务信息的集合可通过式 (3.6)～式 (3.8) 来描述：

$$\mathrm{TS}_i^j = \begin{cases} \left(\left[\mathrm{ws}_i^j, \mathrm{we}_i^j\right], d_i^j, p_i^j\right) & , i \text{ 在资源} j \text{ 上} \\ \varnothing & , \text{否则} \end{cases} \tag{3.6}$$

$$\mathrm{TS}_i = \{\mathrm{TS}_i^j | j = 1, 2, \cdots, m\} \tag{3.7}$$

$$\mathbf{TS} = \bigcup_{i=1,2,\cdots,n} \mathrm{TS}_i \tag{3.8}$$

3.3.2 输出参数

每一个任务所对应的资源和任务开始时间通常被作为成像卫星任务规划问题的决策变量，在此模型中分别用 r_i 和 es_i 来表示。其中，r_i 表示执行任务 i 所对应的资源编号。若某个任务未被规划，那么 r_i 的取值设定为 -1，即

$$r_i = \begin{cases} -1, & 任务i\ 未被规划 \\ j, & 任务i\ 在资源j\ 上执行 \end{cases} \tag{3.9}$$

式中，es_i 和 ee_i 分别表示任务 i 执行的开始时间和结束时间。当且仅当 $r_i = -1$ 时，这两个变量不赋值，即 $\mathrm{es}_i = \mathrm{ee}_i = \mathrm{null}$。否则

$$\mathrm{ee}_i = \mathrm{es}_i + d_i^{r_i}, r_i \neq -1 \tag{3.10}$$

值得说明的是，如果 $\mathrm{es}_i \neq \mathrm{null}$ 并且 $\mathrm{ee}_i \neq \mathrm{null}$，则一定存在某一个资源 j，使有关执行开始时间 es_i、结束时间 ee_i 和任务的时间窗边界 ws_i^j、we_i^j 满足形如式 (3.11) 的关系：

$$\mathrm{ws}_i^j \leqslant \mathrm{es}_i < \mathrm{ee}_i \leqslant \mathrm{we}_i^j, \exists \mathrm{RS}_j \in \ \mathbf{RS} \tag{3.11}$$

3.3.3 目标函数

目标函数是衡量解决方案质量的指标。基于假设条件，目标函数是决策变量的确定性函数，即当一组决策变量固定时，目标函数的值是唯一确定的。本研究不考虑将成像卫星任务规划问题建模为多目标优化模型，主要原因有以下三点：

(1) 从现实需求的角度出发：在实际工程项目中，决策者通常只关注最主要的目标，而多目标优化方法所得到的帕累托（Pareto）前沿虽然能够缩小决策空间，但是对于成像卫星管控方和决策者而言，最终希望得到的是一个确定的解，而不是帕累托前沿上所有解构成的解集[65,89-91]。

(2) 从多目标求解方法的角度出发：关于多目标问题的求解，主流的求解思路有两个：将多个目标函数线性加权为单目标函数、按照目标函数重要程度分层求解。这两个思路最终都是将多目标问题转化为单目标进行求解，所以直接将实际问题通过相关技术整理为单目标优化模型，则可以降低模型分析和求解的难度。

(3) 从多目标规划领域的研究现状出发：目前对多目标优化领域的研究大多还停留在理论层面上，其应用往往需要业务驱动，结合具体的应用背景来开展工作。

因此，我们认为在当前现实条件下将成像卫星任务规划问题建模为多目标优化模型既有难度也无必要，所以本研究将该问题考虑为单目标优化问题，目标函

数用符号 F 表示。在成像卫星任务规划领域，典型的目标函数及其基本形式总结如下：

1) 完成任务的总收益最大化

每一个成像任务完成以后，都有一定的收益值。所有完成任务的总收益最大化是成像卫星调度问题最直观也是最常被应用的目标函数。其基本形式如下：

$$\max F = \sum_{\{i|r_i>0\}} p_i^{r_i} \tag{3.12}$$

式中，$p_i^{r_i}$ 表示任务 i 在资源 r_i 上执行的收益值。

2) 完成任务的数量最大化

当成像任务的收益难以定量描述时，不同成像任务之间的重要程度就很难进行比较。此时会采用完成任务数量最大化来衡量调度方案的好坏。使用该指标时，每个任务被认为是同等重要的，因此，目标函数可以描述如下：

$$\max F = \sum_{\{i|r_i>0\}} 1 \tag{3.13}$$

3) 任务规划方案稳健性指标最大化[13,92]

在成像卫星任务规划场景中，很多情况下方案的稳健性也是卫星管控人员和决策人员关注的重点。因为在许多现实的成像卫星任务规划问题中，时刻维护着一个任务规划方案，而达到特定的条件需要结合新的情况重新规划时，决策者往往希望新的规划方案相较于之前的方案变动尽可能小[1]。

$$\max F = \sum_{\{i|r_i>0\}} p_i^{r_i} g(\mathrm{es}_i) \tag{3.14}$$

在式 (3.14) 中，目标函数通过将每一个被规划任务的收益值与一个惩罚函数 $g(\mathrm{es}_i)$ 先求积再求和得到，其中惩罚函数 $g(\mathrm{es}_i)$ 是衡量任务 i 抗扰动的能力。根据不同的实际考虑，这个惩罚函数可以有不同的形式，一般是 es_i 的函数，其取值通常是 $(0,1]$。

4) 资源利用率最大化

资源利用率是表示总收益与所消耗的资源的比值，其表达式如下：

$$\max F = \sum_{\{i|r_i>0\}} p_i^{r_i} / \mathrm{TotalConsumption} \tag{3.15}$$

式中，TotalConsumption 代表任务规划方案所需要消耗的卫星资源，可以用消耗的总电量表示，也可以设计其他折损指标进行衡量。

3.3.4 约束条件

成像卫星任务规划模型的约束条件也取决于具体的卫星平台的设计、应用需求等因素。在大量调研成像卫星任务规划问题的公开文献和理论研究成果[93]后，本研究将这类问题较普遍的约束条件总结为不等式 (3.16)~ 不等式 (3.23) 。

1) 唯一性约束

每一个任务最多只能被某一个资源执行一次。该约束条件是目前绝大多数成像卫星任务规划问题的通用约束，具有普遍性。根据 3.3.2 节对决策变量的设计，对于所有非空的变量 r_i 和 es_i，任意时刻的取值只能是唯一的实数。因此，基于该模型输出参数的设计就能保证方案的唯一性约束。

2) 资源能力约束

式 (3.16) 表示对于任意的资源，其安排的任务所消耗的存储空间之和 $\sum \mathrm{Storage}(i,j)$ 不超过当前资源的最大可用存储空间 $\mathrm{MaxStorage}(j)$；式 (3.17) 表示对于任意的资源，其安排的任务所对应的动作所消耗的总电量 $\sum \mathrm{Energy}(i,j)$ 不超过当前资源的最大可用电量 $\mathrm{MaxEnergy}(j)$，即

$$\forall j \in \ \mathbf{RS}\ , \sum_{\{i|r_i=j\}} \mathrm{Storage}(i,j) \leqslant \mathrm{MaxStorage}(j) \tag{3.16}$$

$$\forall j \in \ \mathbf{RS}\ , \sum_{\{i|r_i=j\}} \mathrm{Energy}(i,j) \leqslant \mathrm{MaxEnergy}(j) \tag{3.17}$$

3) 成像质量约束

式 (3.18) 表示所有被规划的任务在对成像开始时刻 es_i 进行决策时，需考虑对应的时刻点进行成像的成像清晰度 $\mathrm{Quality}(\mathrm{es}_i)$ 是否满足任务 i 的最小成像质量要求 $\mathrm{MinQuality}(i)$，即

$$\forall i \in \{i \mid r_i > 0\}, \mathrm{MinQuality}(i) \leqslant \mathrm{Quality}(\mathrm{es}_i) \tag{3.18}$$

4) 任务可见性约束

式 (3.19) 和式 (3.20) 分别表示所有被规划任务的执行时间窗 $[\mathrm{es}_i, \mathrm{es}_i + d_i^{r_i}]$ 应在该任务的可见时间窗范围内，即

$$\mathrm{ws}_i^{r_i} - \mathrm{es}_i \leqslant 0 \tag{3.19}$$

$$\mathrm{es}_i + d_i^{r_i} - \mathrm{we}_i^{r_i} \leqslant 0 \tag{3.20}$$

5) 任务冲突性约束

式 (3.21) 和式 (3.22) 保证了任意两个任务 i_0 和 i_1 的执行时间窗口不存在重叠；式 (3.23) 保证了任意两个任务之间的成像时间间隔大于其最小成像间隔要求。函数 $\mathrm{Trans}(i_0, i_1)$ 是计算任务 i_0 和 i_1 的成像时间间隔的函数，即

$$(\mathrm{es}_{i_1}-\mathrm{es}_{i_0})(\mathrm{es}_{i_0}-\mathrm{ee}_{i_1})<0 \quad \forall i_0\neq i_1, r_{i_0}=r_{i_1} \tag{3.21}$$

$$(\mathrm{ee}_{i_0}-\mathrm{es}_{i_1})(\mathrm{ee}_{i_1}-\mathrm{ee}_{i_0})<0 \quad \forall i_0\neq i_1, r_{i_0}=r_{i_1} \tag{3.22}$$

$$\mathrm{Trans}(i_0,i_1)\leqslant|\mathrm{es}_{i_0}-\mathrm{ee}_{i_1}| \quad \forall i_0\neq i_1, r_{i_0}=r_{i_1} \tag{3.23}$$

在式 (3.21)~式 (3.23) 中，资源能力约束中的 Storage 函数和 Energy 函数、成像质量约束中的 Quality 函数，以及任务冲突性约束中的 Trans 函数的具体表达式通常与成像资源的具体工程设计有关，而 MaxStorage 、MaxEnergy 和 MinQuality 等可以认为是对应资源或者任务的一项属性，其值在调度工作开始之前确定。在所有公式中，任务和资源的取值范围均如式 (3.24) 和式 (3.25) 所示：

$$i=1,2,\cdots,n \tag{3.24}$$

$$j=1,2,\cdots,mk \tag{3.25}$$

上述约束条件被广泛应用于各类成像卫星任务规划问题的学术研究中，与外部条件和实际应用背景紧密相关的约束条件（如成像时的光照条件约束、载荷温度约束[94]、卫星电量约束[95] 和与卫星硬件能力相关的约束[96]）一般都可以被归结为本书中整理的某一类约束条件，以减少不确定性并便于任务规划算法处理[96]。

从国内外成像卫星任务规划领域的典型工程项目出发，本模型将成像卫星任务规划问题的约束条件的形式总结为四大类：

(1) 累计型约束。任务规划模型中使用具体的物理统计量作为约束条件在成像卫星任务规划实际工程中十分普遍，它对保证资源正常工作、减少故障率具有重要的现实意义。这类约束的基本形式是“在一个规划周期内，某一统计量不超过一定数值”，如“一颗卫星每天成像时长累计不超过 5000s”。

(2) 滚动型约束。滚动型约束可以控制某些统计量在连续一段时间内的峰值，此类约束一般是为了保证资源上的工作载荷在短时间内的工作强度不超过设计的标准，从而起到保护载荷的作用[94,96-97]。这一类约束通常是根据客观条件转变而来的，例如为了防止卫星硬件温度过高导致元器件损坏，设计“任意连续的 3600s 内，成像时长不超过 300s”等约束。

(3) 任务属性约束。这一类约束限定了任务的决策变量取值范围，如“单次成像时间不超过 20s”“可见光成像任务只能在光照条件充足的区域执行”等。而且对于每一颗卫星、每一类任务，关于任务属性的约束多种多样，且具有不同的描述形式：这一类约束有时通过数学表达式来标准化描述，有时则通过逻辑语句来描述。

(4) 任务相关性约束。任务之间相关性约束保证了最终任务规划方案中任务与任务之间不存在冲突，即必须保证在给定的硬件条件下，所有被规划的任务都能按照计划执行。这类约束主要包括连续两个任务之间的时间间隔、成像任务和数据回传任务之间的逻辑先后关系、不同任务之间的逻辑关系等。

通过对成像卫星任务规划问题的假设条件和基本要素进行梳理，认为该问题虽然可以考虑为典型的组合优化问题，并将问题建立为对应的数学规划模型进行处理。但是考虑到本问题应用背景的特殊性，其求解难度比经典的组合优化问题要大得多。难度主要体现在如下几点：

(1) 每颗成像卫星的硬件条件均不相同，其应用模式更是千差万别。这就导致了目前公开文献中建立的卫星任务规划模型普适性较差。进一步说，成像卫星任务规划问题如果采用传统的数学规划模型进行描述，随着问题复杂性的提升，其后续简化、变形等处理的难度很高。

(2) 采用传统的数学规划模型对成像卫星任务规划问题建模，在用户需求“爆炸式”增长的条件下，解空间会出现“组合爆炸”的现象。此时单纯地采用以规则推理为基础的运筹学方法或以迭代局部搜索为基础的元启发式算法很难适应卫星响应快速化的发展趋势。从而很难实现求解过程的“快、准、稳”，这与“兼顾求解质量和求解效率”的目标相违背。

(3) 用户要求的精细化和多样化，就必须使成像卫星任务规划问题的求解方法能够适应更多复杂的应用场景，具有较强的泛化性。因此，人工根据问题特点来设计能够在不同复杂场景中表现良好的启发式算法越来越困难。

本研究中数学建模过程的目标：问题模型能够尽可能实现与具体的应用背景解耦合，提升模型的普适性。因此，如何提炼卫星任务规划问题的本质，总结在不同的工作环境、约束条件下成像卫星任务规划过程的共性，是本章接下来的重点研究内容。

3.4 问题分解与双层组合优化框架

基于对问题的边界分析，首先定义了成像卫星任务规划问题的两个求解过程——任务分配过程和任务调度过程，并以此为基础建立了面向成像卫星任务规划问题的双层优化模型。根据模型的特点，确定了问题的求解框架。在此框架下，结合模型与求解框架的特点，建立了面向任务调度过程的数学规划模型、面向任务分配过程的 MDP 模型的基本形式。

3.4.1 问题分解

在对成像卫星任务规划问题深入分析后，结合参考文献 [71] 的描述，发现该问题可以被描述为两个求解过程：

(1) 每一个任务应该在哪个资源上被执行？

(2) 每一个任务分别在什么时候执行？

上述两个求解过程各有特点，相对独立，又存在紧密的内在联系：

(1) 这两个问题一经回答，对应的成像卫星任务规划问题就被解决了。

(2) 按照先分配后调度的顺序依次求解两个过程中的决策问题，可以有效缩小求解时的搜索空间，简化求解过程。

(3) 根据上述问题描述，成像卫星任务规划问题的背景、约束和目标等都可看作一个黑箱，可以从决策的主流程中剥离。当问题边界确定后，决策主流程可不随这些因素而改变。

结合对成像卫星任务规划问题的思考，给出了本研究所考虑的两个求解过程的定义，并给出了相关说明，这是这项研究工作的基础。

3.4.2 成像卫星任务调度问题定义

定义 3.2 (任务调度问题) 给定特定的资源 j_0 上的 n 个任务，任务的工作时长 $d_i^{j_0}$ 、任务的收益 $p_i^{j_0}$ 等属性已知。每个任务有特定的可见时间窗 $[\mathrm{ws}_i^{j_0}, \mathrm{we}_i^{j_0}]$。任务在不同时刻执行，对资源消耗情况、相关任务的影响都会随之发生变化，具体影响机制通过约束条件来体现。在上述条件下，需要解决的问题是基于确定的任务分配方案 $\boldsymbol{r}$，综合考虑原问题中的所有约束条件，决策每个任务的具体执行时刻 $\mathbf{es}$，并追求原问题的目标函数值 $F(\boldsymbol{r}, \mathbf{es})$ 最优。

关于定义 3.2，有如下几点需要说明：

(1) 任务调度问题示意图如图 3.4 所示。图 3.4 中，不同类型的矩形框分别代表任务的可见时间窗、任务的执行时间窗、调度失败的任务等。矩形框中的变量代表任务的成像时长。

(2) 该问题的输入是由原问题的输入与任务分配过程输出结果结合而来，该问题的输出是每一个资源上所有被调度任务的执行时刻。

(3) 考虑时间窗的成像卫星任务调度过程通常需要考虑任务的执行顺序。每一个任务的属性中包含可见时间窗的相关信息。可见时间窗不重叠的任务执行顺序是固定的，也就是说，如果一个任务 i_0 可见时间窗的结束时间比另一个任务 i_1 的开始时间还早，且这两个任务都被调度，那么任务 i_0 一定在任务 i_1 之前被执行。

(4) 所有资源上的任务调度方案组成了成像卫星任务规划问题的最终求解方案。

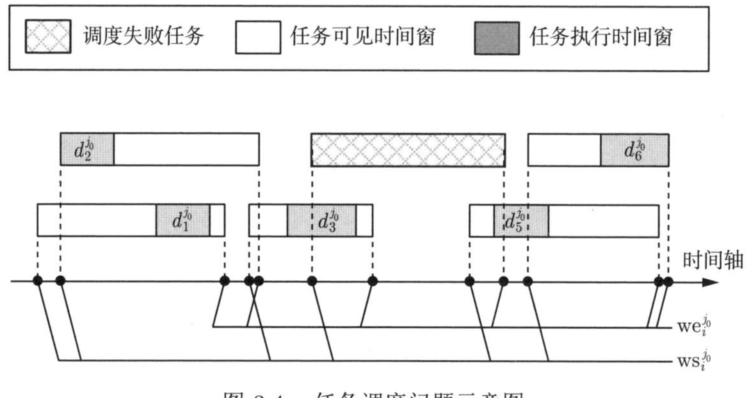

图 3.4 任务调度问题示意图

3.4.3 成像卫星任务分配问题定义

定义 3.3 (任务分配问题) 给定 n 个任务、m 个成像卫星，其中每颗卫星上有可成像轨道圈次 k 圈。每个任务可能在多颗卫星存在多个执行机会，每个资源可以接受若干不同的任务，但是每个任务最多在一个资源（即指定一颗卫星的一个轨道圈次）上被执行。基于上述条件和具体问题背景中的约束，求可行的任务分配方案。输入任务集合的分配方案用向量 $\boldsymbol{r}=(r_1,r_2,\cdots,r_n)$ 表示，任务分配过程不设置单独的目标函数，其方案的优化方向是最终基于此分配方案所得到的调度解最优。

关于定义 3.3，有如下几点需要说明：

(1) 任务分配问题示意图如图 3.5 所示。图 3.5 中，任务集中不同方式线条的方框代表不同的任务，资源集中总共包含 mk 个资源。每个资源（即每个圈次）上不同类型的矩形框代表的是对应任务的执行时机。矩形中的数字是执行时机的编号。

(2) 该模型的输入是成像卫星任务规划问题中所考虑的任务与资源信息，输出是任务集合中每一个任务与资源的匹配方案。

(3) 一个任务不一定在所有的资源上都有执行机会。由于任务地理位置和卫星轨道等综合限制，通过预处理可以得到每个任务的可选资源集合。因此，任务只能与存在执行机会的资源相匹配，这是该模型中需要考虑的主要约束条件。

(4) 每个资源有一定的能力限制，每一个资源上可执行的任务总数有限，所以如果任务分配不合理，将导致大量本可以被其他资源完成的任务无法完成，从而影响系统整体工作效率。可以通过整理任务分配过程的约束条件来过滤一部分明显不合理的分配方案。

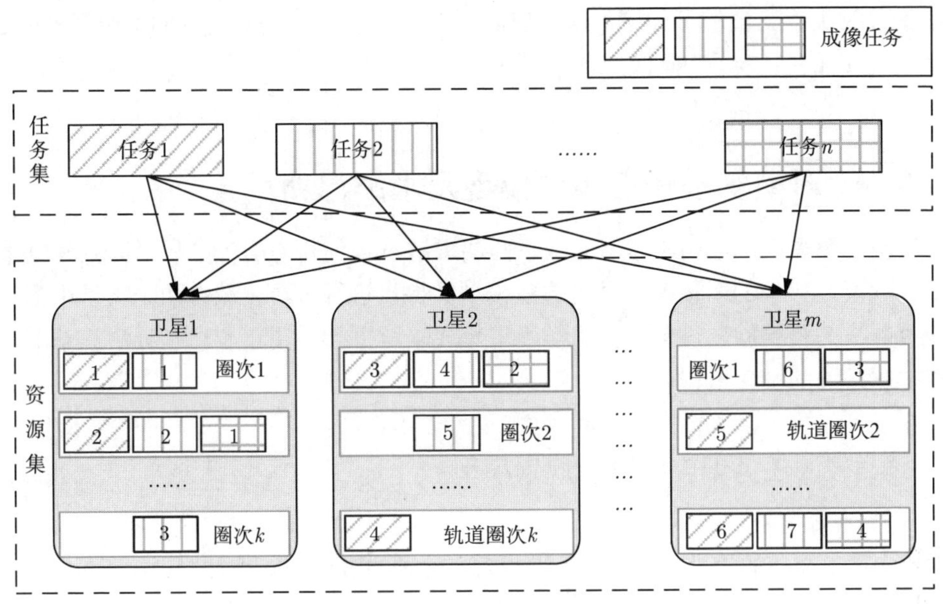

图 3.5 任务分配问题示意图

3.4.4 双层组合优化框架

参考分层优化模型的定义[41,98-99]，任务分配过程和任务调度过程正好对应两类决策变量的求解，因此可以自然地被分为两个求解过程：上层任务分配过程实现对决策变量 $\boldsymbol{r}$ 的决策，下层任务调度过程实现对决策变量 $\mathbf{es}$ 的决策。本节建立了面向成像卫星任务规划问题的双层优化模型，其表达式如下：

$$
\begin{aligned}
\min_{\boldsymbol{r},\mathbf{es}} \quad & F(\boldsymbol{r},\mathbf{es}) \\
\text{s.t.} \quad & G^{\mathrm{u}}_{k_1}(\boldsymbol{r}) \leqslant \mathbf{0} \\
& G^{\mathrm{l}}_{k_2}(\boldsymbol{r},\mathbf{es}) \leqslant \mathbf{0} \\
& k_1 = 1,2,\cdots\ g^{\mathrm{u}} \\
& k_2 = 1,2,\cdots\ g^{\mathrm{l}} \\
& \boldsymbol{r} = (r_1, r_2, \cdots, r_n) \in \boldsymbol{\Omega}_{\mathrm{u}} \\
& \mathbf{es} = (\mathrm{es}_1, \mathrm{es}_2, \cdots, \mathrm{es}_n) \in \boldsymbol{\Omega}_{\mathrm{l}}
\end{aligned}
\tag{3.26}
$$

在上述模型中，$F(\boldsymbol{r},\mathbf{es})$ 代表目标函数；$G^{\mathrm{u}}_{k_1}(\boldsymbol{r})$ 和 $G^{\mathrm{l}}_{k_2}(\boldsymbol{r},\mathbf{es})$ 分别代表两个约束集合，其中，$G^{\mathrm{u}}_{k_1}(\boldsymbol{r})$ 代表上层任务分配过程中考虑的约束条件，$G^{\mathrm{l}}_{k_2}(\boldsymbol{r},\mathbf{es})$ 代表下层任务调度过程中考虑的约束条件；g^{u} 和 g^{l} 分别代表上层和下层求解过程中约束条件条目数；$\boldsymbol{r}$ 和 $\mathbf{es}$ 表示决策变量；$\boldsymbol{\Omega}_{\mathrm{u}}$ 和 $\boldsymbol{\Omega}_{\mathrm{l}}$ 分别表示上层和下层求解过

程中对应决策变量的可行域，即解空间。成像卫星任务规划问题的解空间 $\boldsymbol{\Omega}$ 是 $\boldsymbol{\Omega}_{\mathrm{u}}$ 和 $\boldsymbol{\Omega}_{\mathrm{l}}$ 的向量积，即 $\boldsymbol{\Omega} = \boldsymbol{\Omega}_{\mathrm{u}} \times \boldsymbol{\Omega}_{\mathrm{l}}$。

3.5 学习型双层任务规划模型及求解思路

基于模型式 (3.26)，本节对上下两层求解过程的特点进行分析，分别建立数学规划模型和 MDP 模型，并对这些模型的特点进行分析，凝练两个模型中需要着重解决的科学问题，最后提出学习型集成求解框架，用于总体指导后续章节具体求解方法的设计过程。

3.5.1 任务调度的数学规划模型

1) 问题分析

参照 3.3 节的设计，成像卫星任务调度问题的输入与输出如图 3.6 所示。在图 3.6 中，问题的输入是当前资源所接收到的任务集合，集合中每一个任务都有其固定的属性。将该任务集合与资源模型输入任务调度问题的数学规划模型中，即可得到一个完整的、满足所有约束条件的任务调度方案。

这种建模方式可以有效降低原问题模型（即模型式 (3.26)）的复杂性。在模型式 (3.26) 中，当上层任务分配过程的决策变量 $\boldsymbol{r}$ 固定时，下层任务调度过程的求解空间就被缩小了。本书所研究的任务调度问题中，假设每一个任务的分配方案已经确定，每一个任务仅考虑在所对应的一个资源上调度。换言之，在任务调度问题中，每个任务仅考虑一个可用的时间窗口。

$$\boldsymbol{\Omega}_{\mathrm{l}}(\boldsymbol{r}') = \left\{ \mathbf{es} \mid \boldsymbol{r} = \boldsymbol{r}', G_{k2}^{\mathrm{l}}(\boldsymbol{r}', \mathbf{es}) \leqslant \mathbf{0} \right\} \tag{3.27}$$

式中，$\boldsymbol{r}'$ 是变量 $\boldsymbol{r}$ 的一组取值。

任务调度过程的基本形式可以用模型式 (3.28) 表示：

$$\begin{aligned}
\min_{\mathbf{es} \in \Omega_2(\boldsymbol{r}')} \quad & F(\boldsymbol{r}', \mathbf{es}) \\
\text{s.t.} \quad & G_{k2}^{\mathrm{l}}(\boldsymbol{r}', \mathbf{es}) \leqslant \mathbf{0} \\
& k_2 = 1, 2, \cdots\ g^{\mathrm{l}} \\
& \mathbf{es} = (\mathrm{es}_1, \mathrm{es}_2, \cdots, \mathrm{es}_n) \in \boldsymbol{\Omega}_{\mathrm{l}}
\end{aligned} \tag{3.28}$$

因此，下层任务调度过程可以被描述为一个复杂度较低的组合优化模型，并针对性地设计算法进行求解。

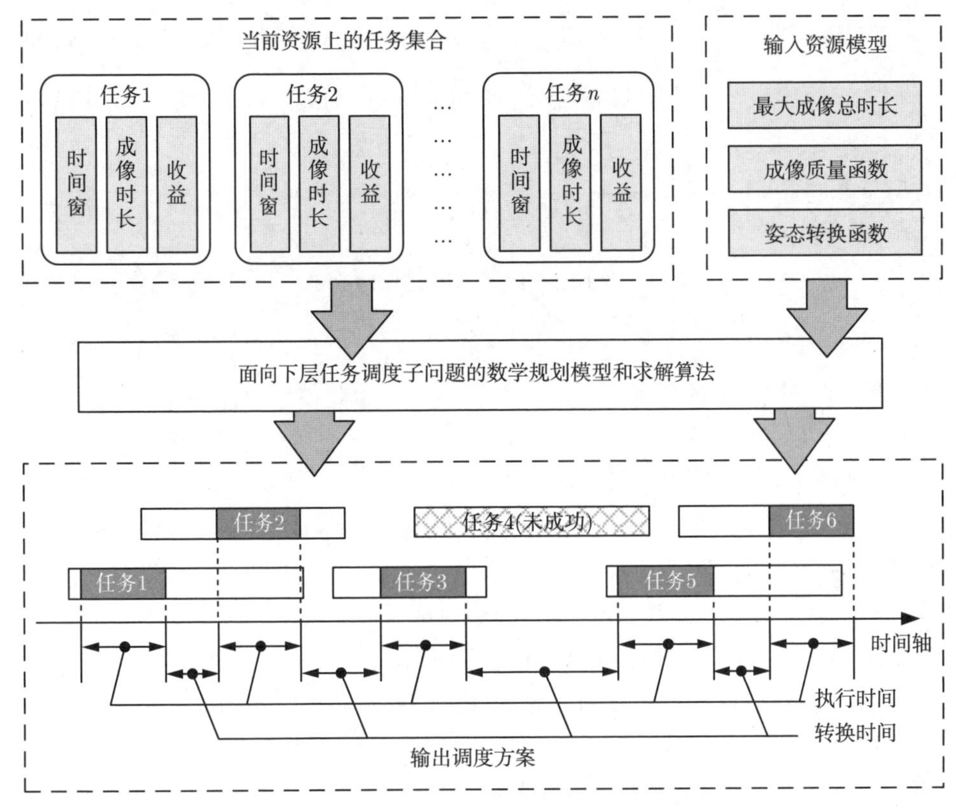

图 3.6 成像卫星任务调度问题的输入与输出

2) 模型建立

基于上述分析，为了具体化算法研究过程，便于展开实验验证，本章以敏捷卫星任务规划问题（AEOSSP）为例建立成像卫星任务调度模型。基于文献 [14] 和文献 [100]~ 文献 [101] 所建立的 AEOSSP 比较具有普遍代表性，其约束条件涵盖了成像卫星调度问题中的基本约束，如任务执行唯一性约束、任务可见性约束等。该模型除上述常见的通用约束条件以外，还存在成像卫星调度问题中常被提及的成像清晰度约束和姿态转换时间约束，可以代表不同型号、不同类型成像卫星的个性化约束。通过对这两种约束条件的分析，可以拓展到对一类约束条件的化简与处理，为领域内研究者提供研究思路和方法论支撑，便于研究者开展规范化的科学研究。模型具体描述如下：

$$\max_{\mathbf{es}\in\Omega_2(\boldsymbol{r}')} F = \sum p_i \tag{3.29}$$

s.t.

$$\mathrm{ws}_i \leqslant \mathrm{es}_i \tag{3.30}$$

$$\mathrm{es}_i + d_i \leqslant \mathrm{we}_i \tag{3.31}$$

$$\mathrm{MinQuality}\,(i) \leqslant \mathrm{Quality}\,(\mathrm{es}_i) \tag{3.32}$$

$$\mathrm{Trans}\,(i, i+1) \leqslant \mathrm{es}_{i+1} - \mathrm{ee}_i \tag{3.33}$$

$$\sum d_i \leqslant \mathrm{MaxDuration} \tag{3.34}$$

$$\sum \mathrm{Storage}\,(i) \leqslant \mathrm{MaxStorage} \tag{3.35}$$

$$i \in \ \mathbf{TS} \tag{3.36}$$

该模型中，被研究的任务均在同一个资源上，因此模型中任务与资源匹配变量 r_i 被简化。目标函数是收益最大化，如式 (3.29) 所示。该模型主要考虑的约束有 6 条，涵盖 3.3.4 节所设计的四类约束条件：

(1) 不等式 (3.30) 和不等式 (3.31) 表示任务的可见性约束，即任务的执行开始时间、结束时间需在可见时间窗的范围内；不等式 (3.32) 表示成像质量约束，即任务执行时刻所对应的成像质量要满足成像质量要求。不等式 (3.30)～ 不等式 (3.32) 所代表约束条件均属于任务属性约束。

(2) 不等式 (3.33) 表示任务与其相邻任务的姿态转换时间约束，它属于任务相关性约束。

(3) 不等式 (3.34) 表示最大成像时长约束，即当前轨道周期内（大多数低轨卫星的一个轨道周期大约 90min）成像任务的总成像时长不能超过最大允许成像时长。该约束条件属于滚动型约束。

(4) 不等式 (3.35) 表示任务固存约束，即所有成像任务所需占用固存不能超过当前资源最大允许固存量。该约束条件属于累计型约束。

该模型是基于实际工程问题合理简化而来，既便于理论研究，又保留了工程问题中的本质特点。本书将在第 4 章通过对部分约束条件的处理和分析，总结出一类约束条件的处理方法，并针对性地设计约束检查算法、构造启发式算法和精确求解算法等实现对该模型的高效求解。

3) 科学问题凝练

该问题的求解过程需要保证满足所有的约束条件，随着约束条件的复杂化，如何采用相对通用且高效的算法来保证求解质量，是本书中任务调度问题研究的核心。

成像卫星任务调度问题需要解决的科学问题主要有如下三点：

(1) 约束条件统一化建模。以“高景一号”商业遥感卫星星座为例，星座中每一颗卫星的约束条件数量在 70 条上下，其他卫星的任务规划过程可能需要考虑的约束更多更复杂。因此，如何根据不同类型的约束条件，对约束条件统一处理，是成像卫星任务调度问题需要解决的第一个难点问题。

(2) 高效约束检查算法的设计。约束检查算法作为一种底层算法工具，通常嵌套于各调度算法中使用。因此，约束检查算法的运算效率对整个调度算法的求解效率具有深层次的影响。如何保证约束检查的完备性又提高约束检查运算效率，是任务调度问题求解的另一个难点。

(3) 兼顾求解算法在成像卫星调度问题中的普适性、运算效率和求解质量。在任务调度问题中，提升算法的普适性则需要算法与约束条件解耦合、兼顾运算效率和求解质量则需要根据问题特点巧妙设计算法运算规则，以减少无效的计算过程。这是任务调度问题求解过程的追求方向，也是该问题求解过程中最大的难点。

任务调度问题的研究思路和目标是：建立任务调度问题的数学规划模型，通过对约束条件的分类分析，提出一种高效的约束检查算法；基于约束检查算法设计任务调度算法以实现与具体约束解耦合，通过计算算法的复杂度，并通过数学推导对算法的最优性进行理论证明，从而保证算法在成像卫星调度问题中的普适性、高效性和高求解质量。

关于任务调度问题的研究思路、求解过程，以及对问题难点的处理方法及实验验证在本书第 4 章详细展开。

3.5.2　任务分配的 MDP 模型

1) 问题分析

与任务调度问题不同，任务分配问题不适合建立成数学规划模型进行处理。这是因为本研究中考虑的任务分配问题不存在单独的子目标函数——任务分配方案的好坏，需要结合具体场景，经过任务调度过程的一系列运算，计算得到最终任务调度方案的目标函数 $F(\boldsymbol{r}, \mathbf{es})$ 来判定。在类似问题的研究方案中，不少学者尝试人工为任务分配问题设定子目标函数，从而将任务分配问题转化为一个相对独立的组合优化模型。这种方式在简单的问题背景下可以得到较好的求解效果，但是随着问题背景越来越复杂，通过这种方式对模型进行处理很难保证所设计的子目标函数的合理性，因此本研究采用一种新的思路来思考这个问题。

理论上，如果任务调度算法为确定性算法，对于任意一个任务分配方案都有唯一一个目标函数值 F 与之对应。但由于任务调度算法求解过程的复杂性，往往无法找到一个显式的公式来确定任务分配方案和任务规划整体目标函数值的关系。如何利用机器学习的手段，在计算资源有限的条件下训练得到用于表示任务分配方案和最终目标函数值之间关系的经验公式，是任务分配问题研究的关键问题之一。

MDP 模型用于解决成像卫星任务分配问题时具有其他数学模型不可比拟的优势：

(1) MDP 模型的目的是通过在构建的仿真环境中不断迭代训练，得到一个用于指导任务分配的经验公式。一旦仿真环境的运行规则确定即可利用强化学习算法进行训练，该过程不需要提前准备标签数据，也不需要人工设计决策准则。

(2) 任务分配问题可以被描述为序贯决策问题，即任务按顺序逐一被添加到求解方案中，并根据方案的变化情况来进行下一步决策。MDP 模型是一类用于求解序贯决策问题的数学模型，可以很好地与问题本质特征相契合。

(3) 任务分配问题中很难考虑与调度相关的约束条件，但是约束条件的具体形式会对最终结果产生巨大影响。MDP 模型通过综合分析采取行动后反馈的收益值来拟合约束条件的特点，实现了模型与实际约束条件的解耦。

(4) 在经验公式训练完毕后，使用该经验公式求解任务分配问题的时间复杂度低。通过对训练过程的设计，来保证任务分配质量，从而实现任务分配过程又快又好。

此外，成像卫星任务规划问题中决策变量很多，但是评价这些决策好坏的依据是最终的调度方案，而每一步决策对整个系统产生的影响与最后调度方案好坏具有内在联系。MDP 模型能够记录所有决策带来的瞬时收益，并总结每一步瞬时收益与长期价值之间的内在联系，从而指导决策。上述特点说明了将任务分配问题建模为 MDP 模型相较于其他数学模型更具有优越性。然而，将实际问题建模为 MDP 模型是一项技巧性很强的工作，同一个实际问题可以被建模为不同形式的 MDP，而 MDP 的形式对求解过程的影响是根本性的，寻找到合适的 MDP 模型，会让求解过程事半功倍。

整理目前已公开发表的用于规划调度领域的 MDP 模型,可以分为两大类:“端到端”模型和“逐步式”模型。

“端到端”模型是指由 MDP 模型中的智能体通过一次动作即可直接产生一个完整的解。这种方式是近几年新兴的求解思路，并成功应用于凸集问题[102]、VRP 问题中[39]。它的核心思想是通过对深度学习网络输入待决策的任务集合，然后一步输出这个任务集合的排列。当指针网络等特定的深度神经网络与强化学习过程结合时，其特点正好可以解决规划调度问题的痛点难点，所以引起了很大的关注。此类“端到端”MDP 模型的基本要素设计概要总结如表 3.1 所示。

该模型描述简单，训练过程易于理解，其效果很大程度上取决于指针网络模型的结构与参数设计。但是从目前公开的研究来看，基于这种策略建立的 MDP 模型在求解过程中通常收敛速度慢、学习效率低、容易陷入局部最优，所以通常在计算机硬件资源达到一定水平或允许较长训练周期的应用场景中才考虑使用这种模型。

表 3.1　“端到端”MDP 模型的基本要素

基本要素	描述
动作（action）	产生一个任务序列
状态（state）	所有任务属性
短期收益（reward）	当前任务序列下方案总收益
长期价值（value）	预测长期收益

“逐步式”MDP 模型比较传统，它的基本过程是：从初始状态出发，智能体基于当前状态得到单步决策。基于状态的变化和单步决策后得到的短期回报，更新长期价值函数，并进行下一步决策。如此循环，直到达到终止条件。为了便于理解，可以将该过程用图 3.7 表示。

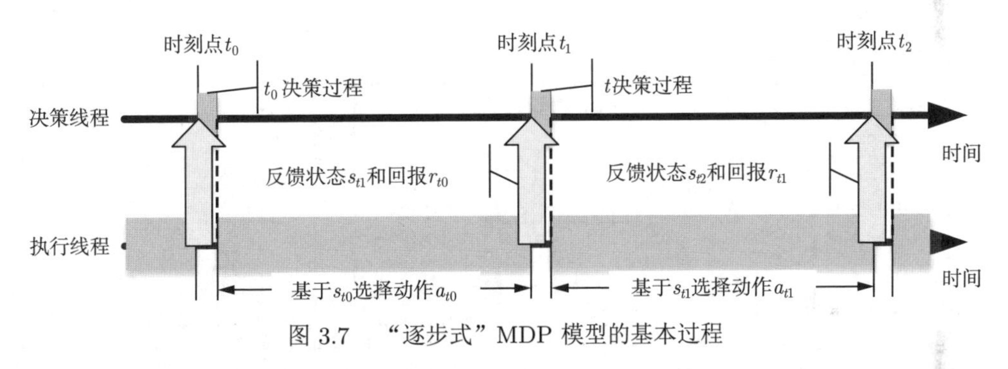

图 3.7　“逐步式”MDP 模型的基本过程

该模型在规划调度领域的应用比“端到端”模型更为普遍，其基本要素总结如表 3.2 所示。

表 3.2　“逐步式”MDP 模型的基本要素

基本要素	描述
动作	接受或拒绝当前任务
状态	卫星工作状态、当前任务属性
短期收益	当前任务收益
长期价值	预测长期收益

2) 模型建立

上述模型各有优劣：“端到端”模型在训练好后应用效率很高，因为它可以采用一步动作直接产生解。但是其训练过程通常需要消耗更多的计算资源和时间，而且很容易陷入局部最优；“逐步式”模型训练过程相对更平滑，而且不容易陷入局部最优。因此，本研究尝试采用“逐步式”模型对成像卫星任务分配问题进行建模，所设计的 MDP 模型的基本要素如表 3.3 所示。

表 3.3　成像卫星任务分配问题的 MDP 模型基本要素

基本要素	描述
动作	当前资源所对应执行的任务
状态	所有任务的属性
短期收益	当前与上一阶段得到的方案收益的差值
长期价值	预测长期收益

结合成像卫星任务规划双层优化模型的分析，成像卫星任务分配问题的 MDP 模型可以通过图 3.8 简要描述。

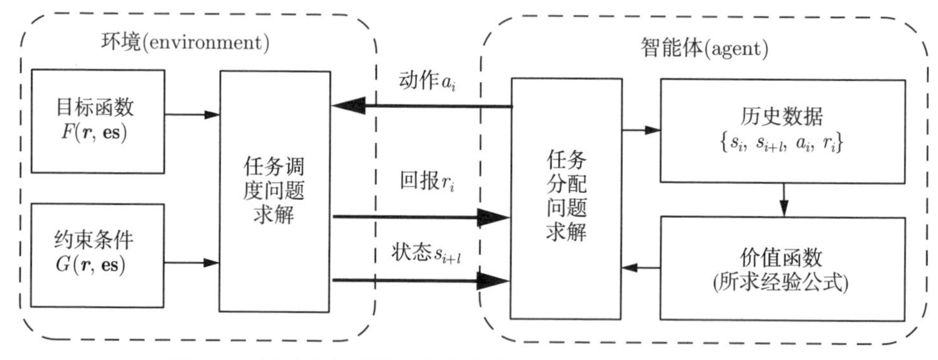

图 3.8　用于求解成像卫星任务规划问题的 MDP 概念模型

根据 3.4.1 节关于对问题分解的思考，成像卫星任务规划问题可以被分为两个阶段求解。起初，系统处于状态 s_0。智能体根据 s_0 选择动作 a_0。环境读取智能体的决策 a_0，结合当前状态 s_0 计算动作 a_0 的短期回报 r_1，同时更新下一阶段的状态 s_1 。如此循环，智能体基于 s_i 产生新的动作 a_i，环境接收到动作后反馈新的状态和回报值，作为智能体训练和下一步决策的依据，直到达到最终状态。

图 3.8中，任务调度问题的求解过程被认为是该 MDP 模型中环境的一部分，并依照 3.5.1 节的求解思路设计确定性算法实现，任务分配问题的求解则利用训练好的价值函数来实现。该价值函数是由环境与智能体的循环交互、不断更新得到的。经过在不同场景中多次训练迭代，价值函数最终趋于收敛，并可以在任务分配问题的决策过程中发挥其指导作用。

3) 科学问题凝练

成像卫星任务分配问题中需要解决的科学问题主要有如下三点：

(1) 基于对成像卫星任务规划问题特点的思考，如何合理设计 MDP 模型中的各要素，以缩小搜索空间、提高训练效率和训练精度。

(2) 如何充分利用成像卫星任务规划场景随机性的特点来设计策略，以权衡算法的收敛性与泛化性。

(3) 如何充分利用领域知识来设计合理的动作剪枝策略，实现算法在训练和应用时选择动作更加高效合理。

因此，任务分配问题的研究思路和目标是：建立任务分配问题的 MDP 模型，并基于成像卫星任务规划问题特点对表 3.3 中的要素进行详细设计；设计并实现基于深度 Q 学习（deep Q-learning，DQN）算法的成像卫星任务分配算法，同时基于领域知识实现对任务分配过程的剪枝操作，提高算法的训练效率与应用效果；通过实验验证算法的收敛性、泛化性、求解效率和求解精度等性能指标。将 DQN 算法与两种各有优劣的确定性算法组合，形成求解成像卫星任务规划问题的集成算法。通过与其他强化学习算法（异步优势演员—评论家算法、基于指针网络的演员—评论家算法）在梯度实验中各项性能进行比较，进一步证明了所设计算法的优势。

关于任务分配问题的研究思路、求解过程、对问题难点的处理方法及实验验证将在第 5 章详细展开。

3.5.3 学习型集成求解思路

本书提出了成像卫星学习型双层任务规划技术，其技术框架如图 3.9 所示。在这个框架下，成像卫星任务规划问题被分为两层优化过程并分别设计合适的算法进行求解。上层任务分配问题是基于强化学习算法训练得到的经验公式来求解。在训练过程中，任务分配问题被建立为 MDP 模型，并通过尝试不同的任务分配方案来获得充足的、多样化的仿真数据，用于拟合所需要的经验公式；任务调度问题被建模为数学规划模型，以便设计确定性算法在有限的计算资源下构造出满意的成像卫星调度方案。设计确定性算法是 MDP 模型训练过程的必要条件，两个问题的求解过程在训练时需要不断交互，以推进任务分配智能体的训练：在任务分配模块中，算法考虑智能体的决策偏好，采用“探索”与“挖掘”策略进行决策，决策结果作为任务调度过程的输入，任务调度过程根据接收到的任务分配方案计算得到最终调度方案的优化目标，利用强化学习算法修正智能体的决策偏好，以实现对任务分配经验公式的训练。

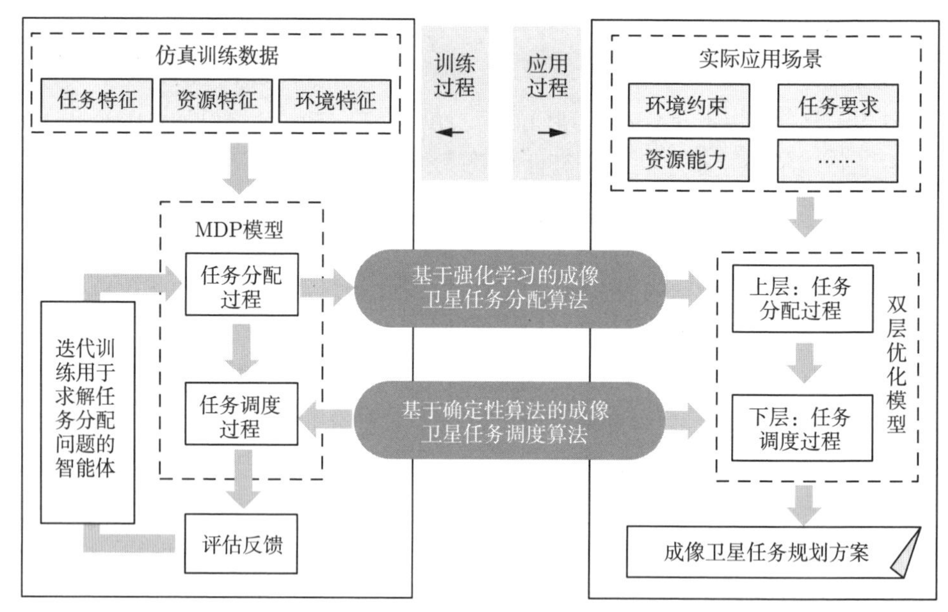

图 3.9 学习型双层任务规划技术框架

模型训练好以后，该经验公式即作为求解任务分配问题的决策依据，输入不同的任务时根据该经验公式选择合理的任务分配策略。结合求解任务调度问题的确定性算法即可快速、准确地得到最终的成像卫星任务规划方案。这是一种用于求解成像卫星任务规划问题的新范式，它的两个求解阶段均尽可能降低具体约束条件和求解过程的耦合程度，最大限度保证了算法的通用性。该方法将强化学习算法与运筹学中确定性算法相结合，并充分发挥两者的优势：确定性算法可以在多项式时间内获得稳定且满意的解决方案，而强化学习算法在训练结束后，可以在未知场景中表现出较强的泛化能力和较高的求解效率。该方法还能较快地移植到其他类似问题上，在面对未来日益复杂的实际问题，该方法具有很大的应用前景和研究价值。强化学习训练和测试的基本过程的伪代码见算法 3.1 和算法 3.2。

算法 3.1 面向任务分配问题的强化学习训练过程

输入: 任务集合、资源集合等全局信息

输出: 价值函数

```
1: repeat
2:   读取新的任务规划场景;
3:   while 未达到训练终止条件 do
4:     资源参数初始化;
5:     while 未达到当前场景终止状态 do
6:       基于当前场景特征，为当前资源选择一个成像任务;
```

```
7:         将该任务加入当前资源的待调度任务集，并使用确定性算法得到任务规划方案;
8:         基于新的任务规划方案更新加入该任务后的状态;
9:         基于选择的任务、更新前后状态、该动作的短期收益来训练长期价值函数;
10:      end while
11:      指向下一个资源并重置资源状态;
12:   end while
13: until 在所有训练场景中训练完毕
```

算法 3.2 强化学习在任务分配问题中的应用过程

输入: 任务集合、资源集合等全局信息、训练完毕的价值函数

输出: 任务规划方案

```
1: 读取应用场景;
2: while 未达到当前场景终止条件 do
3:    资源参数初始化
4:    while 未达到当前资源的终止状态 do
5:       选择价值函数最高的任务加入当前资源;
6:       将该任务加入当前资源的待调度任务集;
7:       使用任务调度算法计算任务规划方案并更新;
8:    end while
9:    指向下一个资源并重置资源状态;
10: end while
```

3.6 本章小结

在卫星运行控制过程分析与卫星任务规划系统设计的基础上，本章聚焦成像卫星任务规划问题建模及其相关工作。首先，定义了成像卫星任务规划问题，对问题定义并提出了问题研究的基本假设，并综述了几十年来成像卫星任务规划领域研究者对该问题的建模思路，总结了各类模型的优劣以及发展趋势。

其次，详细讨论了成像卫星任务规划问题的基本要素（输入参数、输出参数、目标函数和约束条件），规范了问题的边界。在综合分析各类约束条件和问题特点的基础上，将问题分解为任务分配过程和任务调度过程，并建立了面向成像卫星任务规划问题的双层优化模型。该模型不区分单颗成像卫星任务规划问题和多星协同任务规划问题，将任务分配过程中的决策描述为对任务可见时间窗的选择，可统一描述常见的几类成像卫星的任务规划问题以及异构多星任务规划问题，实现了模型描述的标准化和统一化。

最后，基于统一化的双层优化模型，确定了学习型双层任务规划理论的研究框架，这是后续研究工作的方法论基础。设计确定性算法求解任务调度问题，设计强化学习方法求解任务分配问题，通过求解框架中“探索—调度—学习”的思想来实现两个部分决策过程的松耦合，从而降低任务调度过程的复杂度，提升任务分配过程的合理性。

第4章

基于确定性算法的成像卫星任务调度问题研究

本章着重研究成像卫星任务调度过程的性质及求解方法，难点在于算法如何对各种复杂约束条件进行处理，目标是在复杂约束条件下保证算法的求解效率与求解精度。首先，通过对成像卫星调度问题中常见的两类复杂约束展开分析，给出实际工程问题中对应类型约束的消减思路；其次，提出各类型约束条件的处理方法和基于时间线推进的约束检查方法；最后，以此为基础，提出两种调度成像卫星的确定性方法：基于剩余任务密度的启发式（heuristic algorithm based on the density of residual tasks，HADRT）算法和基于任务排序的动态规划（dynamic programming based on task sorting，DPTS）算法。文中分别给出了两种方法的实现过程和最优性证明，说明了算法的求解效率和有效性。通过对这两种算法的理论分析和实验对比，挖掘这两种算法具体场景中的性能差异，从而提供针对不同场景的算法选择建议。

4.1　成像卫星任务调度算法研究现状

目前主流的成像卫星任务调度算法有三类：精确求解算法、启发式算法和元启发式算法。机器学习直接应用于成像卫星任务规划的相关研究较少，因此在本节不展开讨论，5.1.2 节中结合机器学习在组合优化领域的应用有部分介绍。

在成像卫星任务调度问题中，应用广泛的精确求解算法有分支定界[103]、分支定价[104] 和动态规划[105] 算法等。此外，Dilkina[106] 采用一种深度优先搜索和约束传播结合的方法来实现对敏捷卫星规划与调度问题的求解。这类算法在小规模任务调度场景或简化后的问题中可以在有限时间内保证求得最优解，但是在求解大规模问题或复杂的问题背景时，运算时间往往不可接受，这是由问题模型本身的复杂性所导致的。

第二类常用的算法是构造启发式算法。刘嵩[86] 等针对敏捷成像卫星的自主任务规划问题，提出一种结合随机机制和轮盘赌思想的滚动规则启发式算法，搜索过程可以理解为一种迭代行为，每一次迭代包括构造阶段和局部搜索阶段两个阶段，这两个阶段伴随每一次迭代过程。但是，在一般实际问题中这类算法并不是很流行，主要原因是这种启发式算法具有随机性，在迭代次数无法达到一定规模时，解的稳定性很难保证。薛志家[107] 等提出了启发式搜索与改进的计划评审技术相结合的双阶段规划算法，该算法能够快速有效解决突发状况下的卫星自主任务调度问题；Maldague[108] 等则引入工业工程中 JIT 的概念设计启发式规则来实现卫星任务调度，强调任务与任务之间的相对时间关系，根据实际进程的推进，实时不断调整卫星观测任务的时间，以不断寻找最佳观测时机，提高观测效率。在中小规模成像卫星调度场景中，启发式算法虽然在求解精度方面欠佳，但其求解速度快，可以在较短的运算时间内得到可行解。

正因为构造启发式算法的计算复杂度低，运算时间可控，可解释性强，所以启发式方法被广泛应用于实际工程中，如美国的 EO-1[109]、法国的 Pleiades[110-112] 和德国的 FireBIRD[113] 等。表 4.1 总结了现有文献中美国、欧盟、法国和德国部分具有代表性的成像卫星应用项目，及其提出的成像卫星调度算法。

表 4.1　成像卫星任务规划领域典型工程项目

编号	试验项目	所属单位	调度算法
1	自动规划与调度环境 ASPEN[109,114-115]	美国 NASA	迭代修复算法
2	Pleiades 的任务分析和规划系统[116]	法国 CNES	随机贪婪算法
3	星载自主任务规划试验 VAMOS[113,117]	德国 DLR	基于剩余资源的启发式算法
4	星载自主计划系统 PROBA[118-119]	欧盟 ESA	基于成本函数的启发式算法

1) EO-1：基于迭代修复的局部搜索算法[120]

Steve Chien 等设计的 CASPER 接受基于目标的指令，在不违反任何规则和约束的情况下，安排一系列动作以达到目标状态。CASPER 能够采用一种基于迭代修复的局部搜索算法生成规划方案，并在执行过程中对方案不断进行在线星上任务规划[120]。该算法首先生成一个可能存在冲突或违反约束的原始方案，每次尝试解决一个冲突，直到所有冲突得到解决。使用这种算法，可以实现连续规划，即不需要将规划过程划分周期，而是实现即时反应，将执行结果融入规划过程中，如图 4.1 所示。对于已经生成好的规划方案，如果发现了异常或者新的科学事件，也采用迭代修复的方法进行可行解的搜索。由于星上存在多种冲突类型和解决方法，算法的搜索空间巨大。EO-1 采用启发式规则来提高算法的搜索效率，效果好的规则置信水平也较高，算法更倾向于选择置信水平高的规则。

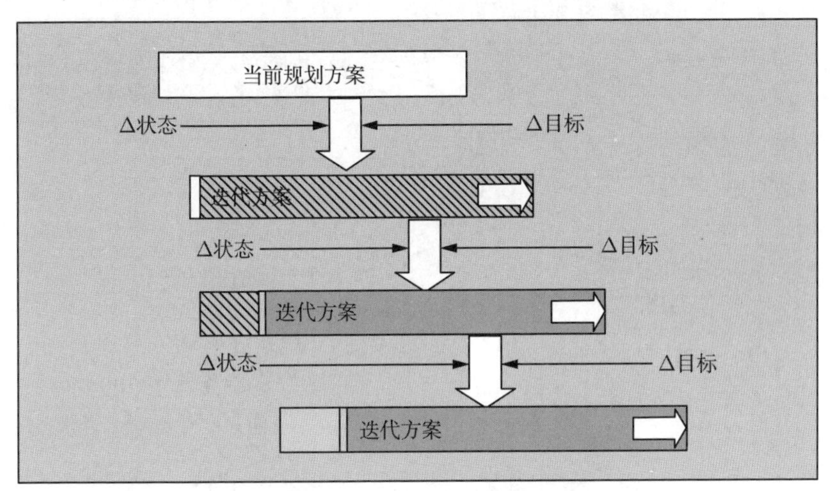

图 4.1　EO-1 迭代修复算法示意图

2) Pleiades：随机迭代贪婪算法[88]

Beaumet 为 Pleiades 提出了星上随机迭代贪婪算法，随机决策模型如图 4.2 所示。该过程可用决策树模型来描述，每一层最右边的节点都代表一种卫星可实现的动作，其先后顺序由事先定义的优先顺序从上往下排列，即当某一时刻同时能够执行多种动作时，最先考虑顶层节点所代表的动作，依次向下检查。图 4.2 中，有些节点是随机节点，即该节点下如何选择是根据概率来决定的。例如有三种不同的启发式规则来实现卫星的成像任务规划操作，而具体选择哪一种规则进行规划，则需要一个随机变量的取值来决定。随机变量的取值范围与最终执行的动作的关系由 p，q，r 这三个参数来共同影响。根据这个算法，即可在每一次需要动作规划时得到一个可行的卫星动作。

3) FireBIRD：基于实时约束检查的任务规划算法[88]

在 VAMOS 中，地面进行全局任务规划的目的是尽可能利用高效的计算，尽可能提高规划方案的收益与可靠性。星上每执行完一个指令，星载事件触发的时间线插件（OBETTE）对约束与资源信息进行检查与更新，若发现约束与资源等信息的预测值与真实值差距不在可接受范围内，则随即进行规划。星上采用一种不变优先级的贪婪规则来进行规划，目的是降低星上软件系统的复杂性。图 4.3表示星上时间窗选择的过程，通过对星上实际约束、环境信息与地面的预测信息比较，实现星上时间窗的选择和调整，并指导后续任务规划。对于每一种全局资源（电量、固存等）均可得到类似的图，每一次约束检查时可避免重复计算。

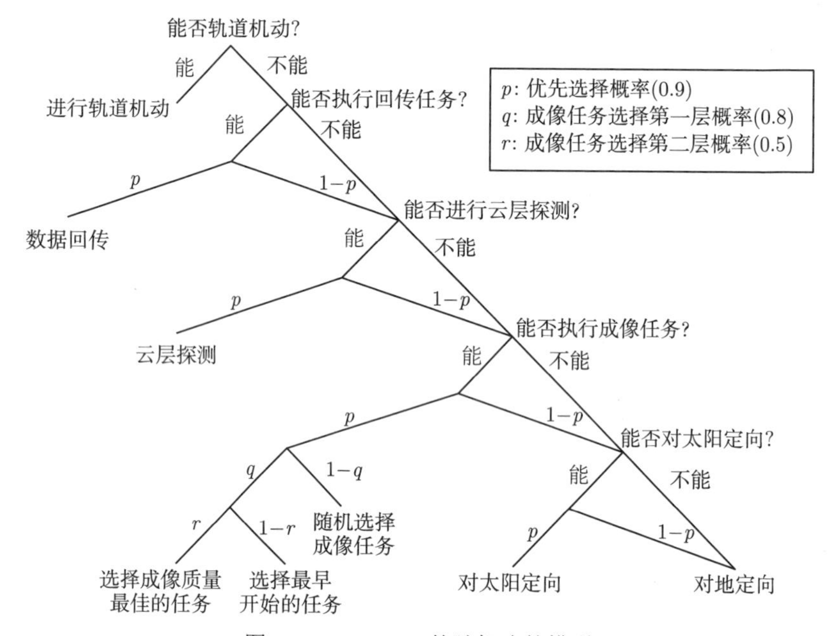

图 4.2　Pleiades 的随机决策模型

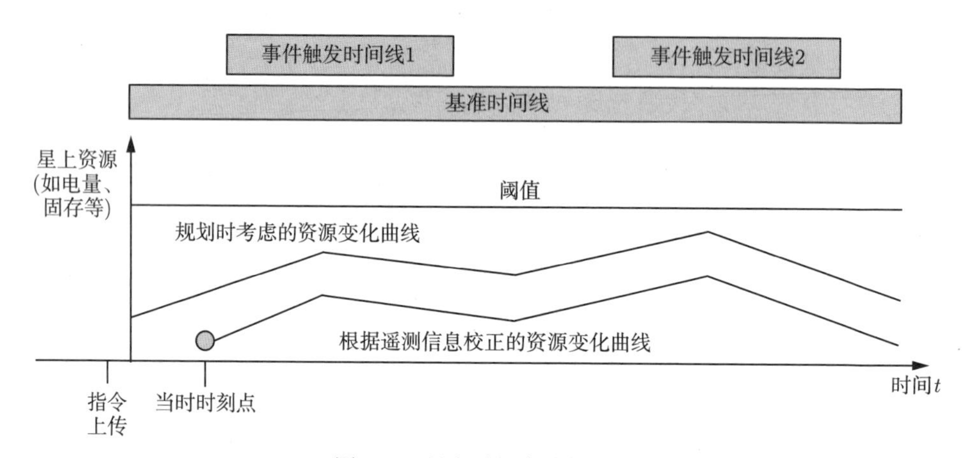

图 4.3　星上时间窗选择过程

通过对表 4.1 中的典型工程应用进行分析，结合我国成像卫星调度系统中的算法应用现状，不难发现：启发式算法具有算法结构清晰明朗、求解结果可靠性强、运算复杂度低等优势，因此，启发式算法在时效性和可靠性要求高的实际工程问题中备受青睐。

元启发式方法解决决策问题的想法起源于 20 世纪 50 年代[40]，而近十年被广泛用于成像卫星任务规划领域。自适应大邻域搜索（元启发式）（adaptive large neighborhood search，ALNS）[14] 算法，遗传算法[77,121]，蚁群及其变体[122] 在以前的研究中被考虑用于调度成像卫星。除此之外，Globus[123-124] 等比较了遗传算法、爬山算法等，针对不同的任务规模设计问题模型并求解。Habet[125] 等通过改进禁忌搜索算法，在算法中加入不完全枚举的方法提高了敏捷卫星规划问题的求解速度，通过约束的传播保证了结果的一致性。在某些情况下，这些算法比一些数学算法和启发式算法获得更好的结果，但是两个局限性导致它们在实际问题中并不实用：①很难找到可以为不同输入产生良好结果的通用参数和函数；②在复杂的情况下，这种类型的算法很难在可接受的时间内收敛。

总体而言，无论使用上述三种方法中的哪一种，它们的决策规则都是人为制定的，在计算过程中不会改变。这就导致了一旦问题背景发生变化，这些规则可能就会表现很差。

针对特定条件下的成像卫星任务调度问题（如“动态任务调度问题”或称“任务重规划问题”），国内不少学者从不同的角度展开建模，并提出了合适的算法进行求解，这些工作也为本书相关研究工作提供了不少灵感和思路。刘洋[84] 将成像侦察卫星动态任务调度问题描述为一类 CSP 模型并进行求解，但是其考虑的卫星为非敏捷卫星。翟学军[126] 提出了一种稳健性规划模型来描述应急任务到达情况下的任务规划问题，并设计多目标遗传算法来求解该问题，但是这种方法在有限的时间内无法得到稳定的解，不符合星上高可靠性的要求。王茂才[127] 设计了两种启发式方法实现对任务的规划，能够在大规模输入条件下取得较高的时间效率，但是由于其启发式规则过于简单，导致求解质量不高。王建江[128] 等在多星体系中，面向实时应急任务的到达设计了动态任务合并策略和新的实时任务规划算法。白保存[105] 将问题简化为背包问题并采用动态规划方法进行求解；严珍珍[129]、姚锋[130]、邢立宁[131-132] 等采用以蚁群算法为代表的智能优化算法和改进的知识型智能优化方法求解敏捷卫星成像任务规划问题，充分利用求解过程中产生的数据来提升运算效率并改进求解质量，为求解成像卫星任务规划问题提供了新的思路。

4.2 约束分析与约束检查

通用、高效的约束分析与检查过程可为成像卫星任务规划求解过程打下坚实的基础。基于研究工作对成像卫星任务规划问题的理解以及对数学建模过程的分析，首先定义了必要的概念，然后以成像质量约束、姿态转换时间约束为例，给出了一类约束条件的处理思路。接着提出基于时间线推进机制的约束检查算法，实现不同类型约束条件的统一、快速检查过程。在此约束检查算法的基础上设计的 HADRT 算法和 DPTS 算法，可从理论上证明算法效率和最优性，同时通过仿真实验验证了算法在具体场景中的应用效果。

4.2.1 相关概念定义

在模型式 (3.26) 中，在资源与任务的匹配方案已确定（即 $\boldsymbol{r}'$ 被看作常量）的条件下，单独分析任务调度问题的特征。在分析问题之前，需要引入几个定义。

定义 4.1 (任务集合) 在任务调度问题中，任务集合中的任务是待决策的主体。该集合是一个有限集，即每一次任务调度所考虑的任务数量是有限的。任务集合中每一个对象（任务）都是独立存在的个体，每个任务都有若干属性，其中包括在输入条件中已经确定的变量和决策变量。

任务集合可以用式 (3.6)~ 式 (3.8) 来表示和处理。任务集合具有所有集合的性质：元素的确定性、元素的互异性、元素的无序性。为了简化表达，在数学模型中通常用数字下标 i 来指代任务 TS_i 。

定义 4.2 (任务序列) 任务集合中的对象按照特定顺序排列而得到的一组对象被称为任务序列。由于任务集合是有限集合，所以任务序列中对象的数量也是有限的。对象的逻辑先后关系确定之后，就唯一确定了一个任务序列，且任务序列中不存在并列的对象。一个任务序列通常用一个 n 维向量表示：$(\mathrm{tsq}_1, \mathrm{tsq}_2, \cdots, \mathrm{tsq}_n)$，$\mathrm{tsq}_i \in \mathbf{TS}$。

任务序列通常作为任务调度问题求解的中间产物，在任务调度问题的高效求解具有重要的价值。根据本研究中对成像卫星运行过程分析，限定任务具有唯一性约束，因此序列中的任务是不重复的。在成像卫星调度问题中，完整任务序列是一种特殊的任务序列，记为 **TSQ**，其任务序列的长度等于任务集合的元素的个数，用下式表示为

$$\mathbf{TSQ} = (\mathrm{tsq}_1, \mathrm{tsq}_2, \cdots, \mathrm{tsq}_n) \tag{4.1}$$

$$\mathrm{length}\,(\mathbf{TSQ}) = \mathrm{card}\,(\mathbf{TSQ}) = n \tag{4.2}$$

式中，$\mathrm{length}\,(\mathbf{TSQ})$ 函数用于求任务序列 **TSQ** 的长度，card 函数用于求集合基数（即集合元素数量）。

完整任务序列在成像卫星任务调度问题中的现实含义是基于某种算法或规则，在考虑了任务集合中全部对象的情况而产生的序列。在后续运算过程中对完

整任务序列进行处理仅需要检查约束后去除不满足约束的任务，不考虑向序列中增加任务的情形，因此算法设计难度和运算复杂度通常较低。为了方便后续研究，还需要引入另一种特殊的任务序列：若一个任务序列的元素构成是由另一个任务序列去除一些元素组成的，同时这个序列的元素之间的相对顺序关系与任务序列中的相同，那么称这个序列为对应任务序列的**子序列**。

4.2.2 成像质量约束分析

实际工程项目中，保证卫星的成像质量满足用户需要也是卫星管控方在制订卫星调度计划时需要考虑的重要约束条件。通过约束条件可设计任务在执行时刻的成像质量不低于最小需求成像质量，即

$$\text{MinQuality}\,(i) \leqslant \text{Quality}\,(\text{es}_i)\,, \quad \forall i \in \ \mathbf{TS} \tag{4.3}$$

根据参考文献 [100] 中的描述，任意任务 i 在 es_i 时刻开始执行的成像质量由式 (4.4) 计算：

$$\text{Quality}\,(\text{es}_i) = \left\lfloor 10 - 9\frac{|\text{es}_i - \text{es}_i^*|}{\text{es}_i^* - \text{ws}_i} \right\rfloor, \quad 若\text{es}_i \neq \text{null} \tag{4.4}$$

式中，es_i^* 表示的是任务 i 获取最佳成像质量所对应的任务开始时刻，对于广泛应用的成像传感器，es_i^* 对应的是俯仰角的绝对值最小时所对应的时刻点，因此在任务预处理过程结束后，es_i^* 可以看作一个常量。如此，不等式 (4.4) 可以等价转换为不等式 (4.5)：

$$\begin{aligned} &\left\lceil \text{es}_i^* - |\text{es}_i^* - \text{ws}_i| \frac{10 - \text{MinQuality}_i}{9} \right\rceil \leqslant \\ &\text{es}_i \leqslant \left\lfloor \text{es}_i^* + |\text{es}_i^* - \text{ws}_i| \frac{10 - \text{MinQuality}_i}{9} \right\rfloor \end{aligned} \tag{4.5}$$

联立任务可见性约束，被成功调度的任务开始时间 es_i 的取值应满足如下不等式：

$$\max\left\{\text{ws}_i, \left\lceil \text{es}_i^* - |\text{es}_i^* - \text{ws}_i| \frac{10 - \text{MinQuality}_i}{9} \right\rceil\right\} \leqslant \text{es}_i \tag{4.6}$$

$$\text{es}_i \leqslant \min\left\{\text{we}_i - d_i, \left\lfloor \text{es}_i^* + |\text{es}_i^* - \text{ws}_i| \frac{10 - \text{MinQuality}_i}{9} \right\rfloor\right\} \tag{4.7}$$

4.2.3 姿态转换时间约束分析

姿态转换时间约束是敏捷型成像卫星的重要特征。随着卫星设计的精细化程度逐渐提高,时间依赖型敏捷成像卫星成为当今遥感卫星领域的主力军。所谓时间依赖性，是指一个变量的取值随某一个时间变量的变化而变化。时间依赖姿态转换时间就是指卫星连续两个任务之间的姿态转换时间与这两个任务的具体开始、结束成像时间有关。在这类问题中，姿态转换时间就通常被描述为这两个任务相关的函数。在本问题中，结合参考文献 [100] 中以及实际工程项目中对时间依赖姿态转换时间计算函数的定义，可将最小时间依赖转换时间定义为一个有关合成转角的分段函数，即可表示为

$$\mathrm{Trans}\,(i,j)=\begin{cases}10+\theta_{ij}/1.5, & \theta_{ij}\in(0,15]\\ 15+\theta_{ij}/2, & \theta_{ij}\in(15,40]\\ 20+\theta_{ij}/2.5, & \theta_{ij}\in(40,90]\\ 25+\theta_{ij}/3, & \theta_{ij}\in(90,180]\end{cases} \tag{4.8}$$

式中，θ_{ij} 表示任务 i 和任务 j 之间的合成转角，它可由任务 i 结束时刻的指向角与任务 j 开始时刻的指向角通过式 (4.9) 计算得到。任务的指向角用一个关于时间的向量 $(r_i\,(t)\,,p_i\,(t))$ 表示。

$$\theta_{ij}=|r_i\,(t)-r_j\,(t)\,|+|p_i\,(t)-p_j\,(t)\,| \tag{4.9}$$

由此可见，最小姿态转换时间是一个关于任务 i 和 j 具体执行时刻的函数。

4.2.4 基于时间线推进机制的约束检查算法

实际的成像卫星任务调度过程中通常包含大量复杂约束，这些约束是导致问题复杂性的主要因素之一。为了降低约束检查过程与调度算法主流程之间的耦合程度，本书设计了一种基于时间线推进机制的约束检查算法。该算法是一个独立的功能模块，可以检查最终问题求解方案或算法中间过程产生的调度方案是否满足约束。本节内容首先介绍了算法中四类约束的处理方式，然后提出了算法的整体求解框架。

(1) **累计型约束**是对从调度周期开始到调度周期结束的物理量的约束，约束的具体形式在 3.3.4 节中已具体阐述。本算法中采用一维数组 Stat_k 来记录待检查方案中任意时刻的累计型约束变量，其中 $k=1,2,\cdots,k_1$ 代表第 k 条累计型约束，k_1 为累计型约束条件的总条目数。这些物理量是随时间单调不减的函数，即

当 $t_1 < t_2$ 时，$\mathrm{Stat}_k[t_1] \leqslant \mathrm{Stat}_k[t_2]$ 对于任意的 k，t_1，t_2 恒成立。由累计型约束的单调性，可以得到如下定理：

定理 4.1 在任务调度方案所对应的序列中，若存在子序列构成的任务调度方案不满足累计型约束 k，则原任务调度方案不满足同一条累计型约束。

利用定理 4.1，可设计基于时间线推进机制的累计型约束检查过程，其大致思路表述如下：待检查方案中的任务按执行时间先后顺序排列，然后逐一加入任务并计算对应的累计型约束变量，若加入任务后变量值超过约束条件要求的值，则可得到方案整体不满足累计型约束。

(2) **滚动型约束**与累计型约束具有类似的特性，它统计的是滚动周期内特定物理量的增量。本算法中采用一维数组 Roll_k 来记录待检查方案中任意时刻的滚动型约束变量，其中 $k = 1, 2, \cdots, k_2$ 代表第 k 条累计型约束，k_2 为滚动型约束条件的总条目数。根据对滚动型约束的分析，发现滚动型约束变量在滚动周期内也是单调不减的，所以可以设计与累计型约束类似的计算方法：待检查方案中的任务按执行时间先后顺序排列，然后逐一加入任务并计算对应的累计型约束变量，若加入任务后任意一个变量值与滚动周期开始时刻的变量值之差超过对应滚动型约束条件要求的值，则可得到方案整体不满足滚动型约束。

特别地，有一些约束项表示同一物理含义，例如记录当天最大姿态机动次数和当前轨道最大机动次数、当天最大累积成像时长和当前轨道最大累积成像时长，则共用一个数组来记录对应的值。在检查约束时，采用不同的判断语句来判定滚动型约束或累计型约束，可有效降低算法的时间和空间复杂度。

(3) **任务属性约束**是最难以用数学语言统一描述的约束。但是一部分约束条件可以通过预处理进行合并，如 4.2.2 节就将成像质量约束与可见性约束合并为一个约束条件进行判定，例如约束条件“成像任务无法在地影区执行”和约束条件“成像任务无法在纬度高于 60° 的区域执行”等也可以通过类似的方式对约束进行合并。在合并部分约束条件后，对所有任务属性约束逐一检查，即可完成任务属性约束的约束检查过程。该过程时间复杂度为 $O(n)$ 。

(4) **任务相关性约束**以连续两个任务之间的逻辑判定为主，如不同类型的任务之间的最小时间间隔判定通常需要配合相关运算，如姿态转换时间计算函数、各任务的最小前序时间、最小后序时间等参数共同决定。与任务属性约束类似，部分相关性约束也可以合并考虑，设置同时满足多个约束条件的值即可。在合并部分约束条件后，对任务相关性约束逐一检查，即可完成任务属性约束的约束检查过程。该过程时间复杂度为 $O(n)$ 。

通过集成上述所有约束条件的检查过程，本书提出基于时间线推进机制的约束检查算法，伪代码见算法 4.1。

算法 4.1　基于时间线推进机制的约束检查算法

输入: 任务调度方案

输出: 约束检查判定结果

1: 参数初始化:r_0 = 滚动周期,Stat_{k1}[]、Roll_{k2}[]、Att_{k3}、Corr_{k4};
2: **Temp** = 按执行顺序排列后的任务方案;
3: $i = 0$;
4: **while** **Temp** 不为空，且 $i <$ 方案中任务数 **do**
5: 　读取 **Temp** 中第一个任务 **Temp**[i];
6: 　t = **Temp**[i].ExecuteEndTime;
7: 　计算任务 **Temp**[i] 相关属性：如消耗固存量、姿态转换时间等;
8: 　计算累计型约束统计量 $\mathrm{Stat}_{k1}[t]$;
9: 　**if** 存在任意 k 使得 $\mathrm{Stat}_k[t] - \mathrm{Stat}_k[0]$ 不满足约束要求 **then**
10: 　　**return** False;
11: 　**end if**
12: 　计算滚动型约束统计量 $\mathrm{Roll}_{k2}[t]$;
13: 　**if** 存在任意 k 使得 $\mathrm{Roll}_k[t] - \mathrm{Roll}_k[t - r_0]$ 不满足约束要求 **then**
14: 　　**return** False;
15: 　**end if**
16: 　**if** 存在一条任务属性与 Att_{k3} 中的约束值冲突 **then**
17: 　　**return** False;
18: 　**end if**
19: 　**if** 存在任务使得它与任务 i 的相关性参数不满足 Corr_{k4} 中的设定 **then**
20: 　　**return** False;
21: 　**end if**
22: 　$i = i + 1$;
23: **end while**
24: **return** TRUE;

算法 4.1 在一层循环内即实现了对所有约束条件的检查：第 8~11 行实现了累计型约束的检查、第 12~15 行实现了滚动型约束的检查、第 16~18 行实现了任务属性约束的检查、第 19~21 行实现了任务相关性约束的检查。假设输入算法的方案中任务数量为 n ，任务调度周期长度为 L ，滚动型约束变量和累计型约束变量条目数为 k_s ，任务属性约束变量和任务相关性约束变量条目数为 k_a ，则该约束检查算法的运算语句执行次数 count（约束检查算法的运算语句执行次数统计包括数值运算和逻辑运算，其中排序算法采用计数排序，基本运算次数为

$3L+n$）可估算为

$$\begin{aligned}\text{count} =&3L+n+1+n(3+k_a+Lk_s+k_a+k_s)\\ =&3L+1+n(4+2k_a+Lk_s+k_s)\end{aligned} \tag{4.10}$$

由于每个运算语句所用的公式不同，所以无法精确计算算法的浮点运算次数。因为任务调度方案的特征也很难总结，所以无法求得平均运算次数。根据式 (4.10) 可得，该约束检查算法的时间复杂度与 n 、k_a 、k_s 、L 均呈线性变化，且 k_a、k_s、L 不随任务规模 n 的增加而变化，当问题背景确定后，k_a、k_s、L 可以看作常量，因此，基于时间线推进机制的约束检查算法时间复杂度为 $O(n)$。

4.3　基于剩余任务密度的启发式算法

高效的启发式算法在求解复杂调度问题时往往能消耗很小的计算资源来达到较好的求解效果。然而，启发式算法的核心——构造一个好的启发式函数通常需要深厚的理论功底并且深入理解问题特点。尤其是面向复杂调度问题时，要保证算法的最优性就变得异常困难。结合上述问题模型的描述，在充分考虑任务调度问题的特点后，本节设计基于剩余任务密度的启发式算法。

4.3.1　求解思路

出于现实考虑，成像卫星任务调度过程需要考虑的约束条件是多维的：载荷温度约束[94]、平台与载荷状态约束[96-97]、电量约束、固存约束、时间相关的约束等。然而，通过调研实际工程问题，发现在实际的卫星运控过程中，很难直接对现实世界中存在的复杂条件建模并加入任务调度模型中。例如，载荷温度约束和平台与载荷的工作状况、卫星飞行轨道、宇宙辐射等众多复杂条件相关，难以对这一过程高精度仿真。因此，这一类约束通常被转化为形如 3.3.4 节中的累计型约束、滚动型约束等，以保证卫星硬件的正常运转。这些约束条件中，大部分与成像任务的执行时刻相关，并且随着卫星硬件能力的提升，固存等与硬件能力相关的条件会越来越宽松，甚至未来不会成为制约卫星任务调度的条件。可以说，“时间”是卫星任务调度过程中最关键的属性，并且在未来越来越重要。

因此，在任务调度过程中，决策者在选择任务时通常希望被选择的任务时间利用率最大化，这样可以在选择相同任务的条件下，为剩下存在观测机会的任务提供尽可能宽裕的调度时间，以提升还未被考虑的任务成功调度的概率。基于剩余任务密度的启发式算法——HADRT 算法应运而生。

HADRT 算法的框架如图 4.4 所示。

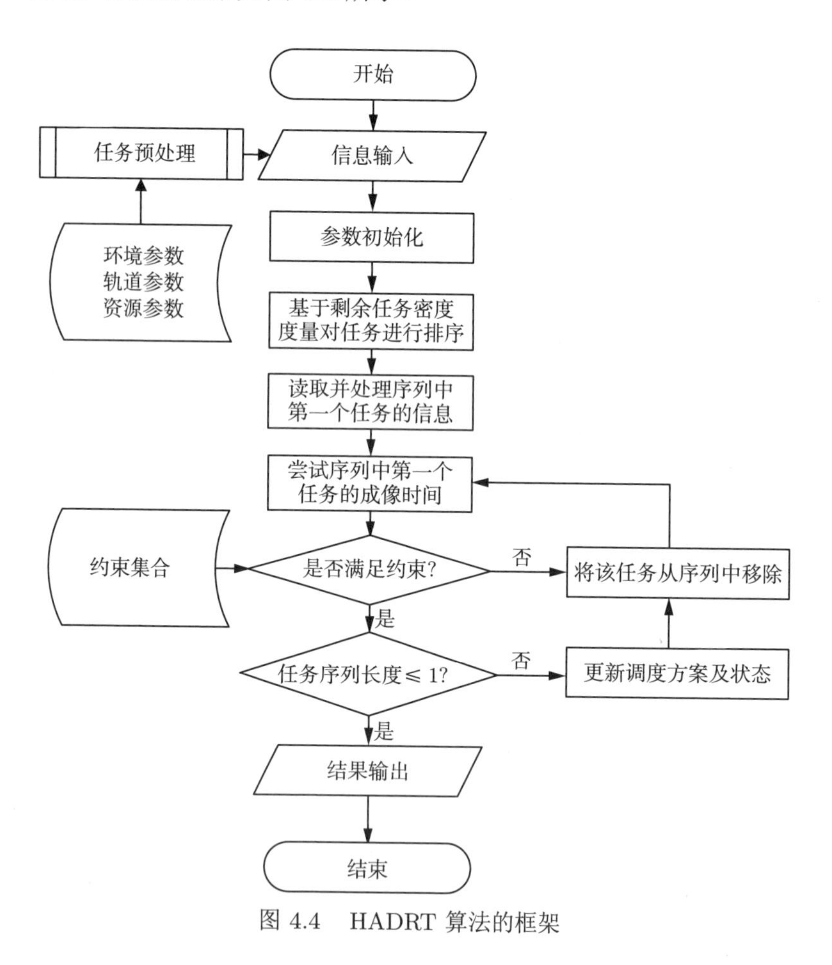

图 4.4　HADRT 算法的框架

算法接收到任务预处理所得到的任务信息和资源信息，出于实际考虑，任务信息包括完成任务的收益、成像时长、可见时间窗以及在可见时间内每一时刻的指向角（每一个指向角用俯仰角和侧摆角组成的二维向量表示），资源信息包括资源的能力参数和相关计算函数，如姿态转换函数、成像质量函数等。接着对过程参数初始化，主要是设置调度周期、环境配置参数等。然后通过所设计的剩余任务密度度量函数对任务进行排序，并以此顺序为基础，读取序列首个任务的信息并结合已加入调度方案的任务集合的信息进行处理，考虑所有约束条件尝试对该任务进行决策。若满足约束，则更新调度方案。每次对一个任务判定完成后，将该任务从序列中移除，直到序列中所有任务被考虑。

算法的基本思路就是首先基于构造的启发式函数得到一个任务序列，然后基于该序列对任务开始时间进行决策。由此可见，基于剩余任务密度度量函数对任务进行排序这一过程对整个算法的求解效率具有举足轻重的作用。接下来的内容对构造启发式函数进行详细设计与分析。

4.3.2　构造启发式函数设计

基于剩余任务密度的启发式函数的核心思想是寻求任务调度方案在时间维度上的高利用率，以提升调度任务的完成率和整体收益。通常可以认为，在其他条件均相同的前提下，如果每次选择一个任务能使未来可被调度的期望任务密度最高，则这些任务被成功调度的数量也就越大、最终方案的期望总收益就越大。

首先定义一个函数用来计算任务在时间轴上的分布密度——可用的调度时长与平均任务占用时长的比值。其中，可用调度时长可以用调度周期结束时刻和被选择任务的结束时刻 ee_i 之差来表示；一个任务占用时间是指一个任务的成像时长和任务之间的姿态转换时间之和，可以用 $d_i+\mathrm{Trans}\,(i-1,j)$ 来计算，平均任务占用时长即在某一决策条件下，剩余所有待调度任务的占用时间的平均值。按照此定义，准确地求出所有可能条件下的剩余任务密度是一件非常耗时的事情，这与方法设计的初衷相悖。基于现实情况，对上述函数进行简化，本书构造基于剩余任务密度的启发式函数：

(1) 调度周期在问题建模过程中就已明确，所以它可以被看作一个常量。讨论可用调度时长与平均任务占用时长的比值等价于讨论被选择任务的结束时刻 ee_i 与平均任务占用时长的比值。

(2) 关于姿态转换时间函数，通常是关于合成转角的轴对称函数。根据参考文献 [133] 的分析，如果任务为随机分布，则姿态转换时间函数其期望值为可求常量。因此，用期望姿态转换时间 $\overline{\mathrm{Trans}}$ 来代替实际每两个相邻任务的姿态转换时间，可以简化计算，并利于对方法后续分析。

基于上述讨论，基于剩余任务密度的启发式函数构造如下：

$$
\begin{aligned}
H(i) &= \sum_{k\in\mathbf{HQ}} \frac{-\mathrm{ee}_i}{\dfrac{1}{\mathrm{card}\,(\mathbf{HQ})}\left(d_k+\overline{\mathrm{Trans}}\right)} \\
&= \sum_{k\in\mathbf{HQ}} \frac{-\mathrm{ee}_i\,(\mathrm{card}\,(\mathbf{HQ}))}{d_k+\overline{\mathrm{Trans}}}
\end{aligned}
\tag{4.11}
$$

其中，

$$\mathbf{HQ} = \{k \in \mathbf{TSQ} \mid \mathrm{ee}_k > \mathrm{ee}_i\} \tag{4.12}$$

特别地，当 $\mathbf{HQ} = \varnothing$ 时，定义 $H(i) = 0$。式 (4.11) 中，分子 $-\mathrm{ee}_i$ 越大，代表任务 i 的可见时间窗结束时刻越早，其规律与可用调度时长正相关。分母表示晚于任务 i 执行的所有任务的平均任务占用时长。因此算法每次选择的任务应为使得函数 $H(i)$ 取最大时所对应的任务，即 $\arg\max H(i)$。在确定是否接受某个任务 i 后，还需要决策该任务的任务开始时间和结束时间。算法采用紧前安排策略为任务确定开始时间：即在满足所有约束条件的情况下，选择最早的观测时刻点来执行任务，任务的开始时刻点由如式 (4.13) 来确定。

$$\mathrm{es}_i = \max\{\mathrm{es}_i^*, \mathrm{ee}_{i-1} + \mathrm{Trans}_{i-1,i}(\mathrm{es}_{i-1}, \mathrm{es}_i)\} \tag{4.13}$$

算法的两个关键步骤（基于启发式函数的排序策略、基于紧前安排的任务开始时间决策策略）的示意图如图 4.5 所示。

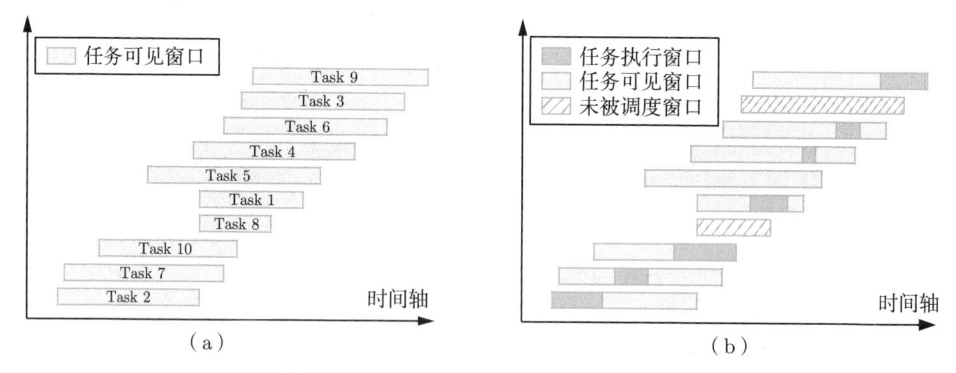

图 4.5 算法的两个关键步骤的示意图

(a) 步骤 1: 基于启发式函数确定任务顺序；(b) 步骤 2: 紧前安排任务开始时间

因此，HADRT 的伪代码如算法 4.2 所示。

算法 4.2 基于剩余任务密度的启发式算法——HADRT

输入: 待决策任务集合 **TS**

输出: 调度方案

1: 参数初始化;
2: **while** 任务序列非空 **do**
3:     **for** $i = 1$ **to** $|\mathbf{TSQ}|$ **do**
4:         $\mathrm{Tag} \leftarrow 0$;
5:         计算任务 i 对应的 $H(i)$;

```
6:      if H(i) > Tag then
7:         Tag ← H(i);
8:      end if
9:   end for
10:  采用紧前安排策略为任务确定任务开始时间;
11:  if 任务 i 加入后不违反约束 then
12:     接受任务 i，将任务 i 从任务序列 TSQ 中移除;
13:     更新调度方案;
14:  end if
15: end while
```

4.3.3 最优性证明

关于上述构造启发式算法，有如下定理：

定理 4.2 当“用户提出成像需求”被看作随机事件时，除满足任务调度问题的基本要求外，只要满足下列五个假设条件，通过 HADRT 算法所得到的方案期望总收益最大：

(1) 任务与任务之间的姿态转换时间是常数；

(2) 任务持续时间服从特定分布，其期望值可求；

(3) 任务收益服从特定分布，其期望值可求；

(4) 任务与任务的可见时间窗之间不存在完全包含关系；

(5) 不考虑固存、电量等资源能力约束。

不少实际工程的应用场景都基本满足这些条件。例如，某些型号的卫星在姿态机动的过程中，无论指向角如何变化，其姿态转换时间均为定值，满足假设条件 (1)；所有任务均对应点目标成像时，成像卫星的任务持续时间通常为一个较短时间的定值，满足假设条件 (2) 和假设条件 (4)；在任务收益难以度量的场景中，通常认为每个任务的重要程度无差异，满足假设条件 (3)。实际应用过程中，时间相关的约束通常为紧约束，其他约束如能源、固存等资源能力约束为松约束，即大多数卫星的设计能保证将任务在时间维度上的利用率最大化时，不违反资源能力约束，满足假设条件 (5)。因此，研究满足这些条件时方法的最优性具有较强的现实指导意义和理论意义。通过结合数学归纳法和反证法可以证明定理 4.2。

证明 令 HADRT 算法得到的解记为 $S_{\text{HADRT}} = \{i_1, i_2, \cdots, i_m\}$，假设该问题存在最优解 $S_{\text{opt}} = \{j_1, j_2, \cdots, j_n\}$。假设两个集合中的任务均按照自然时间的先后顺序排列，调度方案中的任务不存在时间窗重叠，则有

$$\forall k < n, \text{ee}_{i_k} \leqslant \text{es}_{i_{k+1}} \tag{4.14}$$

$$\forall k < m, \mathrm{ee}_{j_k} \leqslant \mathrm{es}_{j_{k+1}} \tag{4.15}$$

要证 HADRT 算法得到的解的期望收益最大，则只须证 HADRT 算法得到的解的期望收益 $E(S_{\mathrm{HADRT}})$ 等于最优解的期望收益 $E(S_{\mathrm{opt}})$；要证 $E(S_{\mathrm{HADRT}}) = E(S_{\mathrm{opt}})$，结合假设条件 (3)，则只须证方案 S_{HADRT} 中成功调度的期望任务数量与 S_{opt} 中的相等，即证 $n = m$。在证明 $n = m$ 之前，先给出如下两个引理。

引理 4.1 HADRT 算法所得到的解中任意一个任务 i_k 的执行结束时间 ee_{i_k} 均不大于最优解中对应位置任务 j_k 的执行结束时间 ee_{j_k} $(1 \leqslant k \leqslant m)$。

对引理 4.1 的证明（数学归纳法）。① 当 $n = 1$ 时，根据式 (4.11) 和式 (4.12) 可得，选择任务

$$i_1 = \arg\max_{i_1} H(i_1) = \arg\max_{i} \sum_{k \in \mathbf{TSQ}} \frac{-\mathrm{ee}_i(\mathrm{card}(\mathbf{TSQ}))}{d_k + \overline{\mathrm{Trans}}} \tag{4.16}$$

根据假设条件 (1) 和假设条件 (2)，有

$$E\left(\frac{d_{i_1} + \overline{\mathrm{Trans}}}{\mathrm{card}(\mathbf{TSQ})}\right) = \frac{\overline{d} + \overline{\mathrm{Trans}}}{\mathrm{card}(\mathbf{TSQ})} \tag{4.17}$$

在这种条件下，大部分变量的期望值都是常数，影响任务选择的变量只有候选任务的时间窗结束时间 ee_{i_1}，如式 (4.18) 所示，因此每次选择待选任务集中时间窗结束时间较早的任务可以保证期望剩余密度最大。

$$\overline{H(i)} \propto h_1(i) = -\mathrm{ee}_i \tag{4.18}$$

根据 HADRT 算法的思想可得，首个加入方案中的任务应为所有任务中可见时间窗结束时刻最小所对应的任务，由于假设条件 (4)，有任务 i_1 对应的可见时间窗开始时刻也是所有任务中最小的，且由于没有其他任务冲突，按照紧前安排策略，其任务开始时间为可见时间窗的开始时间。综合上述所有条件，有

$$\mathrm{es}_{i_1} \leqslant \mathrm{es}_{j_1} \tag{4.19}$$

② 假设当 $x = k\,(1 \leqslant k < m)$ 时，引理 4.1 成立，即

$$\mathrm{es}_{i_k} \leqslant \mathrm{es}_{j_k} \tag{4.20}$$

当 $x = k + 1$ 时，基于假设条件 (3) 和最优解的性质，S_{opt} 中成功调度的任务数量应不小于其他所有解，即 $m \leqslant n$ 。所以在 S_{HADRT} 中任意一个下标为

$x\,(1 < x \leqslant m)$ 的任务，在 S_{opt} 中都能找到同样下标的任务与之对应，且任务 j_x 有如下性质：

$$\mathrm{ee}_{j_{x-1}} \leqslant \mathrm{es}_{j_x} \tag{4.21}$$

又因为不等式 (4.20) 成立，则有

$$\mathrm{ee}_{i_{x-1}} = \mathrm{ee}_{i_k} \leqslant \mathrm{ee}_{j_k} \leqslant \mathrm{es}_{j_{k+1}} = \mathrm{es}_{j_x} \tag{4.22}$$

显然，解 S_{opt} 的第 x 个任务 j_x 的成像结束时间在区间 $\left[\mathrm{ee}_{i_{x-1}}, +\infty\right]$ 内，而根据 HADRT 算法的规则，解 S_{HADRT} 中第 x 个任务 i_x 是这个区间内最早窗口对应的任务，即 $\mathrm{ee}_{i_x} \leqslant \mathrm{ee}_{j_x}$ 成立。

综上所述，对于任意自然数 $k \in [1, m]$，$\mathrm{ee}_{i_k} \leqslant \mathrm{ee}_{j_k}$ 成立，引理 4.1 得证。

引理 4.2　解 S_{opt} 中的任务数量和解 S_{HADRT} 中的相等，即 $m = n$。

对引理 4.2 的证明 (反证法)。假设 $m \neq n$，结合条件“最优解 S_{opt} 中的任务数量不小于其他所有解中的任务数量”，有

$$m \leqslant n \tag{4.23}$$

因此，存在任务 $j_k\,(k > m)$，在任务 j_{k-1} 之后开始。根据引理 4.1，有

$$\mathrm{ee}_{i_{k-1}} \leqslant \mathrm{ee}_{j_{k-1}} \tag{4.24}$$

即任务 j_k 也在任务 i_{k-1} 之后开始，且任务 j_k 加入解 S_{HADRT} 中不违反约束。

根据算法 4.2 的设计，算法的结束条件为任务序列为空，结合假设条件 (5)，任务 j_k 可被加入解 S_{HADRT} 中。此时，解 S_{HADRT} 中的任务数量为 $m+1$，与前提条件矛盾。因此，$m \neq n$ 不成立，即 $m = n$，引理 4.2 得证。

综合引理 4.1 和引理 4.2 可知，$m = n$，定理 4.2 得证。

4.3.4　复杂度分析

在时间复杂度方面，算法 4.2 的主流程包含两层循环，外层循环是实现对任务的遍历并基于构造启发式函数选择任务并更新方案的过程，内层循环计算每一个任务的启发式函数。由于外层循环与约束检查算法的外层循环条件相同，所以第 11 行仅调用算法 4.1 中第 5~22 行即可实现嵌套约束检查过程。假设输入算法的方案中任务数量为 n，则该约束检查算法的程序语句平均执行次数可用式 (4.25) 估算：

$$\text{count} = n + \left(\frac{1}{2} \times 4 + \frac{1}{2} \times 3\right) \times (n + n - 1 + \cdots + 1) + n \times \left(1 + \frac{3}{2} + \frac{2}{2}\right)$$

$$=\frac{7}{4}n^2+\frac{29}{4}n \tag{4.25}$$

在上述计算过程中，判断语句中的计算过程记平均 0.5 次运算。由于算法 4.1 第 5~22 行的复杂度为 $O(1)$，所以根据式 (4.25)，HADRT 算法的综合时间复杂度为 $O\left(n^2\right)$ 。

在空间复杂度方面，HADRT 算法的程序实现过程仅需要 2 个结构体变量分别用于存储初始任务信息和调度方案信息、2 个整型变量分别作为循环参数和标签参数，没有递归结构。程序占用的动态内存大小与任务数线性增长，因此 HADRT 算法的空间复杂度为 $O(n)$ 。在仿真实验中，当任务数量不超过 2000 时，运行 HADRT 算法仅需不到 10kB 内存。

4.3.5　算法优势与局限性

通过对定理 4.2 的分析，证明了该方法可以以很小的时间和空间代价获得成像卫星调度问题的高质量解。此外，由于算法在运算过程中，将每一个任务的每一个可见时间窗作为一个独立的对象来处理，因此 HADRT 算法也可以无须调整算法结构并直接用于求解成像卫星任务规划问题。然而在实际应用过程中其局限性也比较明显，主要体现在如下三点：

(1) 期望收益最大化并不代表每一次调度过程都能取得满意的解。在计算期望收益的过程中，所有变量都用其期望值来代替计算。有些变量的取值分布较散，真实值可能与其期望值差距过大导致基于真实值构造的调度方案所对应的实际收益小于期望收益。

(2) 假设条件中提到的“特定分布”，然而实际调度过程中，很难找到一种“特定分布”来描述对应变量的统计学规律，所以对应的期望值也就不存在。

(3) HADRT 算法在一般的成像卫星调度问题中的解的质量与最优解之间的差距很难通过理论来分析。

通过本章的实验可以在相对一般化的场景中验证其求解效果和运算效率。

4.4　基于任务排序的动态规划算法

作为运筹学的一个重要分支，动态规划是解决最优化问题的常用方法之一[35]，它擅长于求解阶段确定的多阶段决策问题。从研究对象的本质上说，离散决策变量的多阶段决策问题和组合优化问题都是在多约束条件下求目标函数极值的问题[17]。本节考虑将任务调度问题分为两步，第一步采用启发式算法实现对任务排序，基于排序方案则可将问题视为多阶段决策问题，进而采用基于任务排序的动态规划算法。

4.4.1 多阶段决策模型

在任务顺序确定的条件下，将成像卫星任务调度问题描述为多阶段决策模型并用动态规划算法求解必须遵循多阶段决策理论中的原则和规律[134-135]，并明确如下要素：

1) 阶段

在成像卫星任务调度问题中，如果能够获得任务序列，则任务的执行顺序可以被认为是天然的阶段划分依据：任务序列中第 i 个任务的决策过程即可认为是多阶段决策过程的第 i 个阶段，动态规划按照该阶段的顺序逐一求解。值得关注的是，这里的“阶段”是对多阶段决策模型而言的，每一个阶段中的状态、决策、策略等均可以统一描述并分析，每个阶段的决策问题可以描述为同一种形式。

2) 状态

状态记录的是模型中影响决策和策略的变量所组成的向量。习惯上，阶段 i 的一个状态变量用 x_i 表示，它由若干个项 $q_0, q_1, \cdots, q_r$（若干个必有限）构成。任务调度问题中，定义 q_0 为状态 x_i 取得的目标函数值（一般情况下是当前状态之前获取的总收益），q_1 记录状态 x_i 所处时刻点，q_2 记录该状态下的前置任务，后面的项是约束相关项。

该阶段所有可能的状态组成允许状态集合用 X_i 表示[134]。基于 3.4.2 节描述的调度问题所建立的多阶段决策模型中，状态变量至少由该状态所处时刻 CurrentT、当前时刻对应最优策略下其前置任务编号 LastTask 、剩余可用成像时长 Remain-Time 和剩余可用固存 RemainStore 等来描述，允许状态集合即这个向量的所有可能取值的集合。阶段 i 的状态变量、允许状态集合如式 (4.26) 和式 (4.27) 所示。

$$\boldsymbol{x}_i = (\mathrm{CurrentT}_i, \mathrm{LastTask}_i, \mathrm{RemainTime}_i, \mathrm{RemainStore}_i), i = 1, 2, \cdots \tag{4.26}$$

$$\begin{aligned}\boldsymbol{X}_i = \{ & (\mathrm{CurrentT}_1, \mathrm{LastTask}_1, \mathrm{RemainTime}_1, \mathrm{RemainStore}_1), \\ & (\mathrm{CurrentT}_2, \mathrm{LastTask}_2, \mathrm{RemainTime}_2, \mathrm{RemainStore}_2), \\ & \qquad \vdots \\ & (\mathrm{CurrentT}_i, \mathrm{LastTask}_i, \mathrm{RemainTime}_i, \mathrm{RemainStore}_i)\}, i = 1, 2, \cdots \end{aligned} \tag{4.27}$$

关于该多阶段决策模型中的状态，有如下几点需要说明：

(1) 模型中的状态能够描述任务调度问题的特征，并且具有无后效性（without aftereffect）。无后效性的定义见定义 4.3[134]。在状态设计的过程中记录了统计变量，在任意一个阶段 i 的状态可以描述从阶段 1 到阶段 i 所采取的决策和策略所产生的影响，且根据每一个阶段的状态，可以回溯找到之前每一个阶段的决策。

定义 4.3 (无后效性[134]) 当某一个阶段 i 的状态被确定后，之后的所有阶段的状态可以由阶段 i 的状态变量结合决策来得到，而与之前所有的状态均无关。

(2) 问题中所有的时间变量需要离散化处理。任务调度问题习惯以 1s 为时间间隔，将时间变量离散化处理，即所有计算都不保留小数，所有与时间相关的参数的运算结果最终取整数。因此，采用多阶段决策模型来描述成像卫星调度问题中任务开始时间的决策过程是合理的。

(3) 状态变量是检查约束条件的重要依据。针对不同的实际问题，由于约束条件考虑的不同，状态变量需要相应调整。例如，某工程项目中存在约束“每天成像时长累计不超过 5000s”，则状态变量中应加入一项——累计成像时长，并且该项随着状态转移而更新并检查相关约束。因此，该模型中，状态变量的维度随约束项数的增长而线性增长。成像卫星调度问题中的约束项一般不会爆炸式增长，所以本方法中的状态变量维度也不会超过可接受的范围。

3) 决策

如果可以作出某些选择使状态发生变化，这些选择就被称为决策。本问题中的决策就是“在 t 时刻是否开始执行任务 i”。因此，假设某个任务序列中第 i 个任务的可见时间窗长度为 200s，成像时长为 10s，基于变量离散化的假设，那么它在决策时对应的状态变量有 191 个，即从可见时间窗开始时刻（记为 0s）到成像结束时间前 10s（可见时间窗的第 190s）的每一秒。算法需要对每一个状态下是否执行任务进行判定。习惯上用 $u_i(x_i)$ 代表阶段 i 时状态 x_i 的决策变量，$U_i(x_i)$ 代表允许决策集合[134]。对于成像卫星调度问题，决策变量和允许决策集合分别如式 (4.28) 和式 (4.29) 所示。

$$u_i(x_i)=\begin{cases}0, & \text{在状态}x_i\text{ 时舍弃任务}i+1\\ 1, & \text{在状态}x_i\text{ 时接受任务}i+1\end{cases} \tag{4.28}$$

$$\forall x_i, u_i(x_i)=\{0,1\} \tag{4.29}$$

其中，状态 x_i 的属性 q_1 为状态所处时刻点应满足的时间窗约束，即

$$x_i[q_1]\in\mathbb{N}, x_i[q_1]\in[\mathrm{es}_i,\mathrm{ee}_i] \tag{4.30}$$

4) 策略

一组决策序列被称为一个策略。$p_{i,j}(x_i)$ 表示从阶段 i 的状态 x_i 为起点，到阶段 j 所采用的策略，它与决策之间的关系如下：

$$p_{i,j}(x_i) = \{u_i(x_i), u_{i+1}(x_{i+1}), \cdots, u_j(x_j)\} \tag{4.31}$$

任意两个阶段 i 和 j 之间的策略不止一个。其中有一个特殊的策略被称为最优策略，即使问题的目标函数取最值所对应的策略，记为 $p^*_{i,j}(x_i)$。

5) 状态转移方程

根据多阶段决策模型的性质，基于一个状态 x_i 以及这个状态下的决策 $u_i(x_i)$ 可以确定下一个状态 x_{i+1}。通过 x_i 和 $u_i(x_i)$ 确定 x_{i+1} 的计算方法称为状态转移方程。该过程的逆过程——基于一个状态 x_i 及目标状态 x_{i+1} 来求对应的决策变量 $u_i(x_i)$，可以被用于优化问题的求解。在成像卫星任务调度问题中，状态中每一项的转移方程与具体所考虑的资源消耗等客观条件变化有关。例如，目标函数决定了 q_0 项的状态转移；姿态转换时间函数决定了状态的时刻点 q_1 和前置任务 q_2 的状态转移；固存消耗模型、姿态转换时间模型等决定了其他项的状态转移。

以 q_0 项即状态中目标函数值的状态转移为例，当任务调度问题的目标函数为收益之和最大时，DPTS 算法中状态转移过程示意图如图 4.6所示。

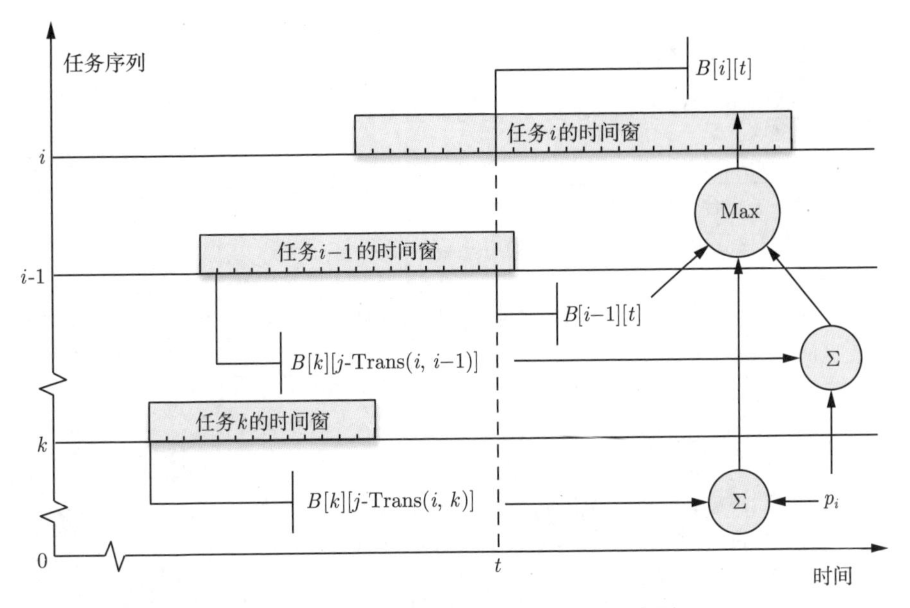

图 4.6　DPTS 算法中状态转移过程示意图

在图 4.6 中，为了简化标记，$B[i][t]$ 表示阶段 i 中 $x_i[q_1]=t$ 时的总收益值。示意图中，阶段 i 的 t 时刻的状态可以由两种途径转移而来：

(1) 当舍弃阶段 i 的任务时，当前阶段状态下的目标函数值等于上一个阶段对应时刻状态的目标函数值，即

$$B[i][t]=B[i-1][t] \tag{4.32}$$

(2) 当接收阶段 i 的任务时，当前阶段状态中的目标函数值可以等于上一阶段中所有满足约束条件的时刻对应状态的目标函数值与当前状态所对应的任务收益之和，即

$$B[i][t]=B[i-k][t-d_i-\mathrm{Trans}\,(k,i)]+p_i \tag{4.33}$$

式中，d_i 是任务的成像持续时长；$\mathrm{Trans}\,(k,i)$ 是任务 k 和任务 i 的姿态转换时间；p_i 是任务 i 的收益。该状态转移过程是否可行，需要检查加入任务 i 后是否违反约束，通过尝试计算转移后的状态，结合状态中每一项的取值范围来判定。

目标函数是累计收益最大化，所以设计状态转移方程

$$B[i][j]=\max_{k}\left\{B[i-1][j],B[i-k]\left[j-d_i-\mathrm{Trans}\,(k,i)\right]+p_i\right\} \tag{4.34}$$

基于该方程，可以求得每一阶段的决策，从而得到整个问题的求解策略。

4.4.2 主要计算过程

本书所提出的 DPTS 算法的伪代码详见算法 4.3。

算法 4.3 DPTS 算法

输入： 待决策任务集合 **TS**

输出： 全局最优目标函数值 $B[\mathrm{card}\,(\mathbf{TSQ})][\mathrm{ee}_{\mathrm{card}(\mathbf{TSQ})-1}]$

1: 变量初始化;
2: 基于候选任务的时间窗结束时刻升序排列，构造任务序列 **TSQ**;
3: 调度区间 ← $[\mathrm{ee}_{\mathrm{card}(\mathbf{TSQ})-1}]$;
4: **for** $i\in\mathbf{TSQ}$ **do**
5:     **for** $t=\mathrm{es}_0:\mathrm{ee}_{\mathrm{card}(\mathbf{TSQ})-1}$ **do**
6:         **for** $k=0:i$ **do**
7:             计算 $\mathrm{Temp}=B[i-k][t-d_i-\mathrm{Trans}\,(k,i)]+p_i$ 的值;
8:             **if** $\mathrm{Temp}>B[i][t]$ ，并且约束检查通过 **then**
9:                 $B[i][t]\leftarrow\mathrm{Temp}$;
10:             **else**

```
11:         B[i][t] ← B[i − 1][t];
12:       end if
13:       k++;
14:     end for
15:     t++;
16:   end for
17: end for
```

在算法 4.3 中，第 6~14 行就是 DPTS 算法的核心——状态转移过程的实现。由于最外层循环与约束检查过程的循环条件相同，第 8 行的约束检查过程同样是调用算法 4.1 中第 5~22 行来实现的。算法使用规模为 $\mathrm{card}\,(\mathbf{TSQ})\cdot(\mathrm{ee}_{\mathrm{card}(\mathbf{TSQ})-1})$ 的矩阵来记录中间每一个状态的最优目标函数值，通过三层循环即可实现问题的求解过程。

4.4.3　最优性证明

在任务序列确定的前提下，给每一个任务决定具体开始时间，在满足所有约束的前提下求使得方案总收益最大化的规划方案的过程是任务调度问题中的关键一步。关于面向成像卫星任务调度问题的多阶段决策模型和 DPTS 算法，有如下定理成立：

定理 4.3　除满足任务调度问题的基本要求外，还满足下列三个假设条件时，DPTS 算法可保证所得到的方案最优：

(1) 全局最优解所对应的任务序列是所构造的任务序列 **TSQ** 的子序列；

(2) 在任意阶段 i，都可以基于当前阶段的状态来判断前 i 个阶段采用某一策略 $p_{i,j}\,(x_i)$ 所构成方案的约束满足情况；

(3) 时间变量可以被离散化。

基于时间线推进机制的约束检查算法（即算法 4.1）的循环条件与 DPTS 算法（即算法 4.3）的中间层循环可以有效融合，因此，算法 4.1 可嵌套于算法 4.3 实现约束检查过程，满足假设条件 (2)。因此，采用该方法可以求得最优任务排列已知的条件下，任务调度问题的最优解。要证明上述定理成立，仅须证明该算法中的动态规划部分在求解上述多阶段决策问题时满足最优性原理[134]，即定理 4.4。

定理 4.4　一个策略 $p^*_{1,n}\,(x_1)$ 是最优策略的充分必要条件是：对于任意的 $k\in(1,n]$，有策略 $p^*_{1,k-1}\,(x_1)$ 和 $p^*_{k,n}\,(x_1)$ 分别能够得到两个过程的最优目标函数。

定理 4.4 是动态规划基本定理之一，其证明过程在此不再赘述。借助定理 4.4，可以通过反证法证明定理 4.3。证明过程如下。

证明 假设算法 4.3 在求解上述多阶段决策问题时不具备最优子结构性质，即当 $B[n][t_{max}]$ 取最大时，存在其过程中的某一个阶段 $k \in (1, n)$ ，使得前半段子过程的目标函数值 $B[k-1][x_{k-1}[q_1]]$ 或者以 k 为起点的后半段子过程的目标函数值至少有一个不为其对应过程的最大目标函数值。成像卫星任务调度问题对目标函数的定义为总收益最大化，所以其计算方法为前半段子过程的目标函数值与后半段子过程的目标函数值之和。因此分情况讨论：

(1) 若前半段子过程的目标函数值不为最大函数值，那么存在另一种策略，使得 $B[k-1][x_{k-1}[q_1]]$ 取值更大。又因为所提出的多阶段决策模型具有无后效性，所以后半段子过程的目标函数值的计算与之前采取的决策与策略无关，仅参考阶段 $k-1$ 时的状态。因此，如果后半段子过程的策略不变，则采用新的策略求解前半段子过程所得到的总目标函数值大于原目标函数值 $B[n][t_{max}]$ ，即原目标函数值 $B[n][t_{max}]$ 不为最优，与假设矛盾。

(2) 因为后半段子过程对前半段的计算不会产生影响，基于假设条件 (1) 我们单独讨论从阶段 k 开始的决策问题。显然，若后半段子过程的目标函数值不为最大函数值，则存在另外一种策略使目标函数值更优，其与前半段子过程组成的问题存在更优解，与假设矛盾。

综上所述，DPTS 算法在求解上述多阶段决策问题时具备最优子结构性质。同时，上述多阶段决策问题满足无后效性，定理 4.3 得证。

4.4.4 复杂度分析

在时间复杂度方面，算法 4.2 的主流程包含三层循环，最外层循环实现对任务的遍历，中间层循环是每一个任务从调度周期开始到调度周期结束的每一个时间点进行遍历，内层循环则是遍历当前任务之前的任务，即可判断所有约束条件，并实现状态转移。假设输入算法的方案中任务数量为 n，任务调度周期长度为 L，则该约束检查算法的程序语句平均执行次数可用式 (4.35) 估算。

$$\begin{aligned} \text{count} =& 2 + 3L + n + n \cdot L \cdot 4 \cdot (1 + 2 + \cdots + n - 1) \\ =& (n^3 - n^2 + 3)L + n + 2 \end{aligned} \tag{4.35}$$

在上述计算过程中，判断语句中的计算过程记平均 0.5 次运算。由于算法 4.1 中第 5~22 行的复杂度为 $O(1)$，所以根据式 (4.35)，DPTS 算法的综合时间复杂度为 $O(n^3)$。

算法 4.3 需要记录每一个状态下的滚动型约束条件和累计型约束条件的约束值，用于状态更新。所以在实现的过程中，算法 4.3 需要创建 2 个结构体变量分别用于存储初始任务信息和调度方案信息、1 个结构体变量存储决策过程中的状态，3 个整型变量分别作为循环参数和标签参数。除此之外，还需要 k_s+1 个 $n \cdot L$ 的矩阵用于记录 k_s 个约束条件的中间取值以及目标函数在各阶段、状态下的取值。算法所占用的内存空间虽然随 n、L 和 k_s 均呈线性变化，但是总共需要占用的内存量比算法 4.2 大得多。

4.4.5 算法优势与局限性

本书所提出的 DPTS 算法在求解任务调度问题时有其他精确求解算法所不具备的优势：

(1) 虽然在确定任务序列的条件下任务调度问题不是一个 NP-难问题，但该问题的解空间巨大，采用树搜索、局部搜索等方式仍然会面临搜索效率低、很容易造成维度灾难等问题，因此难以保证在多项式时间内求得问题的全局最优解。DPTS 算法可以在多项式时间内保证得到问题的最优解，最大限度地兼顾了求解效率和解的质量。

(2) 求解过程能够最大限度地与约束条件解耦合。DPTS 算法中嵌套使用 4.2.4 节提出的约束检查算法，合理设计与约束条件相关变量和约束判断条件，并在每一次状态转移的过程中检查约束即可。因此，算法的最优性不会随约束条件的变化而变化。

(3) DPTS 算法的运算时间稳定，不随任务的分布特征等条件发生改变，因此，该算法运算所需时间可根据时间复杂度和计算机的计算能力估算出来。稳定的算法在工程中往往应用更广泛，在需要对运算时间精准把握的场景中可靠性更高。

同时，本书所提出的 DPTS 算法也有如下局限性：

(1) DPTS 算法只能求得特定任务序列下的调度方案最优解。然而，包含 n 个任务的集合有 $n!$ 种排列方式，采用动态规划来划分阶段对不同的排序方式展开来求解任务排序问题的时间复杂度为 $O(n!n^3)$，再加上动态规划算法高空间复杂度的特点，这种思路仅在理论上可行，实际操作过程中对计算资源消耗过大，且很难在有限时间内得到问题的解[133]。

(2) DPTS 算法需要定义的变量数量随状态的维度线性增加。每一个变量在调度周期内所有时刻点的状态都需要记录下来，空间复杂度随约束条目增加而增加。因此算法 4.3 消耗的内存远大于算法 4.2。当与其他算法集成使用或计算资源存在限制时，例如结合机器学习需要存储大量中间过程时，或者在卫星携带的星载计算机上进行调度时，算法在处理约束项较多的实际问题时可能会遇到算力“瓶颈”。

4.5 仿真实验

为了验证 HADRT 算法和 DPTS 算法在成像卫星调度问题中的有效性，本节设计了如下仿真实验。首先介绍了实验场景的设计细节，然后通过对该场景下算法运行结果的分析，讨论算法的求解精度与运算效率，最终得到相关结论。本章所设计的算法均用 MATLAB 程序设计语言实现，所有实验过程在配备有 Intel(R) Core(TM) i7-8750H CPU、16.0GB RAM 和 NVIDIA GeForce GTX 1060 的个人笔记本电脑上进行。

4.5.1 实验场景设计

1) 卫星参数及能力设计

(1) 卫星轨道参数设计。

卫星的轨道参数决定了卫星的飞行轨迹。通过卫星的轨道参数，可以计算卫星的星历。星历可以看作一个随时间变化的函数，它表示了卫星在任意时刻的位置以及瞬时速度的大小和方向。通常星历用表格的形式给出，表格中数据的计算方法根据轨道根数结合开普勒定律计算而来。这个过程是一项航空航天领域较为成熟的技术，且不是本书研究的重点，所以实验中给出了卫星的轨道根数，根据该轨道根数即可获得卫星的星历信息。实验中选择的卫星轨道根数详见表 4.2。

表 4.2 卫星轨道根数设计

参数	值	参数	值
半长轴 a/km	7200	升交点赤经 RAAN/(°)	175
离心率 e/(°)	0	近地点角/(°)	0
轨道倾角 i/(°)	96.6	平近点角 m/(°)	0

仿真实验中的卫星属于近地圆轨道卫星，其绕地球飞行一周的时间大约是 90min。根据卫星的轨道根数得到卫星星历是许多后续计算过程的基础，例如任务时间窗口的计算、任务指向角的计算、任务与任务之间姿态转换时间的计算，都需要用到卫星的星历信息。

(2) 卫星姿态机动能力设计。

本实验中所设计的卫星为敏捷成像卫星，即成像载荷可以在一定范围内根据任务的地理坐标和卫星所处位置调整指向角度，以实现成像任务更加灵活地调度。

卫星的姿态机动能力对于成像任务的可见性计算尤为重要，它是计算任务可见时间窗的基础。卫星的姿态机动能力如表 4.3 所示。

表 4.3　卫星姿态机动能力设计

变量	最大值/(°)	最小值/(°)
侧摆角	45	−45
俯仰角	45	−45
偏航角	0	0

侧摆角是以卫星前进方向为轴转动，以卫星为顶点，成像载荷方向的射线与星下点连线方向的射线形成的锐角。俯仰角是沿垂直于卫星前进方向、平行于地面的轴转动，以卫星为顶点，成像载荷方向的射线与星下点连线方向的射线形成的锐角。因此，卫星的侧摆角正相关于任务位置与星下线的偏移量，俯仰角正相关于任务与星下点在卫星前进方向的偏移量。因为本实验中设计的卫星不具备主动推扫、动中成像等能力，因此设计偏航角为 0。

(3) 卫星能力参数设计。

根据 3.3.1 节中关于输入资源参数的设计，实验中用集合 **RS** 来定义成像卫星调度问题的资源能力参数。结合模型式 (3.28) 的描述，可梳理出该调度问题中，需要考虑的资源能力主要是累计成像时长不超过 3600s。该项约束在工程实践中普遍存在，其数据一般是结合卫星的固存约束、电量约束等条件计算得到的。此外，成像清晰度、姿态转换时间的具体参数及相关计算 4.2.2 节和 4.2.3 节已给出并详细分析，在此不再赘述。

2) 任务参数设计

任务信息可用集合 **TS** 来表示，集合中包含任务的可见时间窗信息 $[\mathrm{ws}, \mathrm{we}]$、成像时长 d 和收益 p。为了尽量使仿真实验与实际问题中的情况保持一致，输入信息是成像需求。仿真实验从获取成像需求开始，并基于任务预处理过程的一系列计算得到成像任务，并作为成像卫星调度问题的输入信息之一。

采用两种策略用于生成任务的地理位置：“中国区域”代表所有任务随机分布于中国区域，“全球区域”代表所有任务广泛分布于世界各地。具体而言，中国区域任务的经度和纬度分别在东经 73° 到东经 133° 之间、北纬 3° 到北纬 53° 之间的矩形区域随机产生，其随机分布服从均匀分布，即 $\mathrm{Lat} = U(73, 133)$，$\mathrm{Lon} = U(3, 53)$。全球区域任务的经度包含全域经度，即从西经 180° 到东经 180°，由于卫星轨道的覆盖性，纬度的分布范围从南纬 65° 到北纬 65°，其分布服从均匀分布，即 $\mathrm{Lat} = U(-180, 180)$，$\mathrm{Lon} = U(-65, 65)$。任务地理位置的生成方式如表

4.4 所示。

表 4.4 任务地理位置的生成方式

类别	纬度范围	经度范围	概率分布
中国区域	[3°N,53°N]	[73°E,133°E]	均匀分布
全球区域	[65°S,65°N]	[180°W,180°E]	均匀分布

为了测试 HADRT 算法和 DPTS 算法在不同任务规模和分布下的表现，实验共设计了 20 组任务集。每组的任务规模和分布区域如表 4.5 所示。

表 4.5 实验组任务规模与分布区域设计

实验组	任务规模	任务所处区域	实验组	任务规模	任务所处区域
1	100	中国区域	11	200	全球区域
2	200	中国区域	12	400	全球区域
3	300	中国区域	13	600	全球区域
4	400	中国区域	14	800	全球区域
5	500	中国区域	15	1000	全球区域
6	600	中国区域	16	1200	全球区域
7	700	中国区域	17	1400	全球区域
8	800	中国区域	18	1600	全球区域
9	900	中国区域	19	1800	全球区域
10	1000	中国区域	20	2000	全球区域

任务所处区域为“中国区域”的所有实验组任务的地理位置相对较集中，其可见时间窗具有聚集性，可以模拟任务地理位置较集中的场景；任务所处区域为“全球区域”时，可以模拟任务的可见时间窗分布较均匀的场景。不同的任务规模表示任务的整体密度，所以该实验可以测试算法在不同任务分布情况、不同任务规模下算法的性能。

因此，实验中的原始输入需求信息如表 4.6 所示。其中，收益、成像清晰度要求、成像时长等信息一般是由用户结合卫星图像的使用目的提供。在仿真实验中，这些参数被随机生成，相关参数的生成规则如表 4.7 所示。

结合表 4.2、表 4.3 和表 4.6，可以计算出每一个成像任务的可见时间窗以及每个任务在时间窗内任意时刻点的指向角，分别见表 4.8 和表 4.9。

值得注意的是，在本问题中，仅讨论各算法在任务调度问题中的效率。因此，在表 4.8 中，每个任务仅有一个时间窗口与之对应，即每个任务都只有一次成像机会，简化任务分配过程。

表 4.6　原始输入需求信息（示例）

需求编号	收益	成像清晰度要求	成像时长	地理坐标	需求类型
1	7	8	16	25.95°N,120.39°E	点目标
2	4	5	25	41.20°N,117.31°E	点目标
3	10	5	15	46.65°N,110.44°E	点目标
4	10	7	21	45.27°N,79.91°E	点目标
5	3	9	22	4.36°N,117.20°E	点目标
⋮	⋮	⋮	⋮	⋮	⋮

表 4.7　需求相关参数生成规则

变量名	最小值	最大值	分布方式	变量类型
任务收益	1	10	均匀分布	整型
成像清晰度要求	5	9	均匀分布	整型
成像时长	15	29	均匀分布	整型

表 4.8　任务的可见时间窗（示例）

任务 ID	时间窗 ID	开始时间	结束时间	窗口长度
1	1	2013-04-20 10:46:28	2013-04-20 10:46:42	14
2	1	2013-04-20 22:00:45	2013-04-20 22:06:47	362
3	1	2013-04-20 10:43:55	2013-04-20 10:49:04	309
⋮	⋮	⋮	⋮	⋮

表 4.9　任务在时间窗内每个时刻点的指向角（示例）

任务编号	时间窗编号	时刻点	侧摆角/(°)	俯仰角/(°)
1	1	2013-04-20 10:46:28	44.324	44.964
1	1	2013-04-20 10:46:28	44.375	44.859
⋮	⋮	⋮	⋮	⋮
1	2	2013-04-20 22:00:45	−32.156	44.877
⋮	⋮	⋮	⋮	⋮

至此，成像卫星调度问题必须的输入参数及其产生方式已全部介绍完毕。这些参数结合问题的约束条件、目标函数，即可通过对应算法得到求解方案。

4.5.2 实验结果及分析

本实验测试了 HADRT 算法和 DPTS 算法求解成像卫星任务调度问题时的效率。选取学习型蚁群优化（learnable ant colony optimization，LACO）[122] 算法、自适应大邻域搜索（adaptive large neighborhood search，ALNS）[14] 算法和另一种启发式算法——基于时间窗的启发式算法（heuristic algorithm based on time-window，HATW）作为对比算法，对比分析所提出算法在各场景中的表现。基于时间窗的启发式算法也是实际工程中成像卫星任务调度过程常用的启发式算法之一，其基本原理是按照任务的可见时间窗开始时间排序，并逐一按照紧前安排策略确定任务开始时间并检查约束。

1) 任务完成率和任务收益率

实验首先统计并分析了各算法在不同场景下的任务完成率和任务收益率。任务完成率和任务收益率是由任务调度方案进一步处理得到的统计量，都是衡量调度方案质量的常见指标。任务完成率是成功调度的任务数量占任务总数的比值，其计算方法如式 (4.36) 所示；任务收益率是成功调度的任务的收益之和与所有输入任务的收益之和的比值，其计算方法如式 (4.37) 所示。

$$\text{任务完成率} = \frac{\text{任务规划方案中任务数量}}{\text{输入的任务总数量}} \times 100\% \tag{4.36}$$

$$\text{任务收益率} = \frac{\text{任务规划方案中任务收益之和}}{\text{输入任务的总收益}} \times 100\% \tag{4.37}$$

在实验场景中各算法的任务完成率和任务收益率统计如表 4.10 所示。表中没有记录程序运行时间超过 3600s 的实验对应的结果，因为卫星运控部门在任务调度过程中希望算法能够在尽可能短的时间内得到更优的任务调度方案。分析表中数据，不难发现：

(1) 在所有场景中，DPTS 算法都能够取得不低于其他算法的任务完成率和任务收益率。其中，在任务冲突最多的场景“中国区域 _100”中，DPTS 算法的任务完成率较 ALNS 算法提升高达 30%，任务收益率提升超过 25%。

(2) 除场景“中国区域 _500”外，HADRT 算法能够在所有仿真场景中稳定超过其他三种对比算法，即 HATW 算法、LACO 算法、ALNS 算法。在场景“中国区域 _500”中，HATW 算法的任务完成率与 HADRT 算法几乎持平。结合 (1)

中的结论，可以说明本书所设计的两种确定性算法——HADRT 算法和 DPTS 算法在求解成像卫星任务调度问题时可以得到较高的求解精度。

(3) HATW 算法也能在大多数场景中得到满意解，但随着场景中任务冲突度的增大，HATW 算法与 HADRT 算法、DPTS 算法的任务完成率、任务收益率的差距逐渐拉大。说明 HATW 算法在复杂场景中的求解效果较本书所提出的两种确定性算法更差。

(4) LACO 算法仅能在任务规模较小的场景中得到最终的解，在任务规模较大的场景（“中国区域 _700” ~ “中国区域 _1000” 与 “全球区域 _500” ~ “全球区域 _1000”）中无法在 3600s 内得到有效的结果。

表 4.10　各算法在实验场景中的任务完成率和任务收益率统计

任务集	任务完成率/%					任务收益率 /%				
	HADRT	DPTS	HATW	LACO	ALNS	HADRT	DPTS	HATW	LACO	ALNS
中国区域 _100	**100**	**100**	**100**	**100**	**100**	**100**	**100**	**100**	**100**	**100**
中国区域 _200	**100**	**100**	**100**	99.5	**100**	**100**	**100**	**100**	99.6	**100**
中国区域 _300	**100**	**100**	**100**	96	97.6	**100**	**100**	**100**	95.5	95.8
中国区域 _400	**100**	**100**	**100**	94.5	91.6	**100**	**100**	**100**	93.7	92.6
中国区域 _500	98.8	**100**	98.9	85.4	84.3	98.7	**100**	99.1	86.1	89.2
中国区域 _600	96.7	**100**	95.5	76.3	75.9	96.9	**100**	95.7	80.8	85.9
中国区域 _700	93.3	**99.2**	90.5	—	69.2	92.8	**99.3**	90.3	—	76.7
中国区域 _800	87.7	**92.3**	85	—	65.5	86.6	**94.5**	83.9	—	75.1
中国区域 _900	82.3	**88.6**	79.2	—	59.2	81.6	**90.2**	78.4	—	68.7
中国区域 _1000	79.3	**85.3**	74.2	—	55.4	79.8	**88.7**	73.2	—	62.8
全球区域 _200	**100**	**100**	**100**	**100**	**100**	**100**	**100**	**100**	**100**	**100**
全球区域 _400	**100**	**100**	**100**	**100**	**100**	**100**	**100**	**100**	**100**	**100**
全球区域 _600	**100**	**100**	**100**	**100**	**100**	**100**	**100**	**100**	**100**	**100**
全球区域 _800	**100**	**100**	**100**	**100**	**100**	**100**	**100**	**100**	**100**	**100**
全球区域 _1000	**100**	**100**	**100**	—	**100**	**100**	**100**	**100**	—	**100**
全球区域 _1200	**100**	**100**	**100**	—	**100**	**100**	**100**	**100**	—	**100**
全球区域 _1400	**100**	**100**	**100**	—	**100**	**100**	**100**	**100**	—	**100**
全球区域 _1600	**100**	**100**	**100**	—	**100**	**100**	**100**	**100**	—	**100**
全球区域 _1800	**100**	**100**	**100**	—	**100**	**100**	**100**	**100**	—	**100**
全球区域 _2000	**100**	**100**	**100**	—	**100**	**100**	**100**	**100**	—	**100**

注：加黑数字表示最好的结果。

总之，构造启发式算法通常能在特定的问题中得到较好的解，本书所设计的 DPTS 算法和 HADRT 算法优于工程中常用的启发式算法 HATW；在迭代次数有限的条件下，LACO 算法、ALNS 算法等元启发式算法的结果不太理想，也容易陷入局部最优解。

2) 程序运行时间对比

实验还对比了各算法的程序运行时间。程序运行时间代表了程序的时间效率。由于现实应用场景中对算法的时间效率，实现算法的快速响应对提升系统性能具有至关重要的作用。设置元启发式算法——LACO 算法和 ALNS 算法的最大迭代次数为 5000，当算法判定结果收敛时，算法也会结束计算。表 4.11 给出了各算法的平均程序运行时间统计。

表 4.11　各算法的平均程序运行时间统计

任务集	平均程序运行时间/s				
	HADRT	DPTS	HATW	LACO	ALNS
中国区域 _100	1.19	10.46	**1.09**	13.2	1.8
中国区域 _200	2.7	22.60	**2.51**	93.64	37.175
中国区域 _300	4.54	39.64	**4.26**	224.21	339.64
中国区域 _400	6.79	59.89	**6.33**	666.64	464.35
中国区域 _500	9.86	103.97	**8.93**	1402.75	448.6
中国区域 _600	12.39	161.36	**11.36**	3091.65	590.63
中国区域 _700	15.93	227.95	**14.86**	>3600	692.62
中国区域 _800	18.37	300.54	**17.09**	>3600	856.33
中国区域 _900	23.11	374.22	**21.66**	>3600	1053.81
中国区域 _1000	25.79	454.91	**24.4**	>3600	1186.15
全球区域 _200	2.54	21.88	2.37	1.536	**0.38**
全球区域 _400	6.2	47.55	5.8	94.28	**0.93**
全球区域 _600	11.53	81.60	10.75	1639.02	**1.72**
全球区域 _800	17.54	130.72	16.23	3257.41	**2.67**
全球区域 _1000	25.38	227.71	23.64	>3600	**4.01**
全球区域 _1200	33.74	349.33	32	>3600	**5.49**
全球区域 _1400	43.58	501.31	41.6	>3600	**11.88**
全球区域 _1600	55.48	650.99	**53.53**	>3600	364.54
全球区域 _1800	68.89	759.83	**66.5**	>3600	750.61
全球区域 _2000	84.36	993.67	**81.16**	>3600	1208.66

注：加黑数字表示最好的结果。

从表 4.11 可以得出如下结论：

(1) HADRT 算法与 HATW 算法的程序运行时间接近，且在所有场景中均处于较低的水平。尤其是在“全球区域 _1600”“全球区域 _1800”“全球区域 _2000”以及所有“中国区域”的场景中，这两种算法的时间效率优于其他所有方法。

(2) 在所有场景中，HADRT 算法的程序运算时间略高于 HATW 算法。这是由于 HATW 算法的调度成功率低于 HADRT 算法，任务被成功调度后会有少许计算过程用以更新任务和方案的状态。

(3) DPTS 算法的运行时间虽然比两种启发式算法高很多，但是它的运算时间随任务规模的增大不会出现爆炸式增长，在面对不超过 2000 个任务的调度场景时，程序运行时间在可接受的范围内，且比 ALNS 算法的运算时间更稳定。

(4) 在所有场景中，LACO 算法所需时间最长。LACO 算法的程序运行时间随任务规模的增长呈现了指数式增长的趋势，因此，LACO 算法不适合求解大规模场景。

(5) ALNS 算法整体上需要的运算时间超过了 DPTS 算法和 HADRT 算法。值得注意的是，“全球区域 _200”到“全球区域 _1400”的场景中，ALNS 算法的运行时间比其他算法少。这意味着 ALNS 算法在处理低任务密度的调度问题时可以快速收敛，而随着问题求解规模的增大、求解难度的增加，ALNS 算法的运行时间往往难以保证，并且随着求解规模的增加而陡然上升。所有任务集中的 HADRT 算法都在可接受的时间限制内。

总而言之，DPTS 算法和两种启发式算法的计算时间在所有场景中都是可控且可接受的，尤其是在具有大规模任务集的场景中，HADRT 算法与 HATW 算法更具有优势。

综合上述实验结果，可以得到如下结论：DPTS 算法能够在可控的时间内得到高质量的求解方案，HADRT 算法能够用较短的运算时间得到满意解。因此，在任务冲突度较大的场景中，可以利用 DPTS 算法有效提升解的质量，而在冲突度较小的场景中，选择 HADRT 算法则能够在保证解的质量的前提下实现高的运算效率。

3) 实验结果的相关性分析

为了验证所得到的结论，实验还进一步分析了选择不同的算法与程序运算时间、任务完成率、任务收益率之间的相关性，如表 4.12 所示。相关性分析可以表明变量之间的关联程度，如果算法与评价指标的相关性绝对值越接近 1，那么可以说明算法对提升相应指标是有效的。

根据表 4.12 中数据可以得到，算法和程序运算时间、任务完成率、任务收益率之间都有很高的相关性，这说明不同的算法在程序运算时间、任务完成率、任务收益率之间存在差异，并且在不同的数据集上具有很强的规律性，这些规律通过本章实验结果已经分析。任务收益率和任务完成率具有高相关性，这是由这两个指标的特性决定的。程序运算时间和任务完成率、任务收益率之间相关性不强，这就说明了算法运算时间长短与调度方案收益无直接关联。

表 4.12 算法与评价指标之间的相关性分析

内容	算法	程序运算时间	任务完成率	任务收益率
算法	1	**−0.9228**	**−0.9927**	**−0.9886**
程序运算时间	**−0.9228**	1	0.05067	0.07381
任务完成率	**−0.9927**	0.05067	1	**0.99236**
任务收益率	**−0.9886**	0.07381	**0.99236**	1

注：加黑数字表示最好的结果。

4.6 本章小结

基于典型的敏捷型成像卫星任务调度问题，本章研究了任务调度的数学规划模型及确定性算法。在分析面向任务调度的数学规划模型的基础上，实现了对成像卫星任务规划问题中两类典型的约束——成像质量约束和姿态转换时间约束的化简与消解，总结出各类约束条件的约简策略，以减少约束条目；通过对总结的四类约束条件的分析与处理，提出了基于时间线推进机制的约束检查算法，实现高效的约束检查过程，这是本章算法研究的基础。

与随机性优化算法相比，确定性算法的计算效率高，解的质量可保证，因此在实际工程问题中具有重要的实践意义。在对成像卫星调度模型分析与处理的基础上，本章设计了两种确定性算法来求解任务调度问题：基于剩余任务密度的启发式（HADRT）算法和基于任务排序的动态规划（DPTS）算法。从理论上可以保证两种算法在特定条件下的最优性，并对两种确定性算法的时间、空间复杂度分析，说明了算法的可行性与有效性。

为了验证 HADRT 算法和 DPTS 算法在成像卫星任务调度问题中的有效性，本章还设计了 20 组任务调度场景来开展仿真实验。在每个调度场景中比较了 HADRT 算法、DPTS 算法和其他三种算法的任务完成率、任务收益率和程序运行时间，并通过各指标的相关性分析验证结论的有效性。实验数据表明，所有被测试算法中，DPTS 算法的求解精度最高，尤其是在任务冲突度高的调度场景中，DPTS 算法的优势更加明显。但是在处理大规模任务时，运算时间方面没有优势；HADRT 算法可以在大多数情况下以较小的计算时间代价获得满意的任务完成率和任务收益率。本章所提出的 DPTS 算法和 HADRT 算法在所有场景中均表现出比其他三种算法更高的求解精度和求解稳定性，从而说明了所提出的两种算法的先进性。

在实际应用过程中，成像卫星管控人员可以首先对卫星任务调度场景进行初步判断，并基于场景的特点来选择对应的算法：在任务较集中、任务冲突度较大的场景中，优先考虑采用 DPTS 算法以保证算法的求解精度，在任务较分散、任务规模较大的场景中，可选择 HADRT 算法以获得高质量解，同时，满足管控方对运算过程高时效性的要求。

第5章

基于强化学习的成像卫星任务分配问题研究

本章着重研究成像卫星任务分配过程的性质及求解方法，难点在于如何将成像卫星任务分配过程的特点用于设计更贴近实际的有限马尔可夫决策（MDP）模型和更高效的强化学习算法，目标是提高改进 DQN 算法在训练过程的收敛性、泛化性，以及应用过程的求解效率以及求解精度。首先，详细设计面向任务分配过程的 MDP 模型的基本要素，使其与任务分配问题的特点相契合；然后，提出面向任务分配问题的 DQN 算法的改进策略，将成像卫星任务规划领域的相关知识融入训练框架和剪枝策略的设计过程，以提高算法的训练效率和求解精度。最后，结合大量实验对算法泛化性、收敛性、算法运行效率等分析，验证强化学习算法在求解任务分配问题的可行性和有效性，以及学习型双层任务规划算法在求解成像卫星任务规划问题的先进性。

5.1 相关研究现状

5.1.1 任务分配模型与算法

成像卫星任务规划领域，任务分配通常是结合任务调度算法来共同工作的，不会脱离任务调度过程来单独讨论成像卫星任务分配过程。第 4 章中所讨论的任务调度算法都是将问题看作一个整体来进行处理与优化计算，然而，随着成像卫星任务规划问题规模的增大、难度的提升，尤其是卫星数量的增多，往往会出现“组合爆炸”的现象。此时，“分而治之”是降低原问题复杂度、提高求解效率的有效手段。现实世界中不乏将复杂的规划调度问题描述为双层优化问题求解的例子：

人员排班问题[136-137]，运输领域[138] 以及工业界的多机调度问题[112,139] 等。求解这些问题的基本思想是：首先通过智能计算方法确定任务分配方案，以降低整个问题的求解难度；然后进一步利用任务调度算法来形成最终的任务规划方案。

这些例子足以证明双层优化模型在实际复杂组合优化问题中可以有效降低求解复杂度。在成像卫星任务规划领域，双层优化模型经常被用于多星协同任务规划问题[140-141]。但是，这些工作往往是面向特定应用的，不利于推广应用，也不利于科学研究。对于成像卫星任务规划问题中的任务分配过程，是成像卫星任务规划问题双层优化模型的上层优化过程，其主要有两种实现方式[142]：基于元启发式算法的任务分配算法和基于启发式规则的任务分配算法。基于元启发式算法的任务分配算法求解框架如图 5.1 所示。

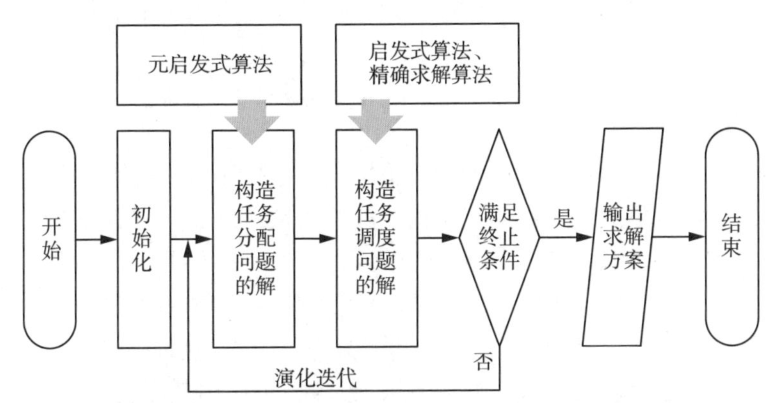

图 5.1 基于元启发式算法的任务分配算法求解框架

王冲[143] 采用改进的快速模拟退火算法解决卫星协同优化决策问题，并提升了算法的求解质量和运算效率；李国梁[142] 提出了基于合同网协议的多星协同方法，该算法通过招投标机制，将每一个任务根据招投标过程中不同卫星的评分结果实现任务的分配过程；于在亮[144] 设计了多中心协同任务分配模型，并提出了基于诚信机制的可解约合同网任务分配方法；陈永抗[92] 结合遗传算法和模拟退火算法，实现了成像卫星协同任务规划的鲁棒性规划。李济廷[24] 在传统的多目标遗传算法基础上加入基于优先级排序的启发式规则，解决了高低轨多星自主协同任务规划问题，弥补了国内在高低轨自主协同任务规划问题上的空白。

第二种实现方式是基于启发式规则的任务分配算法，其求解框架如图 5.2 所示。苗悦[145] 设计了多星分层择优算法来实现任务分配过程，该算法本质上是一种构造启发式算法，即引入对目标的多种排序规则，选择这些规则中收益最大的方案。何磊[100] 通过引入自适应分配算法，能够将原有复杂的多星任务规划问题分解为协同任务分配问题和多个单星规划子问题，提高了问题的求解效率。其中，自适应分配算子本质上就是构造启发式规则。Romain[146] 等提出了当多敏捷卫星系统正在执行过程中接收到紧急任务时的任务规划问题，并考虑到了计算时间、求解稳定性和规划方案最佳性之间的平衡。

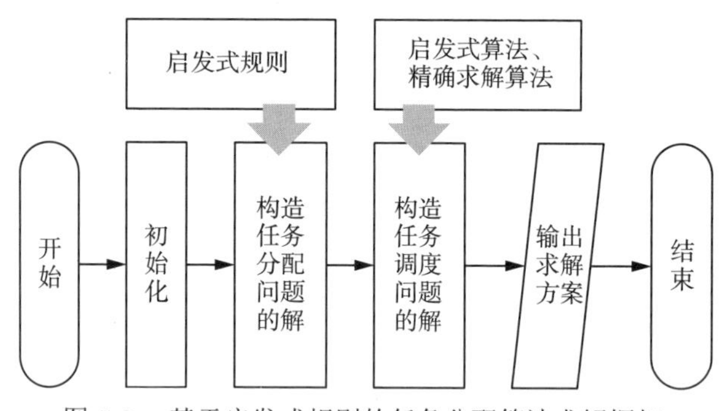

图 5.2　基于启发式规则的任务分配算法求解框架

从上述工作可以得到，更多的学者更倾向于选择元启发式算法来解决任务分配问题，因为它可以通过不断迭代来优化解的质量。然而，这两种思路在求解成像卫星任务分配问题的局限性也都很明显[147]：启发式算法虽然求解速度快，容易获得满意甚至近优的调度解，但其求解效果受限于所构造的启发式规则的好坏；元启发式算法虽然在大规模问题上求解效果较佳，但不能保证找到问题的最优解，只能保证找到问题的可接受解[148]。因此，设计一个通用且高效的双层优化框架，并在此框架下设计算法来保证求解过程的求解效率和求解精度，对于更好地研究复杂大规模成像卫星任务规划问题具有重要意义。

5.1.2　机器学习应用于组合优化

众所周知，机器学习是一种利用数据与数据的关系、数据与模型所蕴含的内在规律来提升复杂系统应用效果的方法。它可以通过对大量数据的统计学习，总结出对求解目标问题有益的知识和规则，并在问题求解的过程中，借助这些知识或规则实现快速精准决策[149-151]。监督学习（supervised learning）、无监督学习 (unsupervised learning) 和强化学习 (RL) 是机器学习的三大范式。其中，无监督学习被广泛用于聚类、模式识别和特征提取等工作，擅长于在没有足够先验知识的场景，对没有给定标签的大量数据进行聚类、标注等，以求寻找到合适的聚类特征和标注准则，很少有工作将无监督学习直接应用于指导决策。监督学习可以用于产生支持决策的经验公式，例如，AlphaGo 通过收集大量人类围棋比赛的棋谱作为标签数据，并从中总结在不同状态下，选择不同落子点获胜的概率[152]。在成像卫星任务规划领域，褚晓庚[103]利用监督学习思想来训练卫星目标决策模型：通过提前准备训练样本，并利用这些样本训练得到分类模型，成像卫星即可基于此模型决策是否接受某个任务，从而减小调度过程的压力。这种方法的缺点就是需要大量被标记的数据，准备这些数据的过程通常是工作量巨大且烦琐的。同时，监督学习的结果与所采用的数据集的特征紧密相关[153-154]，这些知识是否能够很好地贴合现实问题中的特点，取决于所收集到的数据集是否客观。

强化学习是一类重要的机器学习方法，它可以通过智能体与环境的交互，并从中自主总结用于决策的经验公式，无须提前准备标签数据，在越来越多智能决策领域的案例中出现：例如在德州扑克[155]、围棋[152-153]、网约车订单分配[156-157]、三维装箱问题[158]等领域，强化学习都在近几年取得了举世瞩目的成就。

目前主流的成像卫星任务规划模型有一个共同的局限性：问题求解的效率与模型的目标函数、约束条件，甚至变量取值范围紧耦合。当这些条件发生改变时，为了实现高效求解，通常需要对模型进行针对性的处理和操作[159]。这个过程有时非常复杂，且耗时耗力。MDP 模型可以有效地将约束条件与决策过程解耦合，它的核心思想是通过训练来产生用于决策的经验公式，而训练过程不关心模型的具体内部特征[160]。相对于马尔可夫链、隐马尔可夫模型、半马尔可夫模型等随机过程理论中的数学模型，MDP 更强调其马尔可夫性质，即每一个状态转移只依赖于之前的一个状态，在 MDP 模型的求解过程中通过智能体（agent）和环境（environment）不断迭代来训练经验公式[161]。

随着问题规模的增大，强化学习也出现了收敛效率低等问题。有一种思路是分层强化学习，即将问题分为几个求解阶段，每一层分别设计 MDP 模型，采用不同的强化学习算法来训练对应阶段的决策智能体。双层强化学习的求解框架如图 5.3 所示。

将实际问题描述为 MDP 模型是利用强化学习求解实际问题的第一步。这是一项技巧性较强的工作，模型的好坏对最终的求解效果有深层次的影响。然而，对于成像卫星任务规划问题，下层任务调度问题的特征很明确，可以通过合理设计算法求解过程来保证求解质量和求解效率，无须建模为 MDP 模型并利用强化学习来训练其求解规则。因此，采用混合双层优化模型，并集成确定性算法和强化学习来求解成像卫星任务规划问题，可以实现对问题的高效、精准求解。

机器学习理论与应用的蓬勃发展，促使了 MDP 在规划与调度问题建模方面也有不少突破性的成果：以 Q 学习为代表的时序差分算法在规划调度领域的普及[162]，以及以指针网络（pointer- networks）[102]为代表的“端到端”（end to end）

的强化学习算法在 VRP 问题和水下自动驾驶控制[163]、无人飞行器控制[164-165] 等领域的成功应用。Luca 等[166] 提出了用于解决旅行商问题（traveling salesman problem，TSP）的 ant-Q 算法；Wei 和 Zhao[167] 使用 Q 学习来训练选择（机器-作业对）的复合规则，并应用于 JSP 问题中。Khalil 等[168] 利用深度强化学习（基于图神经网络（graph neural network，GNN）的强化学习算法）来训练 TSP 问题中每个决策步骤的价值函数，并基于此价值函数实现 TSP 问题中每一步决策过程；Nazari[39] 等利用指针网络解决了 VRP 问题；Li[169] 运用改进的演员—评论家算法训练用于解决多目标 TSP 问题的深度神经网络模型。这些工作表明，强化学习在解决规划调度问题方面具有巨大潜力。但是，当将强化学习模型与算法应用于复杂问题时，在同样的计算资源和运算时间内，算法的收敛性和泛化性急剧降低[170]，这在许多实际应用中是不可接受的。因此将问题分解并利用强化学习算法和运筹学方法分别解决其中的子问题可以减少解的搜索空间并提高强化学习算法的训练效率。

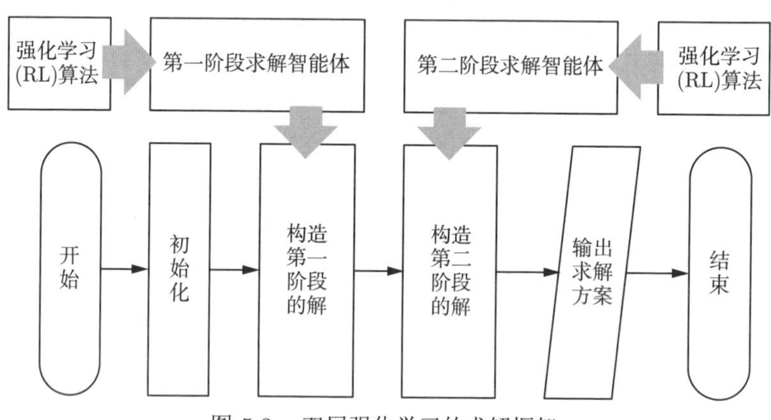

图 5.3　双层强化学习的求解框架

除此之外，还有一些将强化学习应用于卫星任务规划领域的研究：Usaha 和 Barria[171] 在 LEO 卫星系统的资源分配问题中比较了基于行为的批评算法和基于值的算法。他们设计了一个显式函数来描述价值函数。王冲[172] 基于黑板模型和多智能体强化学习求解了多星协同任务规划问题。其中，智能体用于任务分配的决策，黑板模型用于降低通信代价。王海蛟[173-174] 将图像卫星的在线调度问题视为动态随机背包问题，然后通过异步优势参与者—批评者解决了该问题。但是这项工作中的卫星调度问题仅考虑了最基础的任务唯一性约束，大量实际问题中的复杂约束被简化。这些工作中的问题可以被描述为形式简单的 MDP，并且可以通过设计新颖的强化学习算法来解决。但是，这些工作中都没有考虑到复杂实际问题中的具体约束和条件，加入这些条件后，MDP 模型若不针对这一特点进行创新，则会导致对应的强化学习算法效率偏低。因此，需要结合成像卫星任务规划问题的本质特征和领域知识来设计 MDP 模型和强化学习算法，从而实现更加高效的强化学习训练与应用过程。

5.2 面向任务分配问题的 MDP 模型

基于第 3 章对问题模型的设计，本书将任务分配问题建模为 MDP 模型。MDP 模型擅长于解决序贯决策问题，对于任务分配问题，决策的对象是任务。任务根据决策时刻的状态逐一被加入待调度任务集合。本节从 MDP 模型的环境与智能体交互过程出发，详细阐述了求解任务分配问题的 MDP 模型主要构成：动作空间、状态空间、短期回报和价值函数。

5.2.1 逻辑结构

通过大量训练场景中尝试不同的任务分配策略，并基于任务分配策略进行任务调度，才能得到任务规划场景参数、任务分配方案与最终收益这三者之间的关系，从而实现用于求解上层任务分配问题的经验公式的训练过程。要实现这个过程就必须通过上下两层求解过程相互配合，不断交互。在本书所设计的 MDP 模型中，上层任务分配问题和下层任务调度问题的关系可以总结如下：

(1) 任务分配问题求解模块基于强化学习中的动作选择策略来实现对问题的求解。动作选择策略是强化学习算法中的重要组成部分，其输入是状态参数 S，输出是当前状态下基于策略选择的动作 a。

(2) 任务分配问题求解模块输出的动作作为任务调度问题求解模块的输入条件。在本 MDP 模型中，求解任务分配问题的动作选择策略每次产生一个动作 a_i，即对一个任务与资源的匹配方案进行决策。任务调度问题求解模块调用任务分配方案，产生基于当前任务分配方案的任务规划方案。任务分配方案由场景开始到当前阶段的历史动作序列组成。

(3) 任务调度问题求解模块基于得到的任务规划方案更新下一步用于任务分配的状态参数 S_{i+1}。

除了上述两个求解过程，MDP 模型还包括其他一些必要的功能模块。MDP 模型的功能模块组成如图 5.4 所示。各模块与任务分配、任务调度过程的交互关系总结如下：

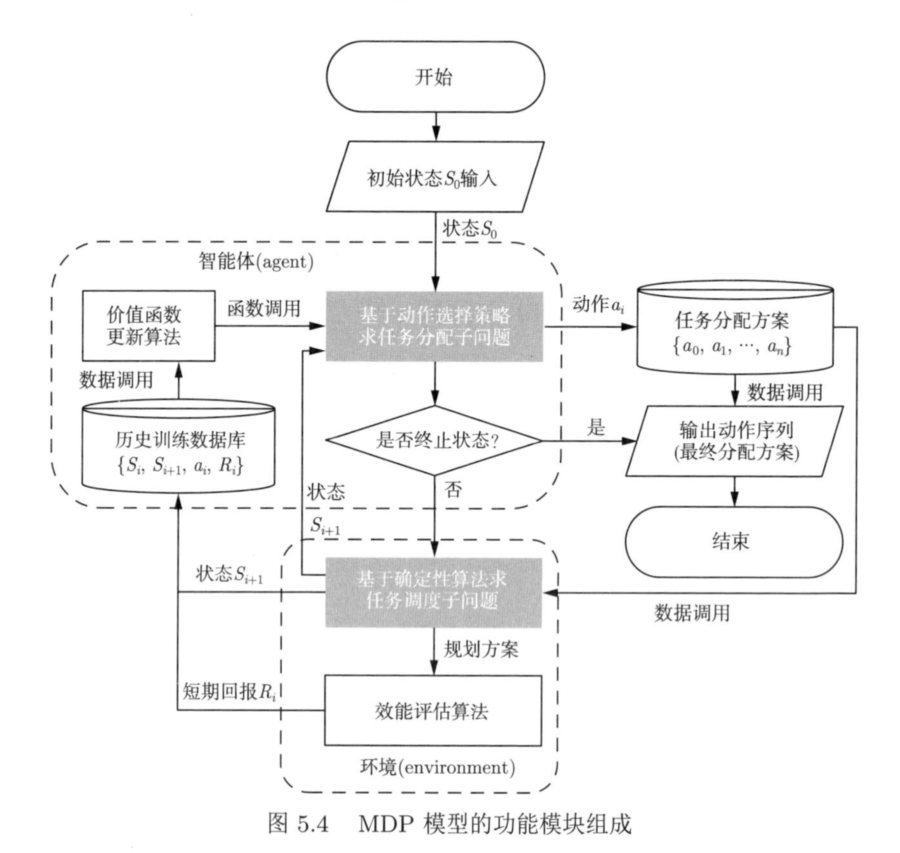

图 5.4　MDP 模型的功能模块组成

(1) 价值函数就是强化学习需要训练的经验公式。价值函数更新是强化学习算法的核心任务。训练好的价值函数即可作为任务分配策略用于任务分配问题的求解。

(2) 效能评估算法模块是基于任务规划方案计算方案的收益 F。基于前后两次收益差 $F_{i+1}-F_i$，可以计算得到任务分配中的某一步动作所对应的短期回报 R_i。

(3) 历史训练数据集和任务分配方案是数据存储模块，记录了训练的中间过程。基于任务分配求解模块和任务调度求解过程不断交互所产生的历史训练数据 S_i, S_{i+1}, a_i, R_i 可实现对动作选择策略的不断更新。

因此，对于求解任务分配问题的强化学习算法的描述，本节剩余内容设计了 MDP 模型的基本要素。

5.2.2　动作空间

本模型中，可选动作（action）包括“为当前资源选择一个任务”和“结束为当前资源添加任务”。“为当前资源选择一个任务”是动作空间中的基本动作。任

意时间步 t 之前的所有动作集合 $\mathcal{A}_t$ 如式 (5.1) 所示。

$$\mathcal{A}_t = \{a_0, a_1, \cdots, a_t\}, a_i \in \boldsymbol{A}(S_i), i = 0, 1, \cdots, t \tag{5.1}$$

但是，在每个时间步 t，任务的可行性会随着状态的变化而动态变化，即并不是每一个任务都可在所有状态下被选择。因此，模型设计了一些任务筛选条件，保证决策时候选动作中的每一个动作都满足基本约束，减少无效的动作尝试，提高训练效率。这些条件中有一些与单个任务的任务属性约束相关（如任务在某一轨道的可见性约束等），有一些与任务的累计型约束或滚动型约束相关（如累计成像时长、累计机动次数约束等）。常见的可行动作过滤条件包括并不限于：

(1) 该任务在之前的时间步上没有被选择过，即任务若被该资源选择不违反唯一性约束。

(2) 决策的时间步所对应的资源还存在该任务的可见时间窗，即任务不违反可见性约束。

(3) 待加入的任务固存消耗量应该小于当前资源的剩余固存，即不违反卫星存储空间约束。

…………

对成像卫星任务规划问题的研究过程中，本书所定义的一个资源是一颗卫星的一个轨道圈次，所以“结束为当前资源添加任务”即表示当前轨道内不再添加新的任务，状态跳转至为下一个轨道圈次选择任务。如果在某一个时间步 t 不存在其他可行任务，那么“结束为当前资源添加任务”是当前状态可选的唯一的动作。该动作的设计对于智能体（agent）跳出局部最优、寻找全局最优而言是不可或缺的。图 5.5 展示了一个例子来说明这一观点。

在图 5.5 所示的实例中，假设总共只有 5 个任务，任务所代表的方块中包含两个数字，括号中的数字表示执行此任务之后的收益，括号外的数字表示的是任务编号。在图 5.5(a) 中，在添加任务 5 之前，第一个轨道圈次内所有任务的收益之和为 18（假设智能体选择了任务 1、3 和 4），而添加任务 5（第一个轨道圈次内智能体最终选择任务 1、2、4 和 5 四个任务）后，收益之和增加到 20，但会直接导致第二个轨道圈次由于没有可执行的任务，所以收益为 0。如果在决策的过程中，智能体可以在还存在可执行任务的情况下选择动作“结束为当前资源添加任务”，那么可能结果就变成了图 5.5(b) 所示的情况：智能体在考虑任务 5 时，可以选择“添加任务 5”或“结束为当前资源添加任务”。如果智能体通过学习能够得到经验：添加任务 5 可以使总收益增加 2，而选择动作“结束为当前资源添加任务”可以使总收益增加 8，那么智能体会更加倾向于选择“结束为当前资源添加任务”。因此，对于每一个资源，如果一直添加新的可执行任务直到无可执行任务才结束，则当前资源上的总收益可能达到最优，但总体结果是局部最优的。在成像卫星任务规划问题中，需要一个具有前瞻性的智能体，这就需要在动作空间中考虑“结束为当前资源添加任务”这个动作。

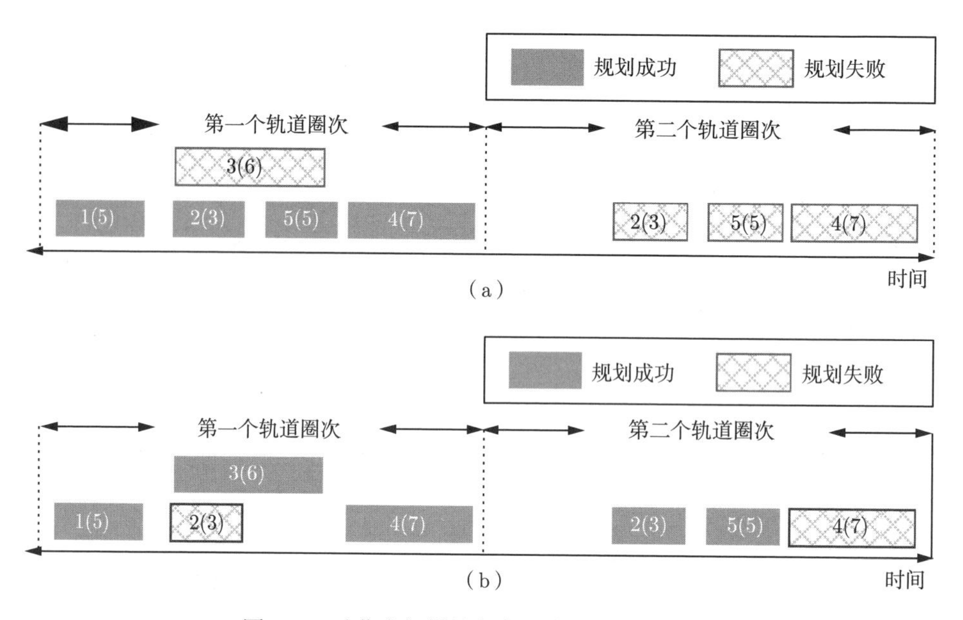

图 5.5　动作空间设计方案对结果影响的示意图
(a) 动作空间中不包含“结束为当前资源添加任务”；(b) 动作空间中包含“结束为当前资源添加任务”

总而言之，本 MDP 模型中的动作空间是离散的，动作空间的大小为成像卫星任务规划模型中的任务数量加一，即

$$|\boldsymbol{A}| = N + 1 \tag{5.2}$$

5.2.3　状态空间

状态（state）空间 $\boldsymbol{S}$ 是描述系统状态的集合，其表达式为

$$\boldsymbol{S} = \{S_0, S_1, \cdots, S_i, \cdots\} \tag{5.3}$$

式中，S_i 是时间步 i 的状态，每一个状态都是一个描述成像卫星任务规划问题在某一个特定求解阶段下的属性集合。选择哪些属性来描述状态，对于模型的训练效果也起到关键的作用。状态中蕴含的信息量过少，会导致描述不同状态的属性

相似度过高，进而导致训练过程欠拟合；描述状态的属性过多，则易导致训练过程过拟合。因此选择信息密度高的属性来刻画本书 MDP 模型中的状态可以以最少的状态属性数量来描述尽可能多的信息。在本模型的设计中，选取部分任务需求的原始属性，结合与决策过程直接相关的属性来描述状态：

$$S_t = \left\{x_t^i = \left(g^i, p^i, v_t^i, l_t^i\right) | i = 0, 1, \cdots, n\right\} \tag{5.4}$$

式中，g^i 是任务 i 的地理位置信息，包括成像任务的经度和纬度。任务的地理位置信息可以以如下形式表示：

$$g^i = \left(\text{lon}^i, \text{lat}^i\right) \tag{5.5}$$

选择地理位置信息，是因为地理位置信息是任务的根本属性之一，在任务规划场景确定以后，它可以唯一确定任务在每一颗卫星上的可见时间窗、任意时刻卫星对任务的指向角等信息。用地理位置来描述这些相关信息可以最大化信息密度。p^i 是执行任务 i 之后所获得的收益。g^i 和 p^i 是用户制定成像需求时提交的原始参数，并且它们的值在任务规划的过程中不会改变。v_t^i 是任务 i 在时间步 t 所对应的时刻之后剩余可见时间窗数量。该参数需要经过任务预处理过程的计算，并统计得到。将没有可见时间窗的任务称为无效任务，所以任意时间步的动作空间中的可选任务在执行的过程中应该至少还剩下一个可见时间窗。任务只能在其可见时间窗内进行成像，这是一条硬约束，所以 v_t^i 在做决策时是一个需要考虑的必要条件。另外，该属性能够让智能体识别不同任务在一次决策过程之后的观测机会多少，有利于智能体做出更加具有前瞻性的决策方案。l_t^i 是一个标记，记录任务 i 是否能在时间步 t 被选择，其表达式为

$$l_t^i = \begin{cases} 0, & \text{任务}i\ \text{在时间步}t\ \text{不可选} \\ 1, & \text{任务}i\ \text{在时间步}t\ \text{可选} \end{cases} \tag{5.6}$$

在动作空间设计时已分析过任务 i 在时间步 t 时不能被选择的若干条件，其中结合状态空间变量的设计，可见性约束和唯一性约束可以描述如下：

$$v_t^i > 0 \tag{5.7}$$

$$\exists k \in \{1, 2, \cdots, t-1\}, a_k = i \tag{5.8}$$

根据上述设计，任意时间步的状态可以由 S_i 来描述。除此之外，MDP 模型还需要定义一个规则来判断终止状态（terminal state）。成像卫星任务规划问题

中任务分配问题的终止状态可以用式 (5.9) 来判定，即对于所有的任务，在某一个时间步 t 之后，都没有成像机会，那么就认为该状态为终止状态。

$$v_t^i = 0, \forall i \in \{1, 2, \cdots, n\} \tag{5.9}$$

5.2.4 短期回报

短期回报（reward）是指在执行某个动作之后，从环境反馈的一个回报值，用来衡量该动作执行完成后瞬时收益的变化情况。任意一次短期回报为正数并不代表长期价值就一定为正，但是通过对所有的短期回报数据的综合训练与拟合，则可以从中得到短期回报与长期价值之间的内在联系，进而指导决策过程。短期回报集合记录了每一个时间步下从环境中反馈的短期回报，即

$$\boldsymbol{R} = \{R_1, R_2, \cdots, R_t, \cdots\} \tag{5.10}$$

在该模型中，由于环境的特殊性，每次选择一个动作后，需要在环境中调用任务调度算法进行一系列复杂计算才能得到任务规划方案。所以该模型中的短期回报并不总是等于对应动作的收益值，而是加入一个任务前后所获得的目标函数值之差。其计算方法如下：

$$R_t = F(\mathcal{A}_t,\ \mathbf{es}) - F(\mathcal{A}_{t-1},\ \mathbf{es}) \tag{5.11}$$

式中，$F(\mathcal{A}_t,\ \mathbf{es})$ 和 $F(\mathcal{A}_{t-1},\ \mathbf{es})$ 分别是时间步 t 和 $t-1$ 时的目标函数值。在理想情况下，若存在算法可以求得模型 (3.28) 的最优解，即环境反馈的短期回报是最优值，那么 $F(\mathcal{A}_t,\ \mathbf{es})$ 总是在时间步 t 的最优总利润。然而，由于问题的复杂性，没有算法能够保证在多项式时间内得到模型 (3.28) 的最优解，因此，采用不同的算法来解决下层任务调度问题，MDP 模型中环境反馈的短期回报将不相同。此过程对整个问题求解的影响将在本章实验部分详细讨论。

5.2.5 价值函数

价值函数（value function）是强化学习算法的核心组成部分，也是 MDP 模型中选择动作的重要准则。它是关于状态和动作组合的函数，用于评估在特定的状态下，选择不同动作的预期长期收益的大小。通常，根据贝尔曼方程[151]，价值函数可以通过式 (5.12) 得到。

$$q(s,a) = E\left(R_{t+1} + \gamma \max_{a'} q(s_{t+1}, a') \,|\, S_t = s, A_t = a\right) \tag{5.12}$$

在成像卫星任务分配问题中，由于状态空间是连续的，动作空间是离散的，所以基于矩阵等空间有限的数据结构来表示价值函数很难准确地反映状态、动作与预期长期价值之间的关系，从而难以有效支持决策。全连接神经网络在复杂函数的拟合和预测方面相较显式函数具有较大的优越性[74,175]，因此，在本方案中，采用全连接神经网络来实现对价值函数的描述。

基于全连接神经网络的价值函数如图 5.6 所示。该全连接神经网络是全连接神经网络中最基本的形式，包含一个输入层、一个隐含层和一个输出层。网络的输入是时间步 t 时的状态参数，输出是一个向量，该向量是状态为 s 时每一个动作所对应的预期长期价值。通过学习算法进行训练，该网络最终将会趋于收敛。理想情况下，在该问题中，网络训练过程收敛的条件是所输出的向量是在任意状态 s 下采取不同动作 a 所能得到的最大长期价值。

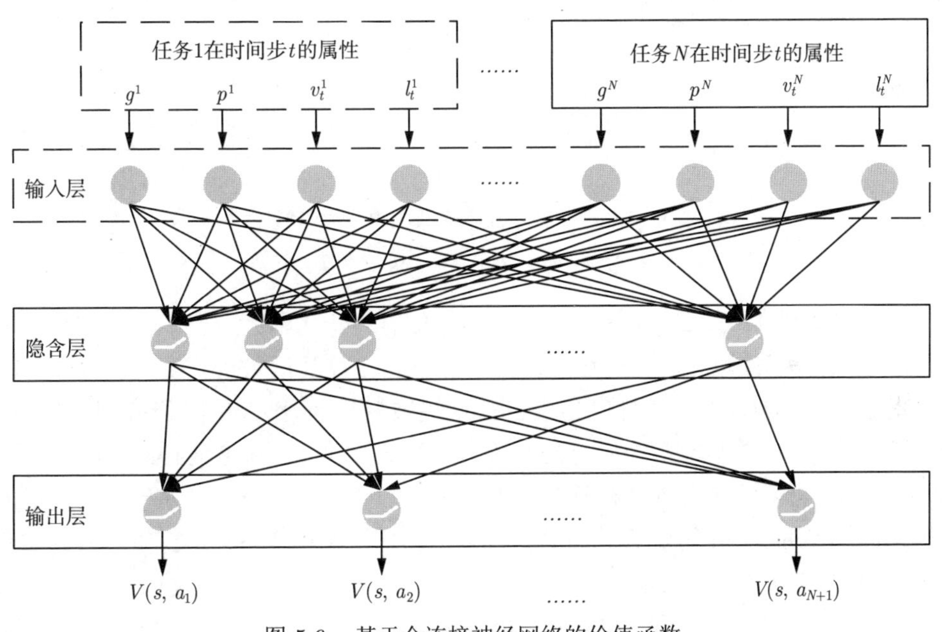

图 5.6　基于全连接神经网络的价值函数

对基于全连接神经网络的价值函数设计，除需要设计网络的拓扑结构外，还需要对网络中的激活函数、损失函数和优化器进行设计。

1) 激活函数

激活函数是神经网络中一个至关重要的部分，它与其他参数共同决定了神经网络输入和输出之间的关系。通过激活函数，神经网络就由线性模型转化为了非线性模型，从而能够在逼近更多、更复杂的实际情况时候比线性函数更具优势。神经网络中的大多数参数可以通过训练不断修正，但是激活函数需要在搭建神经网络时就确定。这一部分整理了三个经典的激活函数的数学表达形式、特点以及在应用它们时容易出现的问题。

(1) Sigmoid。

Sigmoid 又叫作 Logistic 激活函数，它将任意实数值映射在 0~1 的区间内，还可以在预测概率的输出层中使用。在该函数中，负的越多越趋近于 0，正数越大越趋近于 1。其数学表达式为

$$y=\sigma\left(x\right)=\frac{1}{1+\mathrm{e}^{-x}} \tag{5.13}$$

Sigmoid 函数图像如图 5.7(a) 所示。该激活函数有三个主要缺陷：

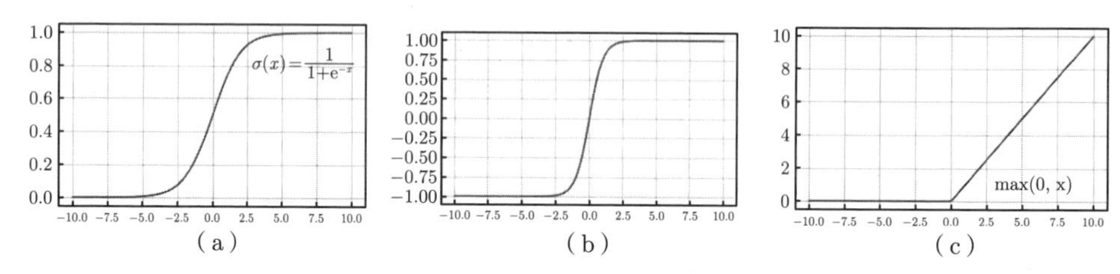

图 5.7 三种不同激活函数的函数图形

(a) Sigmoid；(b) Tanh；(c) ReLU

① 梯度消失：Sigmoid 函数趋近 0 和 1 的时候变化率会变得平坦，也就是说，Sigmoid 的梯度趋近于 0。神经网络使用 Sigmoid 激活函数进行反向传播时，输出接近 0 或 1 的神经元其梯度趋近于 0。这些神经元叫作饱和神经元。因此，这些神经元的权重更新非常缓慢，同时还会对与此类神经元相连的神经元的权重更新过程产生影响，这种现象被称为梯度消失。因此，想象一下，如果一个大型神经网络包含 Sigmoid 神经元，而其中很多个都处于饱和状态，那么该网络执行反向传播的效率就会被无限降低。

② 期望值不为 0：Sigmoid 的输出不是以（0,0.5）为中心点的中心对称图形，即函数的期望值不为 0。

③ 计算成本高昂：以自然对数为底的指数函数与其他非线性激活函数相比，计算成本高昂。

(2) Tanh。

Tanh 激活函数又叫作双曲正切激活函数（hyperbolic tangent activation function）。与 Sigmoid 函数类似，Tanh 函数也使用真值，但 Tanh 函数将数值映射到 −1~1 的区间内。与 Sigmoid 不同，Tanh 函数的输出期望值为 0，因为区间

在 $-1\sim1$ 且函数图形中心对称。在实践中，Tanh 函数的使用优先度高于 Sigmoid 函数。负数输入被当作负值，零输入值的映射接近零，正数输入被当作正值。其数学表达式为

$$y = \tanh(x) \tag{5.14}$$

Tanh 函数的函数图像如图 5.7(b) 所示。Tanh 函数也会存在梯度消失的问题。但是与 Sigmoid 函数相比，Tanh 函数只有在接近饱和时梯度易消失。

(3) ReLU。

ReLU 也称为修正线性单元，它是从底部开始的半修正函数。其数学表达式为

$$y = \max(0, x) \tag{5.15}$$

因此，当输入 $x < 0$ 时，ReLU 函数输出为 0，当 $x > 0$ 时，输出为 x。该激活函数使网络更快速地收敛。它在正实数区域（$x > 0$ 时）不会饱和，即它可以对抗梯度消失问题，因此神经元至少在一半区域中不会把所有零进行反向传播。其函数图像如图 5.7(c) 所示。

ReLU 计算效率很高，但是 ReLU 神经元也存在一些缺点：

① 函数图像不以零为中心。和 Sigmoid 函数类似，ReLU 函数的输出不以零为中心。

② 前向传导（forward pass）过程中，如果 $x < 0$，则神经元保持非激活状态，且在后向传导（backward pass）中会“杀死”梯度。这样权重无法得到更新，网络无法学习。当 $x = 0$ 时，该点的梯度未定义，因此在实现过程中通常用其临近的梯度来替代该点的梯度。

2) 损失函数

损失函数描述的是训练样本数据与神经网络的输出数据之间偏差的度量，可以看作神经网络训练过程的目标函数。训练过程不断优化神经网络的参数（权重）以最大限度地减少样本数据与神经网络预测数据之间的偏差。而损失函数就是用于描述这些偏差的函数。本节内容整理了几种常用的损失函数及其数学表达式。

(1) 均方误差（mean squared error，MSE）。

$$\mathrm{MSE} = \frac{1}{N}\sum_{k=1}^{N}\left(y_k - \widehat{y_k}\right)^2 \tag{5.16}$$

(2) 平均绝对误差（mean absolute error，MAE）。

$$\mathrm{MAE} = \frac{1}{N}\sum_{k=1}^{N}\left|y_k - \widehat{y_k}\right| \tag{5.17}$$

(3) 平均绝对百分比误差（mean absolute percentage error，MAPE）。

$$\text{MAPE} = \frac{100}{N}\sum_{k=1}^{N}\left|\frac{y_k - \widehat{y_k}}{y_k}\right|^2 \tag{5.18}$$

(4) 均方对数误差（mean squared log error，MSLE）。

$$\text{MSLE} = \frac{1}{N}\sum_{k=1}^{N}(\ln y_k - \ln \widehat{y_k})^2 \tag{5.19}$$

(5) 合页损失（hinge loss，HG）。

$$\text{HG} = \frac{1}{N}\sum_{k=1}^{N}\max(1 - y_k\widehat{y_k}, 0) \tag{5.20}$$

(6) 平方合页损失（squared hinge loss，SH）。

$$\text{SH} = \frac{1}{N}\sum_{k=1}^{N}[\max(1 - y_k\widehat{y_k}, 0)]^2 \tag{5.21}$$

(7) 二分类交叉熵（binary cross-entropy，BC）。

$$\text{BC} = -\sum_{k=1}^{N}[\widehat{y_k}\ln y_k + (1-\widehat{y_k})\ln(1-y_k)] \tag{5.22}$$

(8) 多分类交叉熵（categorical cross-entropy，CC）。

$$\text{CC} = -\sum_{k=1}^{N}(\widehat{y_{k1}}\ln y_{k1} + \widehat{y_{k2}}\ln y_{k2} + \cdots + \widehat{y_{kn}}\ln y_{kn}) \tag{5.23}$$

(9) KL 散度（Kullback-Leibler divergence，KLD）。

$$\text{KLD} = -\sum_{k=1}^{N}\widehat{y_k}\ln\frac{\widehat{y_k}}{y_k} \tag{5.24}$$

(10) 余弦距离（cosine proximity，CP）。

$$\text{CP} = -\sum_{k=1}^{N}|\cos(\widehat{y_k}) - \cos(y_k)| \tag{5.25}$$

上述损失函数各有特点，例如通常情况下 MSE 相比 MAE 可以更快地收敛，但是 MAE 在遇到离群值时结果更加稳健；合页损失函数在凸优化问题中表现较好，二值分类问题中应用广泛；平方合页损失函数对离群值的惩罚较合页损失函数更严厉等。损失函数大多选择非线性函数，其中有一些函数适合回归问题，有一些函数适合分类问题，这个也需要进一步研究。然而，通过数学推导来得到各损失函数在任务分配问题中的应用规律不是一件简单的工作，本章通过仿真实验的手段来确定适用于任务分配问题的损失函数。

损失函数的选择与激活函数的选择通常是结合在一起研究的，因为反向传播算法进行链式求导的过程中，不可避免要遇到激活函数，激活函数是正向传播中最重要的设计之一，它增加了模型的多样性，提供了更多的非线性操作。所以，为了寻找适合于描述任务分配问题决策与收益之间关系的神经网络，激活函数和损失函数的选择与搭配对提升算法在求解过程中的稳定性、收敛速度和求解精度具有重要意义。

3) 优化器

优化器是用于寻找损失函数最小化的函数。本方案选择了随机梯度下降（stochastic gradient descent，SGD）算法、均方根传递 (root mean square propagation，RMSprop) 算法和自适应矩估计（adaptive moment estimation，Adam）算法三种算法来研究不同的优化器对任务分配问题中价值函数学习过程的影响。

(1) SGD 算法的基本原理是：梯度下降算法思想的核心要素有三点：出发点、下降方向和下降步长。SDG 算法是梯度下降法的改进版本，不同于传统的梯度下降算法需要计算所有出发点的梯度，SGD 每次更新梯度的过程随机选择一条数据进行，所以 SGD 最大的优点是效率高、可在短时间内实现大量迭代。具体实现过程详见参考文献 [151]。

(2) RMSprop 算法的基本原理是：RMSprop 算法基于全局学习率，中和所有项中的梯度变化，使得所有项的下降梯度趋于平均。这是通过给每个操作项设置不同的系数来实现的。这么做的目的是加大梯度平缓的点的下降速度，同时降低梯度较陡的点的速度，使得整体训练效率提升。具体实现过程详见参考文献 [161]。

(3) Adam 算法的基本原理是：Adam 算法可以看作 RMSprop 算法的改进版，它通过自适应调整每个参数的学习率。具体实现过程详见参考文献 [176]。

强化学习通过不断地“探索”与“挖掘”，产生了大量可学习的数据，代替了传统的监督学习中标记数据的过程。这些数据被用于训练价值函数。采取经验回放机制来训练 MDP 模型中的价值函数[177]。训练过程详见算法 5.1。

激活函数、损失函数和优化器对网络模型的拟合过程也起到了重要的作用。

由于成像卫星任务规划问题的复杂性，这些因素对训练过程产生的影响很难通过理论来衡量。本章实验部分将详细展开讨论网络中的损失函数、激活函数和优化器对求解效果的影响。

算法 5.1 基于经验回放机制训练价值函数

输入: 当前时刻的状态 S_t 、下一时刻的状态 S_{t+1} 当前时刻的动作 a_t 和对应的收益 r_t ，经验集合 ExpSet，价值网络 Q

输出: 更新后的价值网络 Q

1: 将 S_t, S_{t+1}, a_t, r_t 加入 ExpSet;
2: 初始化参数;
3: **for** $i = 1:$ 经验批次的规模 **do**
4: 读取经验集合 ExpSet 中的数据;
5: 将读取到的数据存储于集合 InputSet 中;
6: 计算 $Q(S_t, a_t) = \max[\text{predict}(S_{t+1})]$;
7: **if** S_{t+1} 是终止状态 **then**
8: targets $\leftarrow r_t$;
9: **else**
10: 根据式 (5.12) 计算 targets;
11: **end if**
12: 基于优化器（SGD 或 RMSprop 或 Adam）更新 Q 的网络参数;
13: **end for**

5.3 求解任务分配问题的改进深度 Q 学习算法

第 3 章阐述了本方案选择“逐步式”MDP 模型的原因以及此类模型的优势。而针对成像卫星任务规划问题中的任务分配问题，虽然状态转移过程不存在随机因素，但是其初始状态空间无穷大，针对某一特定场景展开的状态序列随任务规模的增加也是指数级的。因此，基于模型（model-based）的强化学习算法在处理该问题时效率很低。在无模型（model-free）强化学习中，这类 MDP 模型一般采用时序差分（temporal difference，TD）的策略实现对策略的学习。Q 学习和 Sarsa 算法属于典型的 TD 算法，而这两种算法的主要区别是：Sarsa 算法属于在线学习（on-policy）算法，它在训练时选择动作所采用的策略和更新价值函数时采用的策略是同一个策略，而 Q 学习算法属于离线学习（off-policy）算法，它在训练时选择动作所采用的策略与更新价值函数所用的策略不同。因此，Sarsa 算法的学习过程更加平滑，更适合在真实的在线环境中进行学习，例如卫星自主任务规划过程[178]。但是 Sarsa 算法更容易陷入局部最优，因此在仿真环境中训练模型，使用 Q 学习更合适。

本书改进 DQN 算法来解决双层优化模型中的上层任务分配问题，其中深度 Q 神经网络（deep Q-networks）用于表示价值函数。然而传统的 DQN 算法在求解任务分配问题时仍然会遇到新的问题，总结而言主要有以下两个方面：

(1) 不同于围棋的强化学习过程，成像卫星任务规划问题的初始状态是不同的，因为用户的请求在不同的任务规划场景内是不同的。传统的 DQN 算法通常是对一个场景深度训练，这用于任务分配问题中会出现过拟合的现象，即训练得到的价值函数在一个任务规划场景中表现很好，而在其他的场景中表现很差。如何使算法在每个场景中充分训练，同时尽量避免过拟合的情况，是设计算法需要解决的首要问题。

(2) 面向任务分配问题的 MDP 模型中，每一个时间步对动作的选择策略除了要考虑“探索”与“挖掘”策略，还需要考虑任务的可行性。如何充分利用领域知识和问题背景来设计动作选择过程中的剪枝策略，以实现高效的训练过程，也是算法研究过程中的重点。

在接下来的内容中，着重介绍了对上述两个问题的思考，并设计针对任务分配问题的 DQN 算法。

5.3.1　求解框架

理想情况下，训练过程应该遍历所有初始状态及其所有可能的动作，并基于所有的记录来拟合所需要的价值函数。但是成像卫星任务规划问题中场景是无限多的，每一个场景所对应的状态空间都可能有不同的特点，因此算法不可能实现对状态空间的遍历，直接应用经典的 DQN 算法不能有效地处理所提出的 MDP 和任务分配问题。本书提出了面向随机初始状态的 DQN 训练框架。与 DQN 所擅长的经典问题不同，成像卫星任务分配问题的初始状态在不同的场景下是不同的，这给训练过程提出了新的挑战。将随机产生测试场景的过程嵌入深度 Q 神经网络的训练过程中，这使得网络能够通过广泛场景学习，从而在测试过程中推广到未知场景。

强化学习中智能体的训练过程如图 5.8(a) 所示。一旦采取行动并获得相应的奖励，Q 网络就会更新。在每个场景中，智能体都会运行大量的场景，并尝试基于“探索”和“挖掘”选择一个动作，然后通过这个过程更新 Q 网络。智能体在不同的场景中重复这个过程，最终得到任意状态下决策的价值函数。

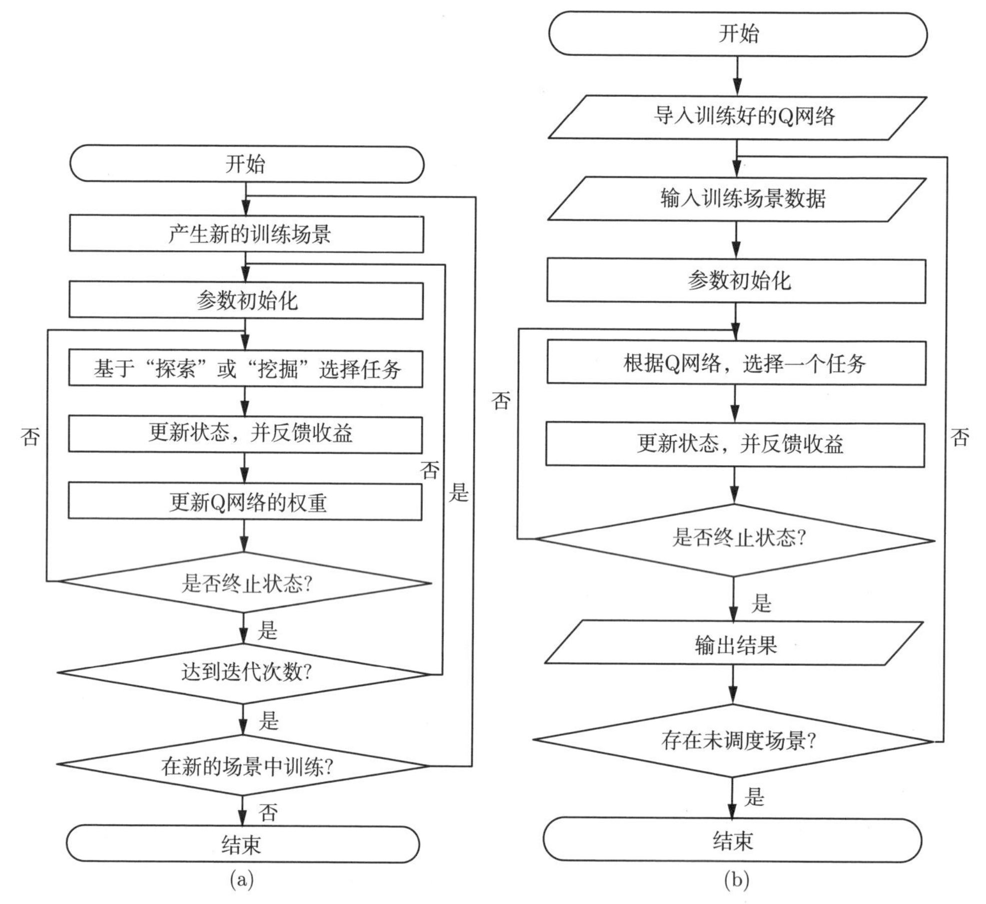

图 5.8 基于改进深度 Q 学习算法的任务分配问题求解框架

(a) 训练过程；(b) 应用过程

测试过程的主要目的是验证方法的有效性。测试过程与算法应用于实际问题的过程相同，不同的是，应用时输入的是真实场景数据，而验证过程中的测试数据是随机生成的。测试过程流程图如图 5.8(b) 所示。训练过程和测试过程的区别总结如下。

(1) 测试过程不需要在同一个场景中迭代多次。

(2) 测试过程中，Q 网络不会再更新，因此也不再需要记录每一次决策的历史数据。

(3) 选择任务的策略也有所不同。在测试过程中，智能体总是选择 Q 值最高的动作；而在训练过程中，有两种策略用于选择动作。通过“挖掘”策略选择具有最高期望价值函数的动作，或通过“探索”策略随机选择一个可行动作。

5.3.2 剪枝策略

在选择动作的过程，本书设计了一种高效的剪枝策略，在每一步决策之前根据领域背景知识和部分约束条件来对不可执行的任务进行剪枝，以避免选择无效任务造成无意义的运算，提高算法整体运算效率。

该剪枝策略可以简述如下：在面向任务分配问题的 MDP 模型中，当整体动作空间为 $N+1$，时间步为 t 时，可基于如下条件过滤动作，以达到减小实际选择任务过程中候选动作空间的目的。

(1) 任务在当前时间步 t 时的任务属性约束不满足要求。例如，任务在当前时间步没有可见时间窗口、当前时间步不满足唯一性约束等。

(2) 当任务在当前时间步 t 加入候选任务集合后，任务集合中的累计型约束或滚动型约束不满足要求。

针对具体的问题背景和约束的特点，可以设计更具有针对性的剪枝策略。总而言之，引入的剪枝策略将这些无效动作剔除，可以有效减小决策空间。每次智能体只选择可用的任务，以降低约束检查过程的复杂度、提高搜索效率。接下来的内容分别面向训练阶段和应用阶段，详细说明上述剪枝策略是如何作用的。

在价值函数训练阶段，该剪枝策略支持 DQN 算法中“探索”与“挖掘”策略实现高效的训练过程。“探索”和“挖掘”是强化学习的重要概念。“挖掘”(exploitation)倾向于根据当前所得到的价值函数选择最优的动作，而“探索”(exploration)则倾向于选择在类似状态下没有尝试过或曾经表现不佳的动作。通过随机调用这两个过程中的一个，不断修正价值函数直到收敛。

嵌套上述剪枝策略的训练过程伪代码如算法 5.2 所示。

算法 5.2 基于领域知识和约束剪枝的 DQN 算法训练过程

输入： 决策时刻的状态 s，动作集合 $\boldsymbol{A}$，价值网络 Q

输出： 被选择的动作 a

1: 设置任务随机选择的阈值 ε;
2: **for** a **in** $\boldsymbol{A}$ **do**
3:     **if** 动作 a 在状态 s 被判定为无效动作 **then**
4:         将动作 a 移出可选动作列表 **AL**
5:     **end if**
6: **end for**
7: 指示变量 index $\leftarrow$ 随机产生的随机数;
8: **if** 指示变量 index 小于阈值 ε **then**
9:     从所有可选任务列表 **AL** 中随机选择一个任务并输出;
10: **else**

11: 基于当前状态 s 计算价值网络的结果 $Q(s)$;
12: **for** a **in AL do**
13: 计算集合 **AL** 中所有任务对应的 Q 值;
14: **end for**
15: 选择集合 **AL** 中 Q 值最大所对应的任务并输出;
16: **end if**

用上述算法训练时，首先随机生成一个随机数索引。接着将随机数指标与阈值比较：如果指标小于阈值，则随机选择一个可行的动作。否则，将选择先前学习过程获得的 Q 网络中 Q 值最高的可行动作。

在算法的应用阶段，算法不再进行“探索”过程。算法每一次选择动作都是选择对应 Q 值最大的动作。对应的伪代码是通过将**算法 5.2** 去掉第 7~10 行后剩下的部分。由于内容重复，应用阶段的伪代码不再重述。

5.3.3 复杂度分析

1) 时间复杂度

算法的计算过程包括两个部分：训练阶段和测试阶段。首先讨论训练阶段的时间复杂度。

从图 5.8(a) 可以很容易看出，训练阶段主要过程包括动作选择和训练网络。其中，选择一个动作的时间复杂度是 $O(N)$，N 是输入任务的数量。假设批次数据的大小为 b，则该批次训练一次的时间复杂度 $\mathrm{TC}_{\mathrm{NN}}$ 为

$$\mathrm{TC}_{\mathrm{NN}} = b\left(|\boldsymbol{S}|n_{\mathrm{hid}} + n_{\mathrm{hid}}|\boldsymbol{A}|\right) = O(N) \tag{5.26}$$

讨论面向上层任务分配问题的 DQN 算法性能，不得不考虑环境中的确定性算法的性能对整体性能的影响。环境中的计算包括更新状态和反馈奖励，这两个过程主要通过基于剩余任务密度的构造启发式算法——HADRT 算法或基于任务排序的动态规划算法——DPTS 算法来实现。其中，HADRT 算法的时间复杂度为 $O(N^2)$，DPTS 算法的时间复杂度为 $O(N^3)$。假设训练所采用的场景数量为 c，每个场景中重复训练 e 代，动作选择主流程时间复杂度为 $\mathrm{TC}_{\mathrm{act}}$、神经网络更新时间复杂度为 $\mathrm{TC}_{\mathrm{NN}}$、环境中相关运算的时间复杂度为 $\mathrm{TC}_{\mathrm{env}}$，那么训练过程的时间复杂度 $\mathrm{TC}_{\mathrm{train}}$ 为

$$\begin{aligned}\mathrm{TC}_{\mathrm{train}} &= ceN\left(\mathrm{TC}_{\mathrm{act}} + m\mathrm{TC}_{\mathrm{NN}} + \mathrm{TC}_{\mathrm{env}}\right)\\ &= \begin{cases} O\left(N^3\right), & \text{环境中调用 HADRT 算法求解} \\ O\left(N^4\right), & \text{环境中调用 DPTS 算法求解}\end{cases}\end{aligned} \tag{5.27}$$

由于测试过程只需要在每次选择动作时调用 Q 网络的结果，测试过程的时间复杂度 $\mathrm{TC_{test}}$ 为

$$\begin{aligned}\mathrm{TC_{test}} &= N\left(\mathrm{TC_{act}} + \frac{1}{b}\mathrm{TC_{NN}} + \mathrm{TC_{env}}\right) \\ &= \begin{cases} O\left(N^3\right), & \text{环境中调用 HADRT 算法求解} \\ O\left(N^4\right), & \text{环境中调用 DPTS 算法求解} \end{cases}\end{aligned} \tag{5.28}$$

所以，随着任务大小 N 的增加，算法的训练时间和测试时间都呈多项式增加。虽然 c、e、m、b 和 n_{hid} 等常量也直接影响算法的计算时间，但这并不妨碍算法在大规模场景中的可扩展性。

2) 空间复杂度

在训练过程中，算法始终维护一个经验集和一个人工神经网络模型中的数据。相比之下，在测试过程中只需要维护网络。经验集的作用是存储训练历史数据，其中包含 m 条记录，每条记录包含状态 s、状态 s'、动作 a 和奖励 r 的信息的时间步长。经验集的空间复杂度 $\mathrm{SC_{exp}}$ 计算公式如下：

$$\mathrm{SC_{exp}} = m\left|\{s, s', a, r\}\right| = 2m(5N+1) = O(N) \tag{5.29}$$

根据 5.2.5 节的设计，状态空间和动作空间的大小分别是网络输入层和输出层的节点数。假设隐藏层的节点数为 n_{hid}，每个节点包含两个参数，则神经网络的空间复杂度 $\mathrm{SC_{NN}}$ 计算方法如下：

$$\mathrm{SC_{NN}} = 2\left(|\boldsymbol{S}| + n_{\mathrm{hid}} + |\boldsymbol{A}|\right) = O(N) \tag{5.30}$$

因此，训练过程的空间复杂度 $\mathrm{SC_{train}}$ 计算方法如下：

$$\mathrm{SC_{train}} = \mathrm{SC_{exp}} + \mathrm{SC_{NN}} = O(N) \tag{5.31}$$

测试过程的空间复杂度 $\mathrm{SC_{test}}$ 计算方法如下：

$$\mathrm{SC_{test}} = \mathrm{SC_{NN}} = 2\left(n_{\mathrm{hid}} + 6N + 1\right) = O(N) \tag{5.32}$$

5.4 仿真实验

本章仿真实验分为两个部分来组织实施，并分别讨论以下两个方面的相关结论：一方面基于 5.2 节和 5.3 节的设计，通过实验确定 DQN 算法中价值函数的激活函

数、损失函数和优化器的配置方案，通过算法的收敛性、泛化性、训练效率和应用表现等指标来验证 DQN 算法在求解成像卫星任务分配问题的合理性与可行性；另一方面提出 6 种集成确定性算法和强化学习的学习型双层任务规划算法中环境与属性的配置方案，结合算法在各方案的性能，证明集成 HADRT 算法和 DQN 算法、集成 DPTS 算法和 DQN 算法等两种集成算法在求解成像卫星任务规划问题的有效性和优越性。最后，算法在训练过程和测试过程的效率与求解效果在仿真任务规划场景中得到验证，进而得到两种集成算法在不同场景中的应用规律。

本章所设计的算法基于 Python 程序设计语言编写，所有实验过程在配备有 Intel(R) Core(TM) i7-8750H CPU、16.0GB RAM 和 NVIDIA GeForce GTX 1060 的个人笔记本电脑上进行。

5.4.1 任务分配算法性能分析

基于 3.5.2 节的分析，很难找到合适的指标来单独评价任务分配方案的好坏。本实验基于整个任务规划问题，通过控制任务调度阶段的算法及参数配置，来分析 DQN 算法在求解任务分配问题的各项性能。

1) 实验准备

实验准备工作主要由实验场景设计和算法基本参数设计两部分构成。

(1) 实验场景设计。

本实验场景的场景相关参数、卫星能力参数、主要约束条件如表 5.1 所示。

表 5.1 实验场景设计

场景内容	详细设计
环境相关参数	① 任务规划周期为 24h； ② 有关时间的参数均离散化为以 1s 为单位的离散变量； ③ 卫星的轨道根数与成像卫星任务调度相关实验中所设计的卫星相同
卫星能力参数	① 每个任务的指向角范围是侧摆角和俯仰角的绝对值不大于 45°； ② 任意时刻成像卫星的电量等能源充足，不需要考虑能源相关约束； ③ 成像卫星的内存存储容量有限，其上限为 750TB； ④ 卫星机动能力有限，对一个目标成像后转向另一个目标需要时间
主要约束条件	① 每个任务最多执行一次； ② 任何任务只能在其可见的时间窗口内执行； ③任意两个任务的执行时间窗口不重叠； ④ 任意两个连续任务的执行窗口之间的时间间隔不小于所需的姿态转换时间，其中最小姿态转换时间由式 (4.8) 和式 (4.9) 共同确定； ⑤ 任务规划方案中所有任务消耗的存储空间之和不大于卫星的存储容量

本实验场景的预处理算法也继续延用第 4 章仿真实验所采用的方法，在此不再赘述。本节实验考虑任务分配问题的目标是最终任务规划方案的总收益最大化，具体的目标函数表达式为式 (3.12)，约束条件在表 5.1 中已列举。

关于任务的设计，本实验设计了两种类型的任务分布来验证算法在训练过程和应用过程的性能：中国区域和全球区域。

“中国区域”的任务随机位于 3° N~53° N、73° E~133° E 的区域中，“全球区域”的任务随机分布于 65° S~65° N、180° W~180° E 的区域内。“中国区域”的场景能够测试任务分布集中时算法的效率，而“全球区域”的场景能够测试任务在全球均匀分布时算法的性能。实验测试了任务规模从 100~400 的“中国区域”和任务规模从 100~600 的“全球区域”的情况，并将所提出的算法与其他算法进行比较。

描述任务的属性包括每个任务的地理位置、成像时长和收益。对于一般的成像卫星而言，成像持续时间与用户需求的覆盖区域成正比。除了少部分测绘类成像卫星将载荷成像时长作为决策变量，大部分成像卫星上每一个任务的成像时长在任务规划过程中不允许改变。本实验中假设所有用户的请求都是点目标，这意味着成像时长是一个固定的数字，只与卫星的硬件设计有关。本实验中每个任务的成像持续时间设置为 5s。

每个任务的收益值通常是用户向成像卫星运控中心提供的信息，也有可能是运控中心根据所有需求的整体情况统筹设定的。为了规范对收益的描述，通常将任务的重要性离散化为 10 个级别，取 1~10 的整数。本实验中，每个任务的收益值在这个范围内随机产生。

(2) 算法基本参数设计。

在 DQN 算法中，用神经网络来刻画 MDP 模型中的价值函数。本方案中价值函数的参数规模与场景中的任务大小有关，如表 5.2 所示。

算法中其他必要参数总结如下：

① 训练过程中回报的折扣率 γ：0.9

② 训练过程中选择动作的探索率 ε：0.2

③ 价值网络的拓扑结构：全连接

④ 价值网络中输入层节点数：$5n$

⑤ 价值网络中隐含层节点数：100

⑥ 价值网络中输出层节点数：$n+1$

⑦ 经验池的空间（即最大存储记录数）m：10000

⑧ 每个批次训练选取的记录数 b：100

⑨ 每个场景的迭代次数 e：20

⑩ 用于训练的场景数 c：20

表 5.2 Q 神经网络中的参数统计

场景	输入层	隐含层	输出层	总计
中国区域 _100	50100	10100	10201	70401
中国区域 _200	100100	10100	20301	130501
中国区域 _300	150100	10100	30401	190601
中国区域 _400	200100	10100	40501	250701
全球区域 _100	50100	10100	10201	70401
全球区域 _200	100100	10100	20301	130501
全球区域 _300	150100	10100	30401	190601
全球区域 _400	200100	10100	40501	250701
全球区域 _500	250100	10100	50601	310801
全球区域 _600	300100	10100	60701	370901

2) 价值函数配置对比

为了探究价值函数中的激活函数、损失函数和优化器的配置方案对算法性能的影响，开展本节的实验研究工作。实验将不同的属性配置方案应用于任务数量为 20，所有任务收益之和为 105 的简单场景中，并采用本章设计的算法训练 100 代，记录程序运行结束后所能得到的方案总收益。详细的实验结果如图 5.9~ 图 5.11 所示。

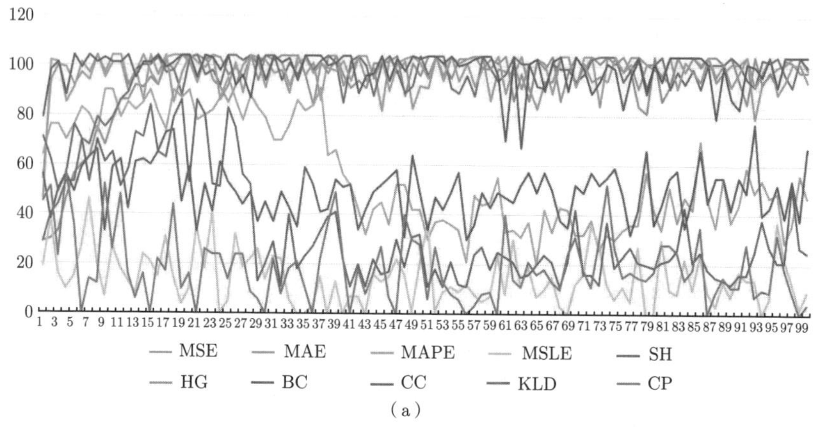

(a)

图 5.9 算法在 Sigmoid 激活函数下不同损失函数和优化器的运算结果（见文后彩图）
(a) SGD 优化器；(b) RMSprop 优化器；(c) Adam 优化器

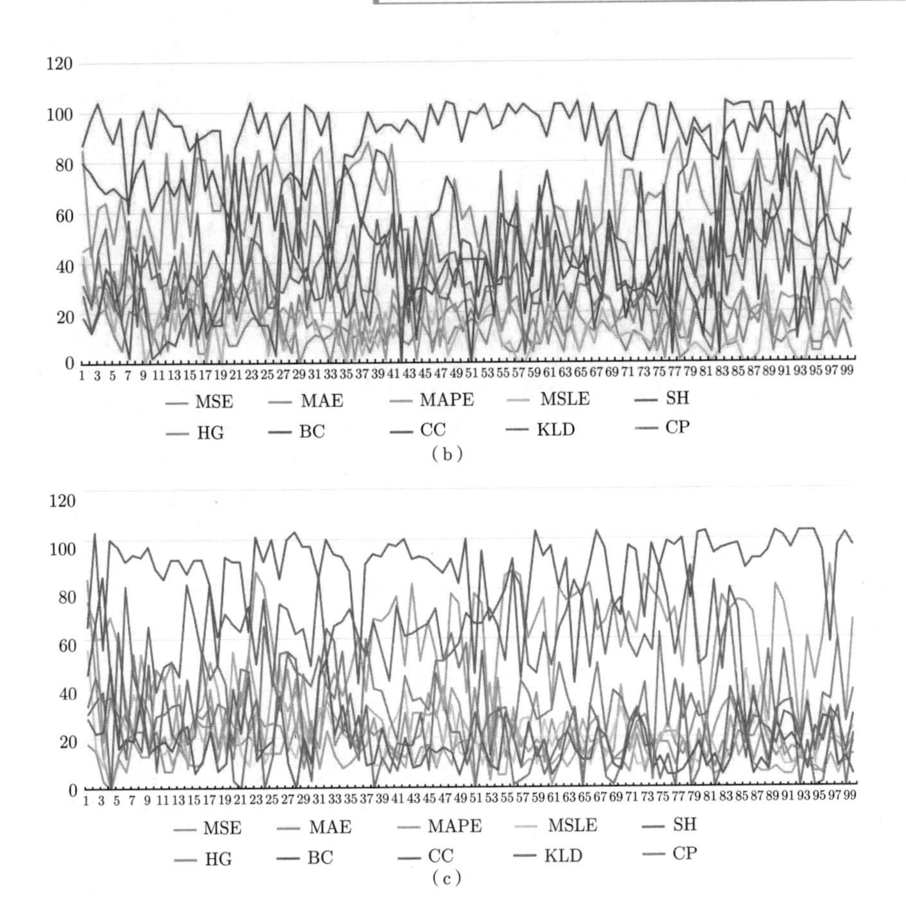

图 5.9　(续)

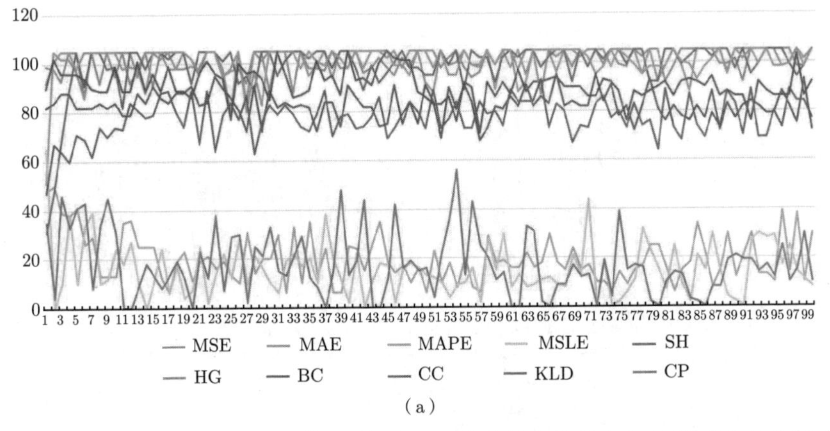

图 5.10　算法在 ReLU 激活函数下不同损失函数和优化器的运算结果（见文后彩图）
(a) SGD 优化器；(b) RMSprop 优化器；(c) Adam 优化器

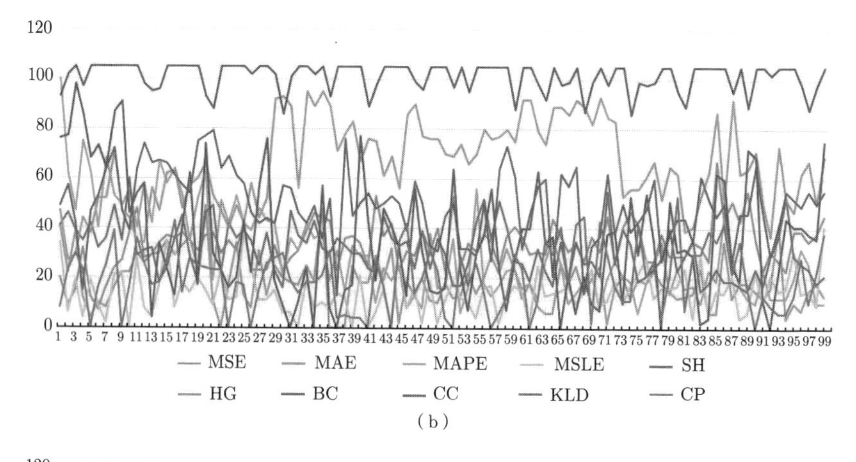

(b)

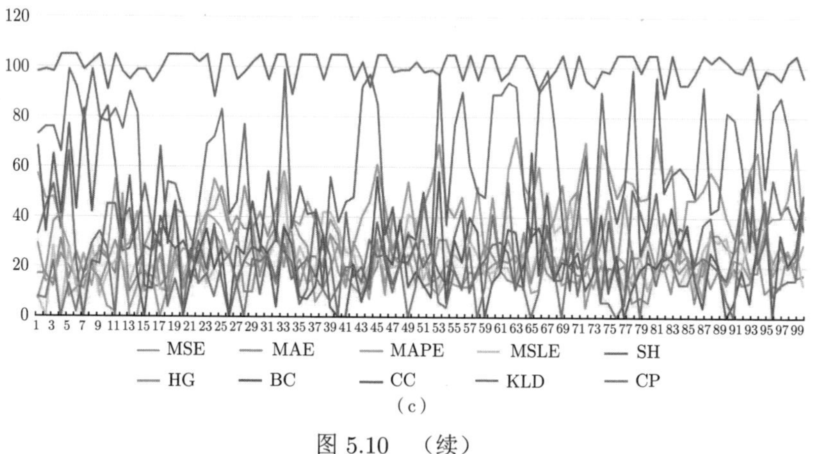

(c)

图 5.10 （续）

(a)

图 5.11 算法在 Tanh 激活函数下不同损失函数和优化器的运算结果（见文后彩图）

(a) SGD 优化器；(b) RMSprop 优化器；(c)Adam 优化器

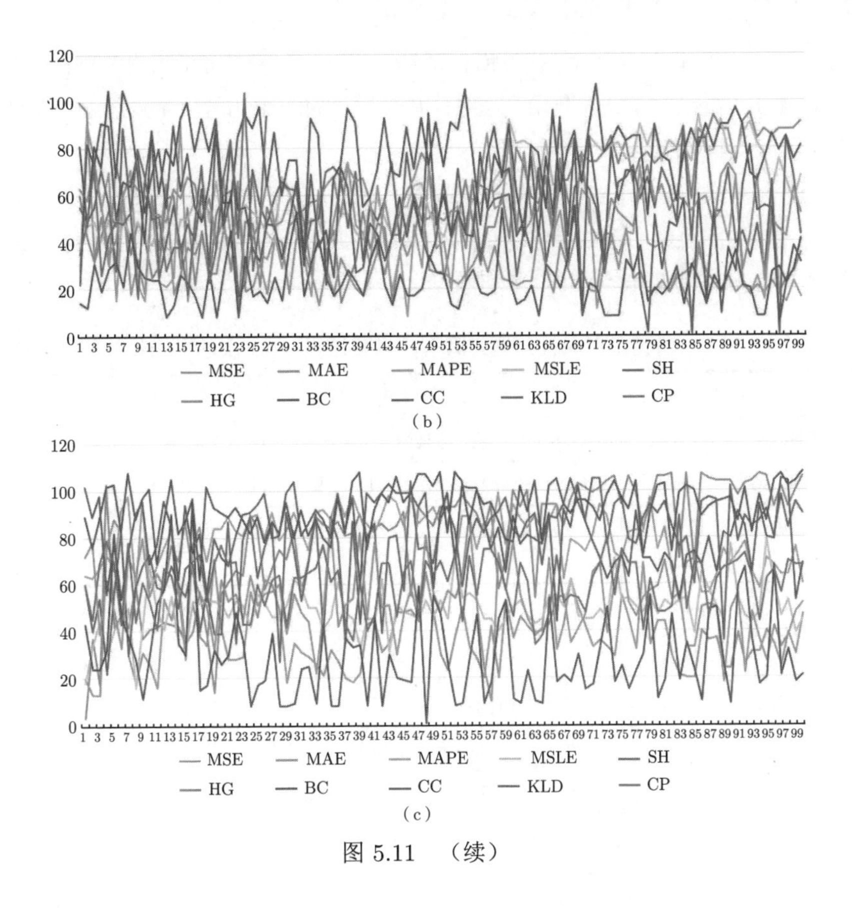

图 5.11　（续）

图 5.9 、图 5.10 和图 5.11 都包含三个子图，每张子图分别代表了 3 种激活函数和 3 种优化器的组合方案下，配置不同损失函数的算法收敛性。从整体上看，Tanh 激活函数下所有的优化器所得到的结果最不稳定，没有算法能够稳定收敛于最优解（即成功规划 20 个任务、规划方案总收益为 105），且不同的优化器、不同的损失函数之间区分度不大；Sigmoid 激活函数下，选择 SGD 优化器时，不同的损失函数被明显分为两类：其中仅有一类基本可收敛于最优解，另一类则无法在 100 代内收敛；ReLU 函数下选择三类优化器均有部分损失函数可以收敛于最优解，且不同方案之间的区分度较大。

表 5.3 统计了在不同的激活函数、损失函数、优化器的配置方案下，训练 100 代所得到的方案总收益的平均值。分析表 5.3 中数据，可以直观地得出以下结论：

(1) 10 种候选损失函数中有 6 种函数在选择 ReLU 为激活函数时，表现优于其他激活函数，这说明价值函数中的激活函数选择 ReLU 时，求解任务分配问题的 DQN 算法收敛性更佳。

(2) 在上述 6 种损失函数中，损失函数 CC 在 8 种激活函数和优化器的组合中表现优于其他损失函数，但是在 SGD+ReLU 的组合方案中的表现被其他 5 种算法超过，其表现较差。

(3) 综合考虑，ReLU+CC 的组合方案在不同的优化器中的整体表现最好，且组合 ReLU 激活函数、多分类交叉熵（CC）、RMSprop 优化器时，可以在全部的 90 种组合方案中取得最大的平均收益。

表 5.3　价值函数属性配置方案下单场景迭代 100 次的平均收益值

收益值	Sigmoid			ReLU			Tanh		
	SGD	RMSprop	Adam	SGD	RMSprop	Adam	SGD	RMSprop	Adam
MSE	93.86	15.55	19.69	**100.7**	33.48	20.36	51.34	57.72	79.85
MAE	97.5	17.26	18.45	**100.65**	18.72	25.07	37.65	31.54	38.25
MAPE	56.61	21.52	23.73	19.7	30.42	22.54	55.6	42.74	**79.31**
MSLE	14.44	15.36	21.09	15.4	14.31	22.87	45.37	**61.74**	49.06
SH	94.49	39.4	22.77	**99.13**	31.18	28.3	64.15	53.59	75.49
HG	97.6	63.56	53.87	**100.91**	65.65	38.24	42.26	55.41	52.84
BC	49.76	53.77	18.91	**91.15**	35.75	27.26	23.81	23.12	29.45
CC	98.63	92.71	88.81	82.75	**101.17**	100.21	86.33	77.91	93.04
KLD	34.63	45.16	55.54	77.26	49.39	58.86	81.67	52.8	**82.11**
CP	18.51	37.71	35.19	17.4	20.35	18.67	**60.86**	51.74	60.4

注：加粗数据代表本行数据的最大值，加下划线的数据代表本列数据的最大值。

表 5.4 统计了在不同的激活函数、损失函数、优化器的配置方案下，训练 100 代所得到的方案总收益的标准差。标准差定量描述了样本数据的离散程度，标准差越大，认为数据越发散，因此在一般的问题中大多希望标准差尽可能小。从表 5.4 中数据可以得到如下结论：

(1) 10 种不同的损失函数中有 7 种函数在不同的损失函数和优化器组合中，ReLU 激活函数下所得到的结果最稳定，即对应行标准差最小。

(2) 损失函数 CC 能够在更多的组合方案中的结果稳定性优于其他损失函数，即选择损失函数 CC 时，可以在 3 个激活函数和优化器组合（Sigmoid+SGD，ReLU+RMSprop，ReLU+Adam）中取得对应列的标准差最小值。

(3) 标准差小于 5 的属性配置方案仅有两组：ReLU + SGD + MSE、ReLU + RMSprop + CC。这两种方案的标准差远小于其他大部分价值函数属性配置方案，而这两种方案之间只有 0.15 的差距，因此可以认为这两种方案的求解稳定性均处于较高水平。

综合上述分析，可以得到结论：选择激活函数 ReLU、损失函数 CC 和优化器 RMSprop 能够获得最强的收敛性和优越的稳定性。因此，在本章后续实验中，所有涉及价值函数中激活函数、损失函数和优化器的选择，都采用这种配置方案。

表 5.4　价值函数属性配置方案下单场景迭代 100 次收益值的标准差

标准差	Sigmoid			ReLU			Tanh		
	SGD	RMSprop	Adam	SGD	RMSprop	Adam	SGD	RMSprop	Adam
MSE	15.62	9.32	9.11	**4.77**	8.17	9.58	13.95	20.77	24.45
MAE	**7.52**	9.19	11.27	7.53	11.56	10.32	14.38	15.20	15.20
MAPE	21.22	9.97	15.71	**9.89**	10.00	18.29	28.42	19.77	12.88
MSLE	10.60	11.21	10.11	11.03	10.11	**8.73**	14.12	16.44	9.76
SH	13.90	15.58	17.01	10.58	14.01	**10.20**	15.66	17.78	19.92
HG	7.41	16.56	23.00	**5.08**	17.79	17.50	19.10	12.20	15.56
BC	10.13	22.65	13.49	**6.42**	20.05	24.51	12.96	10.37	18.88
CC	7.36	12.66	14.41	5.97	**4.92**	5.60	19.37	16.02	10.14
KLD	21.90	28.04	19.71	**7.93**	25.45	13.93	14.18	21.60	14.24
CP	13.45	37.71	14.37	13.29	18.67	12.89	16.67	51.74	**11.80**

注：表中加粗数据代表本行数据的最小值，加下划线数据代表本列数据的最小值。

3) 算法训练结果

从算法的收敛性能和训练时间两个角度，本实验分析了 DQN 算法在训练过程中的表现。

(1) 算法收敛性能分析。

本节测试了所提出的强化学习算法的收敛性以及在不同训练场景中的泛化性。图 5.12 记录了不同场景下每一次迭代所获得的总收益，训练场景数量为 20，每个场景中训练 20 代。训练过程中每一次执行动作都会产生一组关于动作、状态、短期回报的数据记录，这些数据被统一存储记录并用于训练价值函数，即 Q 网络。每一个场景中会形成一个动作序列来表示任务分配方案，并基于完整的分配方案得到任务总收益。根据图中数据所示，任务总收益在训练开始的几十代内上升，之后稳定于某个值上下，仅有小范围波动，直到训练结束。训练过程在 20 个不同的场景上进行，当一个场景训练完毕并读取另一个场景进行训练时，得到方案的总收益不会陡然下降。这表明经过训练的 Q 网络在不同的训练场景中具有良好的泛化性。

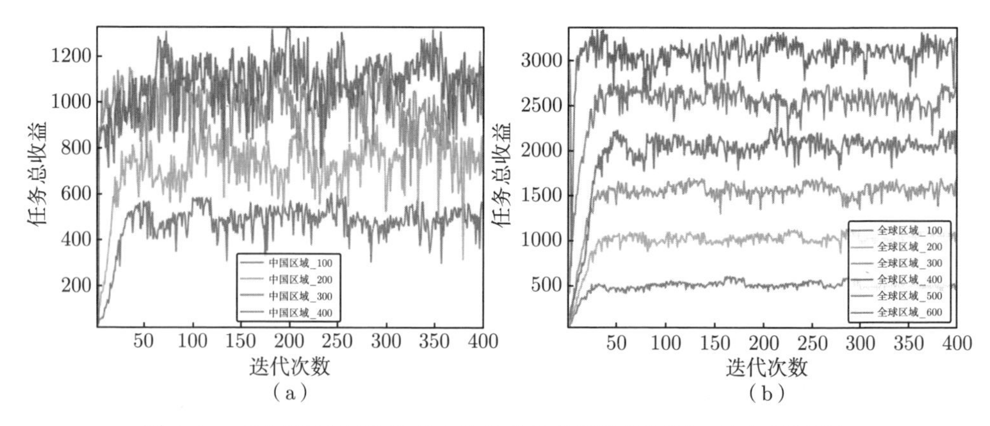

图 5.12 不同场景下迭代 400 次的总收益变化折线图（见文后彩图）

(a) 中国区域；(b) 全球区域

图 5.12 的总收益出现波动的原因总结如下：由于设置了探索率 ε，这使得强化学习算法在训练的过程中有一定概率不参考当前正在训练的 Q 网络的值而随机选择动作，这是产生波动的主要原因。设置探索率的目的是提供寻找更优方案的可能性，防止结果陷入局部最优，但这样的话有一定概率导致探索到的解的质量比预期还要差，这就出现了波动。因此，在其他条件不变的情况下，探索率越大，曲线的波动越大。

从整体趋势来看，所有场景经过若干代的迭代后都会趋于稳定，但每次训练开始时的表现都不同。图 5.13 展示了算法所有场景中前 20 代的训练数据。从图 5.13 中不难发现，总收益在大多数情况下呈波动式增长，而“全球区域 _500”“全球区域 _600”和“中国区域 _400”的训练起始阶段（前 10 代）表现出与普遍规律不相同的结果：训练第一代得到了一个解，在接下来几代训练过程中的任务总收益有所下降，之后才会逐渐趋于收敛。这是因为模型在产生初始解时具有随机性，前几代训练的过程中积累的数据量较少，基于已有的少量样本进行学习时，算法可能会在接下来几代训练中朝错误的方向去拟合价值函数，从而导致下一代或接下来的几代决策的依据产生偏差。从 10~20 代的数据可以看出，随着用于训练的样本量增加，无论前几代的训练方向如何，算法总能通过训练过程不断积累样本，并利用大量样本逐渐修正 Q 网络正确的收敛方向。

综合算法在各场景中训练过程中的表现可得，所提出的 DQN 算法在同一场景下的收敛性和不同场景中的泛化性能够满足应用需要。

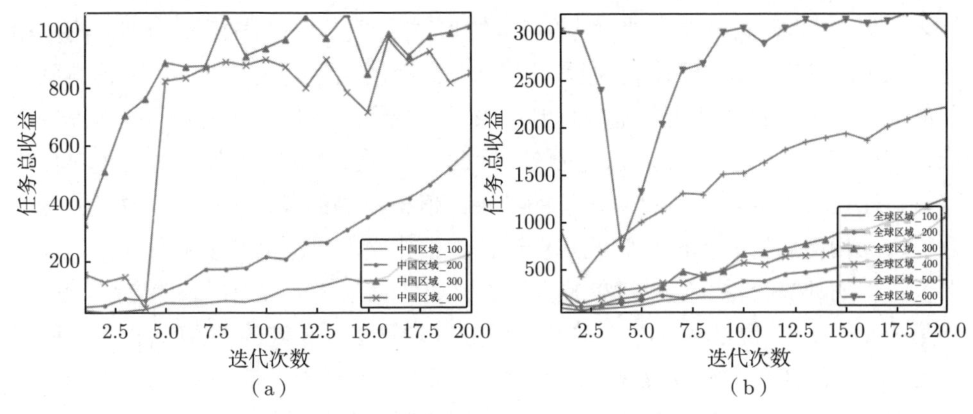

图 5.13　算法在所有场景中前 20 代总收益变化趋势

(a) 中国区域；(b) 全球区域

(2) 算法训练时长分析。

本实验还详细讨论了算法训练所需的时间。根据图 2.4 的设计，仿真实验是从预处理之前开始的，即实验中算法读入的是原始需求信息，通过调用预处理算法对需求进行处理，从而得到任务规划所需的任务信息。这个过程涉及轨道动力学等一些物理原理，计算过程复杂，耗时长。因此实验方案中不对任务预处理的内部过程改造和设计，仅将该过程作为整个实验过程中的一部分黑箱计算模型。这么做是为了与实际工程问题接轨，尽可能模拟工程中任务规划的流程，并在这一过程中讨论 DQN 算法的各项指标。所以仿真程序的运行时间包括了进行预处理过程为任务规划过程准备数据所需要的时间，即结合用户需求、成像卫星的能力和轨道根数，计算每个任务的可见时间窗和其他任务规划必需的数据所需要的时间。

表 5.5 展示了预处理过程和训练过程所花费的时间。从实验结果来看，预处理所花费的时间只与任务数量有关，与任务的分布情况无关。训练所需时间与任务规模、任务分布均有关。这两者都与任务集合中的任务数量呈正相关，即任务规模越大，强化学习训练过程和预处理过程所需时间越长。在设计的这些场景中训练花费的最大时间出现在“中国区域 _400”中，大约需要 3h45min。用小时量级的时间来训练一个成像卫星任务分配模型，在实际应用过程中是完全可以接受的。

4) 算法测试结果

为了测试采用深度 Q 学习算法训练得到的价值函数在未知场景中的应用效果，本节选取了几种先进的成像卫星任务规划算法用于实验对比：自适应大邻域搜索（ALNS）算法、基于剩余任务密度的启发式算法（HADRT）。此外，本实验还尝试采用分支定界算法[133]，但是该算法在所有场景中均无法在 3600s 内得到问题的解，这说明直接使用精确求解算法来解决成像卫星任务规划问题的运算效率低，在许多实际场景中是无法接受的。因此，这项工作重点对比和讨论了 ALNS 算法、HADRT 算法与 DQN 算法的结果。值得一提的是，HADRT 算法是第 4 章提出的构造启发式算法，它既可以嵌套于强化学习算法的环境部分，作为任务调度过程的计算方法，也可以单独作为求解成像卫星任务规划问题的方法。因此，将集成 HADRT 算法和 DQN 算法的任务规划算法与单纯的 HADRT 算法进行对比，即可得到在求解成像卫星任务规划问题时 DQN 算法对解的质量的贡献率。上述算法被用于相同的测试集，以测试不同的算法在测试场景中的性能。

表 5.5　预处理过程训练过程所消耗的时间

场景	预处理所需时间	训练所需总时间	单场景所需时间
中国区域 _100	21min52s	5min11s	15s
中国区域 _200	44min28s	27min43s	1min23s
中国区域 _300	1h6min54s	1h8min4s	3min24s
中国区域 _400	1h30min14s	2h15min6s	6min45s
全球区域 _100	22min38s	4min0s	12s
全球区域 _200	45min10s	10min12s	30s
全球区域 _300	1h7min52s	17min23s	52s
全球区域 _400	1h30min32s	28min6s	1min24s
全球区域 _500	1h51min25s	38min44s	2min2s
全球区域 _600	2h12min49s	50min27s	2min31s

(1) 任务收益率对比分析。

任务收益率是评价成像卫星任务规划算法最重要的指标之一，它反映了一个方案的求解精度。成像卫星任务规划问题的目标是使方案的总收益最大化。而在同一场景中，任务收益率与总收益成正比。任务收益率的计算方法同式 (4.37)。

将 ALNS 算法、HADRT 算法和 DQN 算法分别应用于所设计的 10 个仿真场景，并且在每个场景中进行 10 次独立重复实验以减小偶然性对实验结论的影响。这三种算法在不同场景中的任务收益率如图 5.14 所示。

图 5.14 用箱型图来描述不同算法在各场景中任务收益率的差异。本书将大部分（超过 90%）任务都可以被成功规划的场景称为订阅不足（under-subscribe）场景，反之则称为过度订阅（over-subscribe）场景。由图 5.14 中的结果不难看

出，“中国区域 _100”的大部分情况和“全球区域”的所有场景都属于订阅不足场景，“中国区域 _200”、“中国区域 _300”和“中国区域 _400”的所有情况都是过度订阅场景。大多数有关成像卫星任务规划问题的研究只比较算法在过度订阅情况下的性能，但在实际应用中，算法在订阅不足情况下的性能也有重要的现实意义。

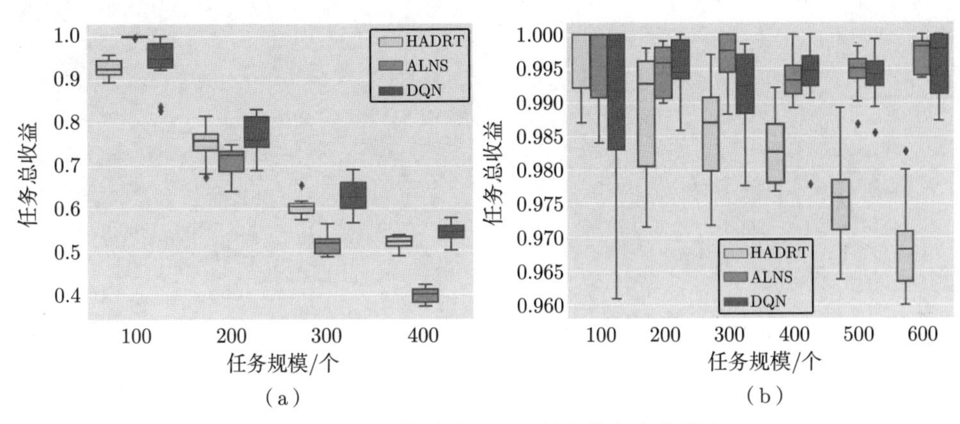

图 5.14　三种算法在不同场景中的任务收益率

(a) 中国区域；(b) 全球区域

在过度订阅的情况下，HADRT 算法的平均总收益率优于 ALNS 算法，而在订阅不足的情况下，可以得到完全相反的结论。随着任务规模的增长，两种算法的结果之间的差距越来越大。不同的数据集得出的结论不同，因此 ALNS 算法和 HADRT 算法都不能保证在不同场景中性能的稳定性。值得注意的是：

① DQN 算法的平均任务收益率在所有测试场景中都超过了 HADRT 算法，这说明了 DQN 算法可以有效提升解的质量。

② DQN 算法在所有过量订阅场景和场景“全球区域 _400”中获得最高的平均收益率。在其他场景中，虽然 DQN 算法的平均收益率没有超过 ALNS 算法，但是两个值之间只有细微的差距：DQN 算法所得到的方案的平均收益率与同一场景下 ALNS 算法和 HADRT 算法的较优者的平均收益率的相对误差小于 0.5%。

综上，可以得出以下结论：

① 在过度订阅场景中 ALNS 算法的表现最差，DQN 算法在过度订阅场景中表现最好。

② 在订阅不足场景中，HADRT 算法表现最差；而 DQN 算法和 ALNS 算法在订阅不足场景中的求解精度均没有绝对的优势。

(2) 程序运行的 CPU 时间对比分析。

为了对算法性能进行全面衡量，实验还对比了算法运行的 CPU 时间，如图 5.15 所示。

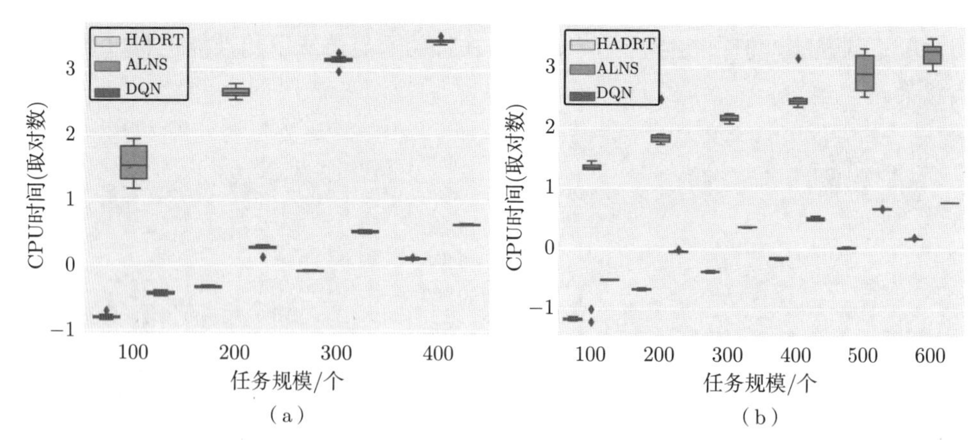

图 5.15 3 种算法在不同测试集中的程序运行时间（取对数）

(a) 中国区域；(b) 全球区域

算法程序的 CPU 运行时间是评价算法的另一个重要指标。程序运行时间是指从程序读入数据和算法输出结果的时间差。从图 5.15 中可以得到以下结论：

① 在所有场景中，HADRT 算法和 DQN 算法处于同一数量级，均处于较低水平。同一场景下 DQN 算法所花费的时间略高于 HADRT 算法，这部分时间就是任务分配过程所需时间。因此，基于 DQN 算法的任务分配过程从时间效率上是完全可接受的。

② ALNS 算法在任意场景下都是最耗时的算法，它所消耗的时间一般比另外两种算法高 2~3 个数量级。其程序运行时间在“中国区域 _100”场景中超过 40s，而在“中国区域 _200”中的运算时间大约是“中国区域 _100”场景中的 10 倍，在“中国区域 _400”场景的程序运行时间是 2700s 左右。同时，在全球分布场景中，ALNS 算法的程序运行时间也有类似的趋势：ALNS 算法的程序运行时间随着任务规模的增加会爆炸式增长。

根据表 5.6 可以定量分析各算法在 CPU 时间上的规律。通过横向比较同一规模下的中国区域和全球区域场景，发现任务的分布同样也会导致算法在 CPU 时间上的差异。另外，ALNS 算法的 CPU 时间标准偏差远大于 DQN 算法和 HADRT 算法，因为 ALNS 算法属于随机性算法，每一次迭代过程都存在随机性，而算法达到收敛条件或者最大迭代次数后都会停止迭代。因此，对于各算法的 CPU 时间，与 DQN 算法和 HADRT 算法相比，ALNS 算法无论在运算时间的稳定性还是求解时效性方面都没有优势。

综合分析算法在应用过程的收益率和 CPU 时间,可以得到如下结论:HADRT 算法在 CPU 时间方面表现最好，但在大多数场景下的求解精度低于其他两种算法；ALNS 算法在某些场景下虽然可以达到较高的求解精度，但程序运算时间不可控，因此时间效率低。DQN 算法可以在可接受的时间内得到比其他两种算法更好的解决方案。

表 5.6 同一场景下程序运行时间的平均值和标准差统计

场景	平均值/s			标准差		
	ALNS	HADRT	DQN	ALNS	HADRT	DQN
中国区域 _100	43.7	1.57×10^{-1}	3.61×10^{-1}	25.50	1.61×10^{-2}	2.43×10^{-2}
中国区域 _200	4.46×10^{2}	4.56×10^{-1}	1.77	71.50	1.70×10^{-2}	2.22×10^{-1}
中国区域 _300	1.39×10^{3}	8.18×10^{-1}	3.25	2.11×10^{2}	1.63×10^{-2}	1.14×10^{-1}
中国区域 _400	2.75×10^{3}	1.27	4.21	2.11×10^{2}	4.01×10^{-2}	1.02×10^{-1}
全球区域 _100	18.00	6.68×10^{-2}	2.95×10^{-1}	9.27	2.57×10^{-3}	3.96×10^{-3}
全球区域 _200	87.40	2.07×10^{-1}	8.97×10^{-1}	69.50	7.71×10^{-3}	2.29×10^{-2}
全球区域 _300	1.45×10^{2}	4.12×10^{-1}	2.28	17.90	1.25×10^{-2}	2.59×10^{-2}
全球区域 _400	3.87×10^{2}	6.94×10^{-1}	3.13	3.43×10^{2}	2.22×10^{-2}	2.21×10^{-1}
全球区域 _500	9.98×10^{2}	1.04	4.53	6.30×10^{2}	2.61×10^{-2}	7.29×10^{-2}
全球区域 _600	1.81×10^{3}	1.47	5.87	6.95×10^{2}	2.71×10^{-2}	2.66×10^{-2}

5.4.2 集成算法性能分析

1) 实验准备

用于实验的资源属性与 5.4.1 节的相同，参数详见表 5.1。这些参数均参考卫星工业部门提供的真实数据设计，符合卫星行业的标准。

考虑到真实成像卫星任务规划过程的复杂性和输入条件的多样性，很难找到一个普遍认可、接近实际应用的标准数据集来研究成像卫星任务规划问题。为了便于对比和分析，参考文献 [14]、文献 [73] 和文献 [100] 等工作中成像卫星任务规划实验的仿真数据设计方法，本实验过程按照特定分布设计了实验中使用的测试集。表 5.7 中列出了生成仿真场景中任务的规则。

基于表 5.7 中设计的规则，设计了两种类型的场景用以测试所提出的方法在不同地理分布的任务中的有效性。在大区域场景下进行测试日常任务处理能力，覆盖面大致为中国境内范围；在小区域场景（中国湖南省所在区域的外接矩形）

中测试算法在应急情况下（如洪灾和地震等重大自然灾害）任务分布集中时算法的各项性能。在仿真实验中，共设计了任务大小为 20 和 50 的两个小区域场景以及任务大小为 100、200 和 400 的三个大区域场景，分别标记为 H_20、H_50、C_100 、C_200 和 C_400。

表 5.7　仿真场景中任务产生规则

参数	分布	数据类型	最小取值	最大取值
大区域场景中任务 i 的纬度 lat_i	均匀分布	Float	3	53
大区域场景中任务 i 的经度 lon_i	均匀分布	Float	73	133
小区域场景中任务 i 的纬度 lat_i	均匀分布	Float	20	30
小区域场景中任务 i 的经度 lon_i	均匀分布	Float	108	114
d_i^j	常数	Int	5	5
p_i^j	均匀分布	Int	1	10

2) 算法集成方案

在 5.2 节所建立的 MDP 模型中，环境部分的计算主要是通过任务调度问题的求解算法来实现的。在对集成算法性能分析之前，本实验首先讨论了不同的任务调度算法和不同的任务分配算法搭配形成的集成算法在求解成像卫星任务规划问题的收敛性。

本书选取异步优势演员-评论家算法[179]（asynchronous advantage ActorCritic，A3C）和基于指针网络的演员-评论家算法[102]（actor critic algorithm with pointer-networks，PtrN）作为 DQN 算法的对比算法，这两种算法都在近期公开发表的学术论文中表明其在经典的规划调度问题中有较好的表现。为了控制变量，对这 3 种算法应用相同的强化学习属性，如折扣率和探索率等。结合第 4 章所设计的两种确定性算法，构造 6 种算法集成方案，如表 5.8 所示。

表 5.8　6 种算法集成方案

序号	任务分配过程	任务调度过程	算法名称
1	深度 Q 学习算法	基于任务排序的动态规划算法	DQN_DP
2	深度 Q 学习算法	基于剩余任务密度的启发式算法	DQN_CH
3	异步优势演员-评论家算法	基于任务排序的动态规划算法	A3C_DP
4	异步优势演员-评论家算法	基于剩余任务密度的启发式算法	A3C_CH
5	基于指针网络的演员-评论家算法	基于任务排序的动态规划算法	PtrN_DP
6	基于指针网络的演员-评论家算法	基于剩余任务密度的启发式算法	PtrN_CH

选择一个较大规模的订阅不足场景（“全球区域 _400”）来讨论集成算法的收敛性，这样可以增大不同方法结果之间的区分度，便于结果分析。6 种集成算法分别在单一场景中迭代 1000 代，得到的结果如图 5.16 所示。

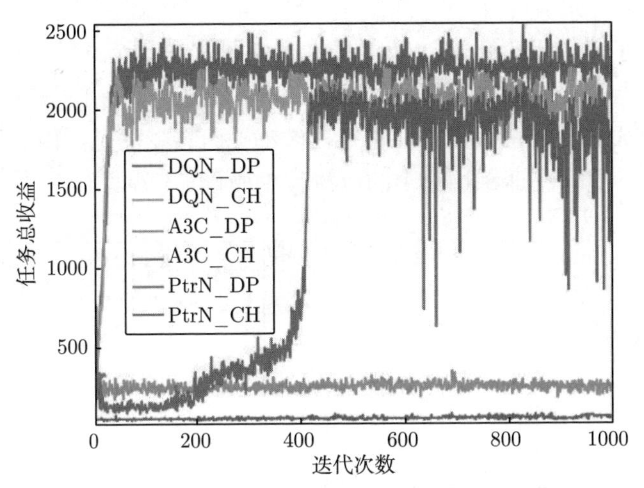

图 5.16 不同算法的集成方案的收敛性分析（见文后彩图）

根据图 5.16 中数据，可得出以下结论：

(1) DQN_DP 算法、DQN_CH 算法和 A3C_CH 算法都在 1000 代内能够获得较高水平的任务总收益，其他 3 个算法在训练过程中，任务总收益始终保持在较低水平。

(2) DQN_DP 算法和 DQN_CH 算法的收敛效率很高，在前 50 代基本收敛。而 A3C_CH 算法收敛效率低，在 400 代左右，任务总收益急剧增长，但是整体不如 DQN_DP 算法和 DQN_CH 算法稳定。

(3) 在有限的计算资源（i7-8750H CPU、16.0GB RAM、GTX 1060）下，PtrN_DP 算法仅能完成 22 代训练即内存溢出。这说明，所有的 6 种集成算法中，PtrN_DP 算法对计算资源的要求最高，其他算法的训练和应用过程均可以在个人笔记本电脑上完成。

(4) 6 种算法的求解精度从高到低排列为 DQN_DP 算法、DQN_CH 算法、A3C_CH 算法、A3C_DP 算法、PtrN_CH 算法。值得一提的是，从前 20 代的数据来看，PtrN_DP 算法的求解精度高于 A3C_DP 算法和 PtrN_CH 算法，但是随着迭代次数的推进，PtrN_DP 算法的结果如何变化，无法基于本实验判断。

因此，在上述所有 6 种集成算法中，DQN_DP 算法和 DQN_CH 算法收敛速度快，求解精度高，对计算资源的要求不高，收敛性方面优于其他 4 种集成算法。在接下来的实验中，将详细讨论 DQN_DP 和 DQN_CH 在训练和应用过程中的各项表现。

3) 算法训练结果

(1) 收敛性分析。

实验记录了 DQN_DP 算法和 DQN_CH 算法在单个场景中进行 1000 次迭代训练的总收益变化趋势来衡量算法的收敛性，结果如图 5.17 所示。经过几十次迭代，两种集成算法的总收益总体稳定，波动在可接受的范围内。结果存在波动主要是由 DQN 算法在训练过程中的“探索”操作导致的。

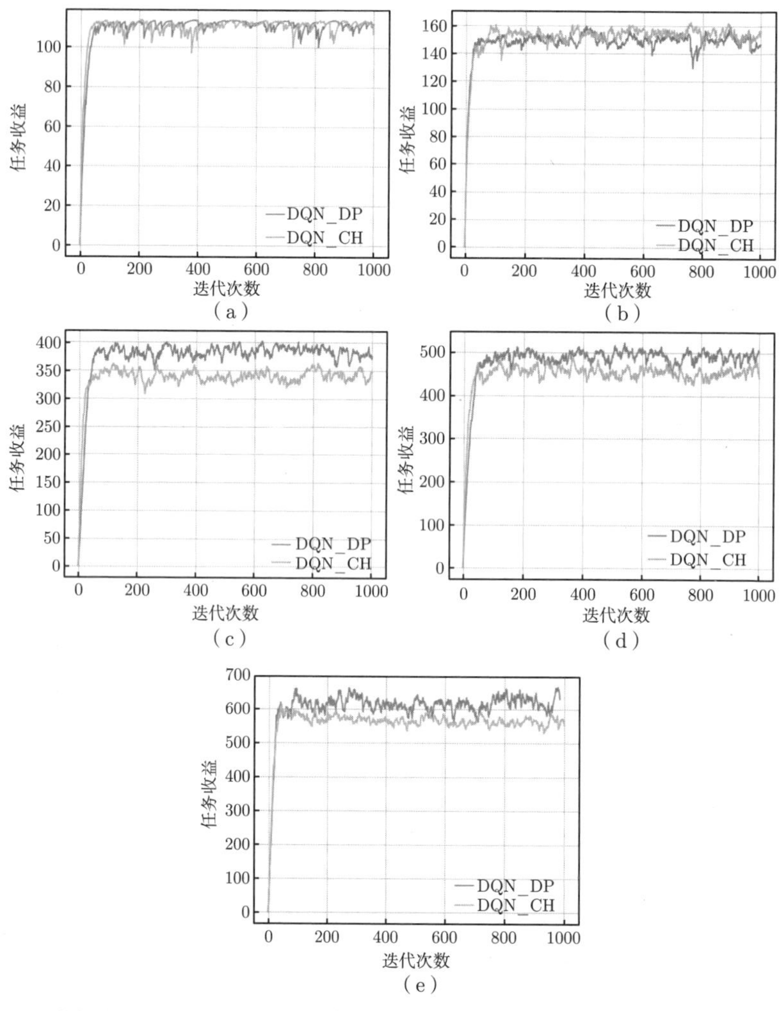

图 5.17　DQN_DP 和 DQN_CH 的收敛性分析（见文后彩图）

(a) 训练集 H_20；(b) 训练集 H_50；(c) 训练集 C_100；(d) 训练集 C_200；(e) 训练集 C_400

在训练集 H_20 和 H_50 上，两种算法没有显著差异，分别如图 5.17(a) 和图 5.17(b) 所示。这说明算法在小规模场景中训练精度可以达到同一水平，训练过程所消耗的计算资源均较小。由图 5.17(c)～ 图 5.17(e) 可发现，随着任务数量的增加，虽然两种算法均能有效收敛，但两种算法的差异逐渐显露：DQN_DP 算法在场景 H_100、H_200 和 H_400 中训练得到的总收益比 DQN_CH 算法高 10% 左右，但 DQN_DP 算法在训练过程中需要更多的计算资源，DQN_DP 算法在场景 C_400 中只能完成 949 次迭代，原因是内存溢出。这说明：

① DQN_DP 算法和 DQN_CH 算法都能在较小的计算资源上通过小规模样本即可训练求解任务分配问题的经验公式。

② DQN_DP 算法的训练精度更高，但其所需的计算资源更多；DQN_CH 算法的训练精度稍差，但其对计算资源要求低，能在更大规模、更复杂的场景中得到满意解。

(2) 泛化性分析。

实验记录了 DQN_DP 和 DQN_CH 在 20 个随机产生的训练场景中各进行 20 次迭代训练的总收益变化趋势来衡量算法的泛化性，所得结果如图 5.18 所示。不同的任务规模下，不同实例的训练过程需要几十分钟到几个小时不等，包括预处理和状态更新的时间。由于任务集中每个任务的收益是随机产生的，所以任务集的总收益不一定相同，分析收益率的变化趋势更合理。收益率是任务规划方案中任务的总收益与所有候选任务的总收益之比，根据式 (4.37) 来计算。从图 5.18 可以看出，虽然每个训练场景中只进行了 20 次迭代，但是 DQN_DP 算法和 DQN_CH 算法的收益率变化曲线最终稳定在一定水平。在一定水平下存在合理的波动是可以接受的，说明这两种算法训练得到的价值函数都能适用于不同的规划场景，即这两种算法均具备较强的泛化性。图 5.18 中曲线的波动幅度大于图 5.17，这主要是由如下两个原因导致的：①每个实例的最优解都不同；②价值函数需要在不同的场景中结合不同场景的特征不断更新。

将在 20 个训练场景中训练完毕的价值函数应用于实际应用场景，以进一步测试 DQN_DP 算法和 DQN_CH 算法的泛化能力，结果如图 5.19 所示。在图中 50 个不同特征的实例中，两种算法的测试结果与训练时表现的规律基本一致：除了 H_20 中的实例，DQN_CH 算法和 DQN_DP 算法的结果仅在一个实例上相等；50 个测试样例中，DQN_CH 算法仅在两组数据中的表现优于 DQN_DP 算法。

4) 算法测试结果

将 DQN_DP 算法和 DQN_CH 算法与近期公开发表的论文中的几种先进

算法进行对比从而得到算法在应用过程中的相关结论。这些算法包括：以分支定界算法[133] 为代表的精确求解算法，以第 4 章所设计的基于剩余任务密度的启发式算法为代表的构造启发式算法，以及自适应大邻域搜索算法[14] 和基于单向动态规划的迭代局部搜索算法[78] 为代表的元启发式算法，这些算法分别用 B&B、HADRT、ALNS 和 BDP-ILS 来表示。

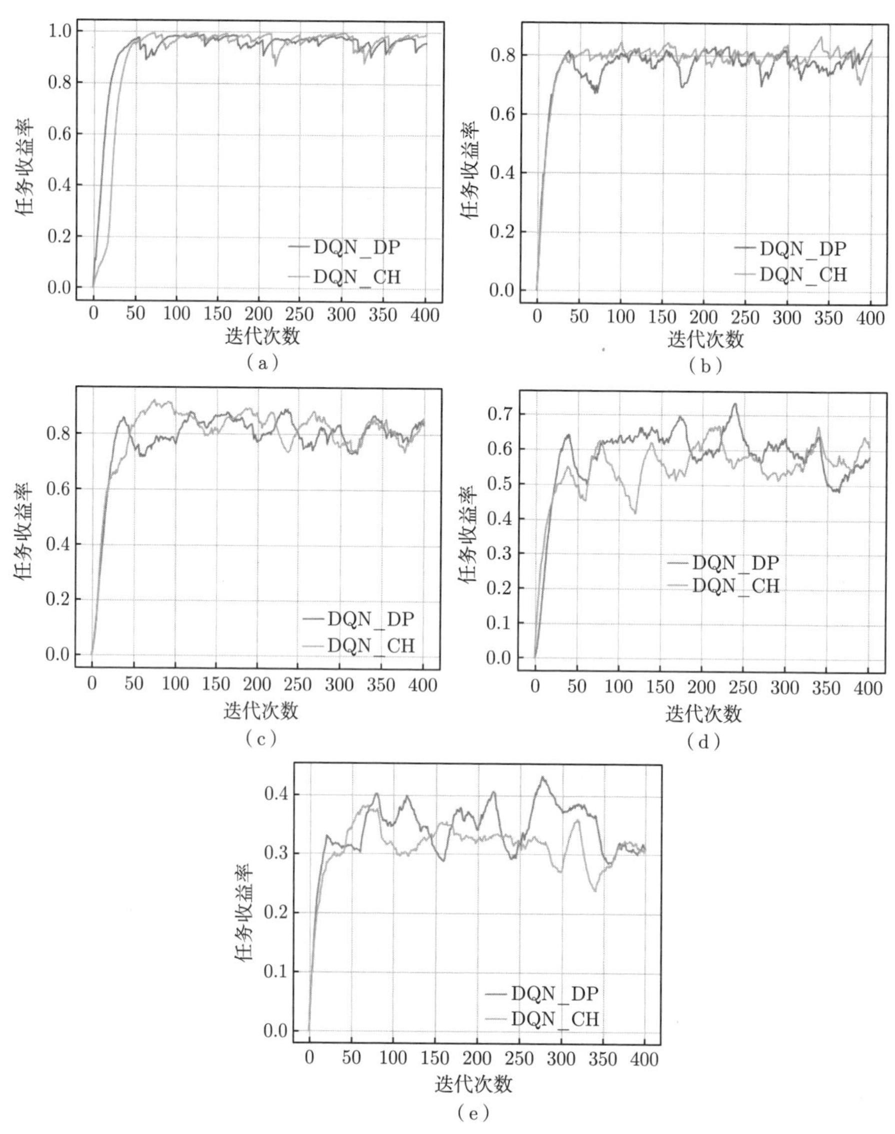

图 5.18　DQN_DP 算法和 DQN_CH 算法的泛化性分析（见文后彩图）

(a) 训练集 H_20；(b) 训练集 H_50；(c) 训练集 C_100；(d) 训练集 C_200；(e) 训练集 C_400

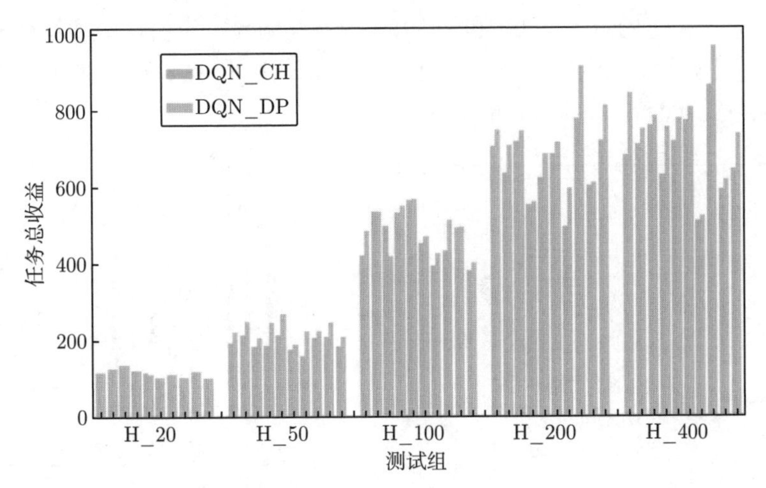

图 5.19 实验结果在新的 20 个场景中泛化性测试效果（见文后彩图）

实验在 50 个实例中运行了 DQN_DP 算法和 DQN_CH 算法以及其他的对比算法，并记录了运行时间小于 3600s 的结果。所有结果总结在图 5.20 中，柱状图显示：

(1) B&B 算法在任务规模很小的场景（H_20）下可以得到最优解，但在其他测试集中均无法在 3600s 内得到结果；

(2) HADRT 算法在测试集 C_100、C_200 和 C_400 的部分实例中达到了可接受的结果，但在其他实例（尤其是 H_20 和 H_50 的所有场景）中的结果很差；

(3) BDP-ILS 算法、DQN_CH 算法和 DQN_DP 算法可靠地实现了高质量的求解，并且 DQN_DP 算法在大多数情况下优于 DQN_CH 算法。

程序的运行时间是评价算法效率的另一个重要指标，这项指标对于实际应用效率和用户体验也有着很强的现实意义。表 5.9 记录了各算法在不同数据集上运算时间的均值。基于该表，可得出以下结论：

(1) HADRT 算法、DQN_CH 算法和 DQN_DP 算法的计算时间随问题规模增长较慢，在所有场景中均可以在短时间内得到结果，而 ALNS 算法、BDP-ILS 算法和 B&B 算法随问题规模的增大，运行时间显著增加；

(2) DQN_CH 算法的计算时间大约是 HADRT 算法的两倍，但是这两种算法的运算时间整体上比其他算法小几个数量级；

(3) 尽管 DQN_DP 算法的运行时间比 DQN_CH 算法和 HADRT 算法的运行时间多很多，但 DQN_DP 算法的运算时间随着问题的规模增加的幅度可接受。

表 5.10 统计了各算法在不同数据集上运算时间的标准差。对表 5.10 中数据进行分析，可以发现在大部分场景中，ALNS 算法和 BDP-ILS 算法的计算时间的

标准差较大，且在场景 C_200 和 C_400 中尤其明显。说明这两种算法在求解复杂场景时，计算效率受输入特征的影响很大。相比之下，HADRT 算法、DQN_CH 算法和 DQN_DP 算法的运行时间更为稳定。

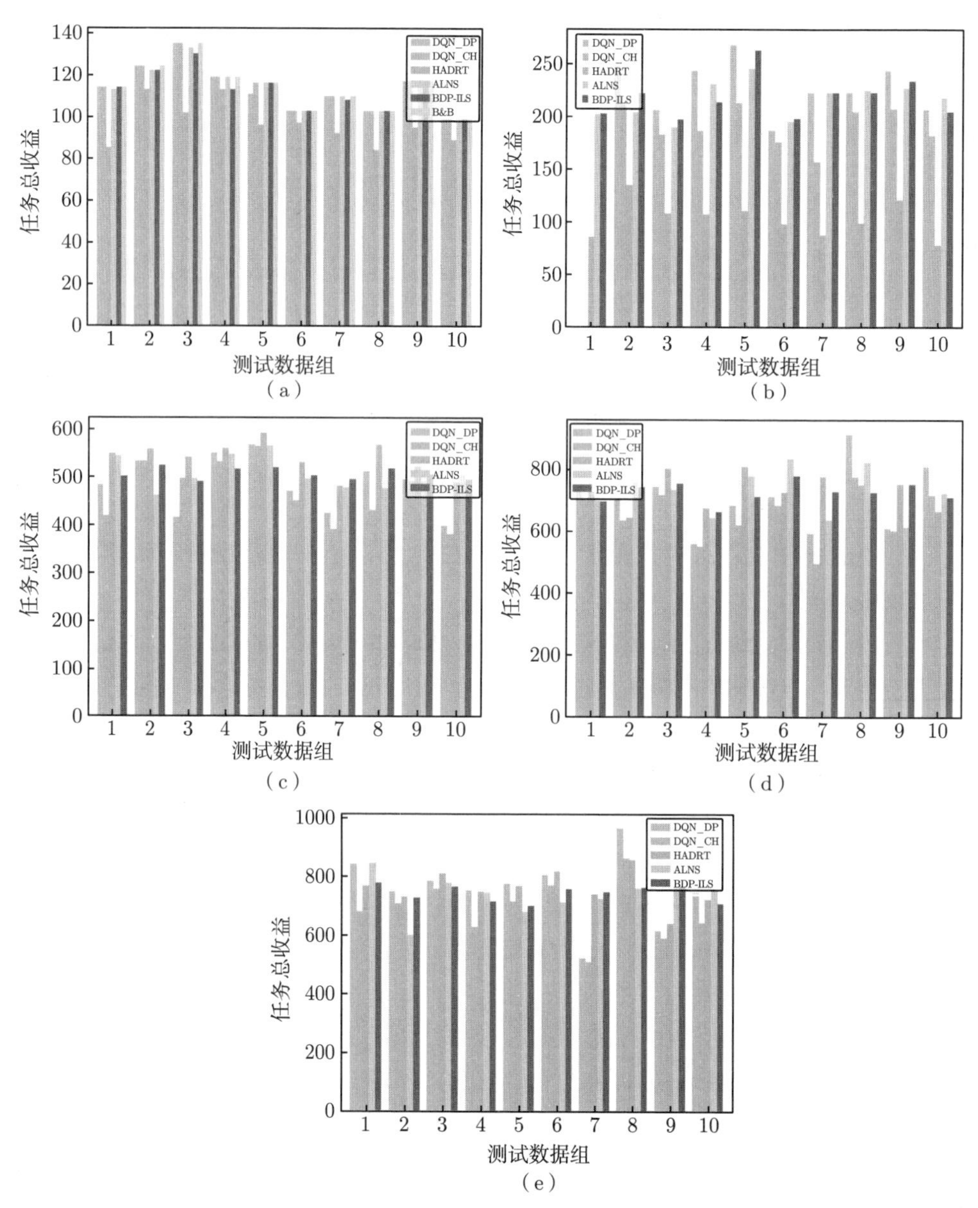

图 5.20 算法求解效果对比（见文后彩图）

(a) 训练集 H_20；(b) 训练集 H_50；(c) 训练集 C_100；(d) 训练集 C_200；(e) 训练集 C_400

表 5.9　不同算法运行时间的平均值

场景	DQN_CH	DQN_DP	HADRT	ALNS	BDP-ILS	B&B
H_20	0.079	1.824	0.038	7.777	1.094	1.553
H_50	0.153	5.539	0.126	20.287	2.085	>3600
C_100	0.399	9.367	0.152	38.691	10.558	>3600
C_200	1.003	24.655	0.442	316.83	43.492	>3600
C_400	1.809	24.426	1.246	2057.9	180.29	>3600

表 5.10　不同算法运行时间的标准差

场景	DQN_CH	DQN_DP	HADRT	ALNS	BDP-ILS	B&B
H_20	0.004	0.038	0.013	1.146	0.429	1.234
H_50	0.028	0.38	0.011	11.653	0.474	–
C_100	0.024	0.752	0.017	26.916	3.923	–
C_200	0.12	1.44	0.034	75.318	23.131	–
C_400	0.234	2.031	0.098	222.41	34.935	–

总体而言，B&B 算法仅能在很小任务规模的场景中求解；HADRT 算法可以在短时间内找到可行的解决方案，但在很多场景中求解质量无法得到保证；对于 ALNS 算法和 BDP-ILS 算法，可以通过所设计的局部搜索机制降低求解过程陷入局部最优的风险，但通常搜索解的过程需要很长时间，而且这个时间往往不可控；集成确定性算法和强化学习的优化算法 DQN_CH 算法和 DQN_DP 算法在可接受的时间内获得令人满意的解决方案。

其中 DQN_DP 算法在绝大多数场景中求解精度上占优，而 DQN_CH 算法在计算资源消耗方面更具有优势。因此在求解大规模问题或者计算资源有限时，选择 DQN_CH 算法可以在很短的时间内得到满意的任务规划方案；在求解小规模问题时，选择 DQN_DP 算法可以进一步提高求解质量。

5.5　本章小结

本章将成像卫星任务分配过程建模为 MDP 模型。在 MDP 模型中，任务分配过程和任务调度过程不断交互，以训练最终用于任务分配问题的价值函数。其中，任务分配过程基于 MDP 模型中的价值函数进行决策，任务调度过程基于第 4 章所设计的确定性算法决策。针对成像卫星任务分配问题设计了 MDP 模型的状态、动作、短期回报和价值函数，以求模型尽可能贴近真实的成像卫星任务分配过程：该 MDP 模型既完整、客观地反映了成像卫星任务规划问题的本质特征，又排除了与现实问题不相符的情况，便于对模型进行处理和操作。基于对问题模型的理解，本章设计了改进深度 Q 学习（DQN）算法来求解上述 MDP 模型，结合领域知识设计了算法的求解框架和每一步决策时动作剪枝策略，缩小了求解空间，提升了价值函数的收敛效率，从而提升了最终的求解效率和求解精度。

仿真实验验证了改进深度 Q 学习算法在任务分配过程中的性能以及学习型双层任务规划算法在成像卫星任务规划问题中的性能。通过对 DQN 算法中价值函数属性配置方案的实验分析，研究了价值函数中不同的损失函数、激活函数和优化器对算法性能的影响，并基于此，证明了 DQN 算法可以将复杂的计算过程转移到线下，并在任务分配问题求解时实现“又快又好”。更进一步，将三类先进的强化学习算法与本书第 4 章提出的两种确定性算法结合，可以构造出 6 种不同的集成算法，并研究不同的算法集成方案对算法性能的影响。实验结果表明，集成算法 DQN_DP 和 DQN_CH 无论在收敛速度、收敛精度、收敛稳定性方面，均优于其他四类集成算法。其中，DQN_CH 算法可以用极小的时间代价和计算资源获得满意的收敛精度；DQN_DP 算法可以获得更高的收敛精度，但是该算法需要更多的计算资源和运算时间。

在后续研究中，将把集成算法 DQN_DP 和 DQN_CH 应用于更复杂的工程实例中，以验证实际工程问题中集成确定性算法和强化学习来解决成像卫星任务规划问题的实用价值。

第6章

“高景一号”成像卫星任务规划应用研究

“高景一号”（superview-1）商业遥感卫星星座的技术特点给卫星任务规划过程带来了全新的挑战：统一建模难、约束处理难、快速求解难。本章在充分调研项目背景的基础上，遵循现行的卫星地面运行控制系统的框架与规范，设计“高景一号”任务规划系统的内外部接口与数据结构，建立面向实际问题的双层优化模型，实现集成确定性算法和强化学习的“高景一号”星座学习型双层任务规划方法。通过 14 个日常任务规划场景的仿真实验，验证算法的求解精度、卫星负载均衡等方面的指标，进而验证本书所提出的双层优化模型和集成算法在实际工程问题中的有效性。

6.1 “高景一号”任务规划问题背景

6.1.1 “高景一号”基本情况

“高景一号”商业遥感卫星星座的成功发射，标志着我国全自主研发商业遥感时代的到来[180]。该系统的建成，可以按照用户的需求定制高分辨率遥感数据，在国土资源普查、地理测绘、环境监测、交通运输、防灾减灾等具体社会活动中提供有力的信息支撑[3]。根据我国商业遥感卫星发展的中长期规划，未来我国将形成一个由 16 颗亚米级高分辨率光学成像卫星、4 颗高端光学成像卫星、4 颗微波成像卫星和若干视频成像卫星和高光谱成像卫星等微小卫星组成的高分辨率商业遥感卫星系统，即“16+4+4+X”系统[181]。“高景一号”01~04 星是“16+4+4+X”系统建设的第一阶段，4 颗分辨率为 0.5m 的光学成像卫星分为两组，分别于 2016

年 12 月 28 日、2018 年 1 月 9 日分两批成功发射升空[182]。如无特殊说明，本章后续内容中“‘高景一号’商业遥感卫星星座”简称“‘高景一号’星座”，“‘高景一号’商业遥感卫星及星座任务规划过程/项目/模型/问题/算法”简称“‘高景一号’任务规划过程/项目/模型/问题/算法”。

从卫星平台与载荷设计的角度，“高景一号”星座具有如下四大技术特点：

1) 高成像分辨率

“高景一号”星座中的四颗卫星的图像分辨率均优于 0.5m[6]，在商业遥感卫星市场上仅有美国、韩国等少数国家达到了这个水平。提升成像卫星的图像分辨率，是提升卫星服务水平的重要指标之一。世界各国卫星工业部门都将不断提升成像卫星的图像分辨率作为其追求的方向，因为成像卫星图像分辨率的突破，将会催生越来越多的遥感应用模式：通过 0.5m 全色分辨率图像，可以统计一个城市街道内下水道出入口的数量、可以识别一辆小汽车的轮廓、可以分辨更加细微的地质变化情况等。相较于低分辨率成像卫星及星座，“高景一号”星座大幅提升了卫星的应用范围，它可以根据具体需求提炼出大量低分辨率卫星图像很难挖掘的信息，因此，“高景一号”星座的成像需求量与日俱增，对卫星任务规划方法的计算效率提出了更高的要求。

2) 先进成像模式

“高景一号”01~04 星每一颗卫星都搭载了一台全色多光谱成像载荷，其最高分辨率可达到 0.5m。该载荷工作时，可根据不同需求调整载荷的成像模式，以求在满足用户产品要求的前提下，尽可能节约卫星成像时的能源与存储空间消耗。“高景一号”01~04 星所搭载的成像载荷可实现多光谱无损成像、多光谱 2:1 压缩成像、全色可见光 2:1 压缩成像和全色可见光 4:1 压缩成像多种成像模式。使用不同的成像模式工作时，单位时间的卫星能源与存储空间消耗也不相同。这导致了任务需求的多样性，进而加大了任务规划问题统一化建模的难度。

3) 复合工作模式

根据用户对卫星图像的应用需求，“高景一号”星座可实现多种工作模式：单次姿态机动成像任务、连续姿态机动成像任务、实传任务、边记边放任务、单天线数据回放任务、双天线数据回放任务、偏航定标任务等。通过对这些工作模式的灵活应用，即可满足各种各样的现实需求：通过对同一目标不同角度拍摄，合成立体图像；通过对一个成像区域进行分割、形成多个成像任务在短时间内连续执行，合成区域图像。不同工作模式在模型中对资源使用情况影响各不相同，对应的约束条件也有所不同。这导致了模型中约束条件的多样性，需要寻找到一种高效、通用的约束处理方式。

4) 敏捷机动能力

强大的姿态机动能力让“高景一号”星座可实现对成像目标更快的响应速度、更大的覆盖范围。姿态机动能力的增强，可以缓解卫星飞行轨道对目标可见性带来的限制，让成像目标有更多的成像机会。这一特点给任务规划过程带来了更大的自由度，算法可以根据需要更加灵活地调整任务规划方案，以满足更多用户的成像需求。另外，这种变化会导致任务规划模型的解空间陡然增大，遍历解空间中所有的节点在时间上越来越不可接受。这要求算法设计更科学的搜索策略，以提升算法在复杂实际场景中的求解质量。

“高景一号”01~04 星的卫星平台与载荷设计瞄准成像卫星国际领先水平，具有高成像精度、高敏捷度、多模式等特点。这些特点使每一颗“高景一号”卫星都具备独立执行复杂任务的能力。然而，由于受到飞行轨道、载荷使用约束等限制，单颗卫星在完成任务数量、时间效率方面存在明显的不足。多颗卫星协同任务规划可以有效拓宽单星的能力边界，产生新的应用模式，使系统整体应用效率大幅提升。

为了实现短时间内对重点目标的快速精准成像,同时兼顾覆盖区域的广度,“高景一号”星座中的四颗卫星部署在同一轨道面上，相邻两颗卫星的相位差为 90°。通过卫星组网协同规划，既可以实现全球任意目标一天内重访，又具备每日采集超过 300 万 km^2 的 0.5m 光学遥感图像数据的能力[181]。表 6.1 展示了“高景一号”01~04 星的两行轨道根数（数据于 2021 年 10 月 8 日 17:00 在 https://celestrak.com/satcat/网站采集）。

表 6.1 “高景一号”01~04 星的两行轨道根数

字符标号	字符含义	01 星参数	02 星参数	03 星参数	04 星参数
01	TLE 行号	1	1	1	1
03-07	卫星编号	41907	41908	43099	43100
08	分类号	U	U	U	U
10-11	发射年份	16	16	18	18
12-14	发射顺序	083	083	002	002
15-17	发射数量	A00	B00	A00	B00
19-20	TLE 历时 (年)	21	21	21	21
21-32	TLE 历时 (日)	160.73	263.86	263.85	263.88
34-43	平均移动一阶导数	1.02×10^{-5}	1.21×10^{-5}	6.80×10^{-6}	8.71×10^{-6}
45-52	平均移动二阶导数	000000-0	000000-0	000000-0	000000-0
54-61	BSTAR 阻力系数	056845-4	066665-4	039226-4	049311-4

续表

字符标号	字符含义	01 星参数	02 星参数	03 星参数	04 星参数
63	星历类型	0	0	0	0
65-68	TLE 组数	0999	0999	0999	0999
69	校验位	7	9	0	9
01	TLE 行号	2	2	2	2
03-07	卫星编号	41907	41908	43099	43100
09-16	轨道倾角	97.50	97.41	97.47	97.47
18-25	升交点赤经	349.16	334.40	342.09	342.30
27-33	轨道偏心率	1.64×10^{-3}	1.54×10^{-3}	5.11×10^{-4}	1.10×10^{-3}
35-42	近地点幅角	82.01	78.17	335.09	320.80
44-51	平近点角	52.73	33.30	162.46	173.56
53-63	每日飞行圈数	15.16	15.16	15.16	15.16
64-68	飞行总圈数	26149	26149	20444	20445
69	校验位	3	2	0	8

强大的硬件能力，让卫星用户和管控方对“高景一号”商业遥感卫星的实际应用效率充满了期待。然而，无论成像卫星的硬件水平发展到什么高度，其获取图像的能力总是有限的。当用户需求的规模超过卫星系统的能力边界后，通过设计合理的任务规划方法统筹协调卫星的资源可以有效缓解有限的资源与日益增长的用户需求之间的矛盾。

6.1.2 “高景一号”运控系统

遥感卫星商业化运作是航天业运行管控的一大趋势。当前,“高景一号”01~04星的所有权和商业运营权已经交给四维高景卫星遥感有限公司，据估算,“高景一号”卫星每秒成像可产生经济价值超过 1000 元[183]。商业化运营模式下收益最大化的目标也催生了学者们对“高景一号”任务规划问题的深入研究。本节内容整理了“高景一号”商业遥感卫星星座的运行控制流程、任务规划模型与方法，并梳理了现行系统、模型与算法的特点与局限性。

1) 运控过程分析

通过前往卫星运营部门调研，可将现行“高景一号”商业遥感卫星星座的运控流程简述如下：系统时刻维护着各卫星未来一段时间内的任务执行方案，并随时处于可接收新用户需求的状态。当系统功能被激活时，判断激活条件——是系统接收到新任务还是到达上一规划周期结束时刻点。若因为上一规划周期结束而激活系统，那么根据当前信息更新下一周期内的任务与场景参数，并判断下一规划周期的场景与当前维护的任务执行方案所对应的场景是否一致。若场景与任务信息未发生变化，则无须进行任何操作，否则直接进入任务预处理及后续流程。若因为新的用户需求而激活系统，则还需要判断该任务是否为应急任务、是否存在能够满足该任务的测控机会。当所有条件均满足以后，才进入任务预处理及后续过程。

“高景一号”星座的基本运控过程如图 6.1 所示。根据此图可更直观地将“高

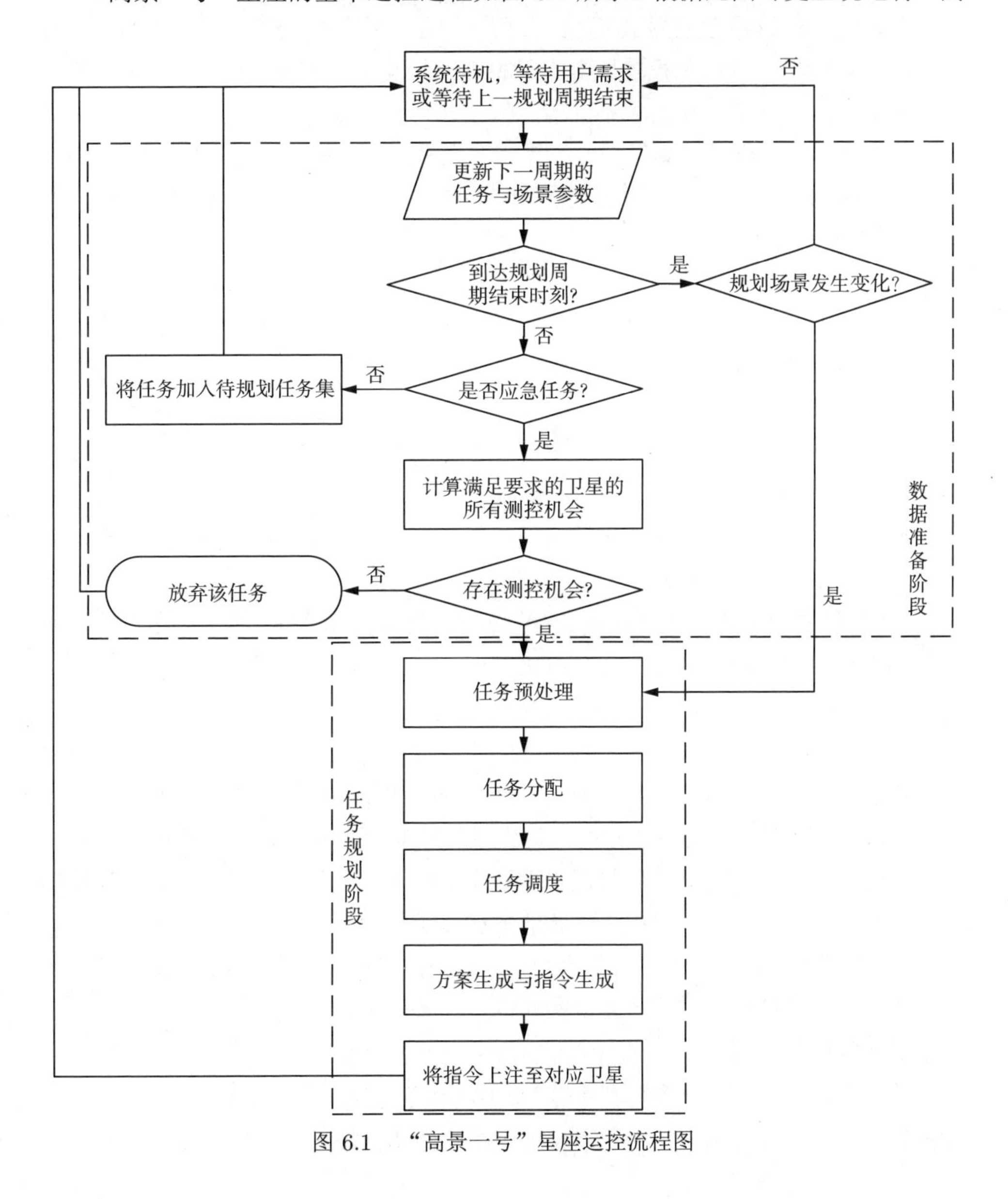

图 6.1 “高景一号”星座运控流程图

景一号”星座的运行控制过程分为两个阶段：任务预处理之前的过程是规划前的数据准备阶段，任务预处理以及之后的过程则是任务规划阶段。数据准备阶段的主要功能是通过一系列判定机制来保证输入任务规划过程的数据有效性，防止陷入无效的规划过程，以提高系统整体的运行效率；任务规划阶段则根据筛选过后的场景与任务，形成需要的任务规划方案。为了保证整个过程运行顺畅，通常需要用户、卫星运控中心、卫星测控中心等多个部门协作完成。经过长期发展和实践检验，这一过程早已成为卫星工业部门和卫星应用部门处理相应业务的固定模式。因此，为了实现在工程项目中应用的目标，设计任务规划系统时必须考虑运行流程的特点与边界。在两种不同的工作模式（常规任务规划模式、应急任务规划模式）下，为了保障“高景一号”星座的正常工作，任务规划系统、测控中心、测控站、数据接收站以及“高景一号”01~04 星在运控过程中需要进行协作，协作过程如图 6.2 所示。

图 6.2 借助类似甘特图的形式阐明了整个系统的各部分随着时间线推进的工作原理，以及各部分之间不同活动之间的内在关系。图中，在应急任务到达的时刻点之前表示的是常规任务规划场景中各部分的协作关系，以及每个部分所需要执行的动作；当任务规划系统接收到应急任务之后，立即启动应急任务规划流程，并请求测控中心、数据接收站等各部门配合完成对应急任务的成像及数据回放等过程。

通过对“高景一号”星座运控流程进行分析，可以发现任务规划系统设计的关键可以总结为如下几点：

(1) 能够管理所有四颗卫星及其有效载荷，统筹协调地面接收站、测控站等系统外部资源，需要对所有资源统一优化管理。

(2) 能够支持常规任务规划模式和应急任务规划模式。常规模式下，系统批量接收用户需求并统一规划，对规划方案的质量提出较高要求；应急模式下，系统接收应急任务并快速响应，对任务规划算法的时间效率提出较高的要求。

(3) 对不同型号的卫星进行统一化建模与求解，尽量将具体的约束项和约束值与优化计算过程解耦合，以降低管理和维护成本，便于后续在较短的研制周期内以较小的代价实现系统可应用于新的卫星资源。

(4) 能够处理不同来源的各类用户需求，如点目标、区域目标、立体成像等观测需求，并对这些需求进行统筹分析和综合任务规划。

2) 现行规划模型

通过调研工业部门，并整理目前“高景一号”任务规划模型的输入、输出、目标函数和约束条件如下。

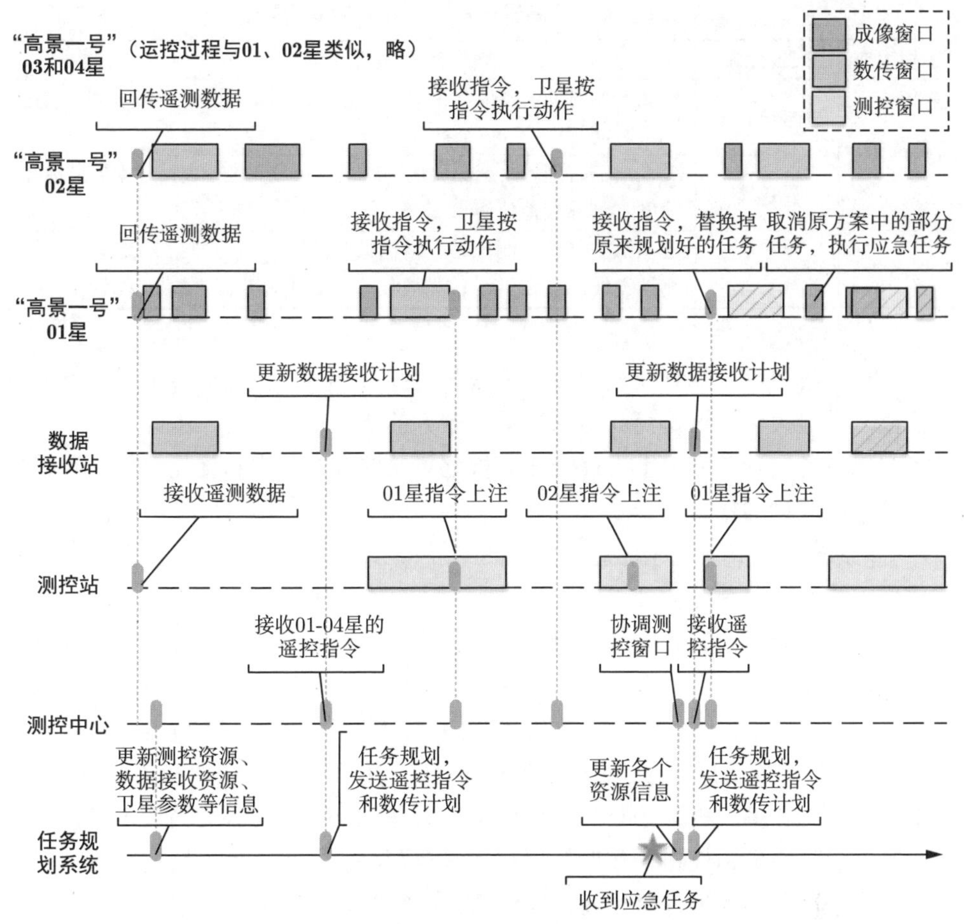

图 6.2 “高景一号”星座运控过程协作示意图

目前“高景一号”星座中与任务规划的输入和输出参数也被描述为任务集和资源集，任务规划过程可以看作是对表中数据的运算和决策过程。其中任务集包含变量接口类和属性类，资源集包括平台类和载荷类，两者具体属性见表 6.2。

现行系统中任务规划模型的约束条件是基于卫星在轨使用手册整理得到的，该手册是卫星制造方、卫星管控方、卫星测控方等多家单位结合卫星的硬件能力、管控模式、功能定位等条件，并考虑用户需求提炼出来的。实际工程问题中的约束条件通常按载荷类型来分类，即同一种载荷满足的约束条件放在一起。这样做便于卫星制造方和管控方理解约束，但是不利于对约束的分类讨论和合并化简。因此，工程中对于约束的处理过程仅将自然语言翻译为计算机语言，未对约束条件作详细分析讨论，从而会导致很多重复性的计算过程，这也是影响实际工程问题中任务规划过程运行效率的原因之一。

表 6.2 现行“高景一号”任务规划模型要素

<table>
<tr><th>模型组成</th><th>集合元素</th><th>具体属性</th></tr>
<tr><td rowspan="2">任务集</td><td>变量接口类</td><td>成像开始时间、成像结束时间、固存占用量、数传开始时间、数传结束时间等</td></tr>
<tr><td>属性类</td><td>成像所需时间、数据回传所需时间、录放比、写数据速率、目标经纬度、目标收益值等</td></tr>
<tr><td rowspan="2">资源集</td><td>平台类</td><td>遥感卫星平台、测控站、地面接收站等</td></tr>
<tr><td>载荷类</td><td>测控天线、数传天线、成像载荷、星载固存、星载电源等</td></tr>
</table>

现行系统中任务规划模型的目标函数是“高景一号”商业遥感卫星星座的成像价值之和最大化。这是商业遥感卫星运控方的逐利性决定的，因此必须最大限度提升卫星的实际工作效率。提升任务规划算法的计算效率和优化效果是改善任务规划方案质量的核心。

“高景一号”商业遥感卫星星座中所有卫星均为近年研制并发射升空的可见光成像卫星，其载荷能力处于国际先进水平，具有高分辨率、高重访率、高机动性、高敏捷性等特点。正因为这些特点，让这一问题模型比理论研究中的成像卫星任务规划模型要复杂得多。其复杂性主要体现在如下三个方面：

(1) 决策的动作不限于成像任务。在实际卫星调度过程中，不仅要对成像任务进行决策，还需要考虑数传、充电等操作。这些动作同样需要考虑相关约束，但是它们对资源变化情况的影响与成像任务有很大差异：数传任务会消耗电量，但是可以释放存储空间；充电操作对存储空间没有影响，并可以使可用电量增加，但是在充电的过程中不允许执行任何其他动作，等等。

(2) 实际任务中，需要考虑的约束条件比理论模型中多很多，而且约束条件形式多样。“高景一号”任务规划过程中所考虑的约束条件总数达到数十条，且约束条件涵盖了第 3 章整理的所有约束类型，既包括数值比较约束，也包括逻辑约束。大量复杂约束给问题建模过程带来了巨大的挑战。

(3) “高景一号”01~04 星被分为两组，两组卫星的约束条件不完全相同。因此在建模过程中，需要用统一的描述方式考虑不同的约束条件，以方便规划算法进行运算。

3) 现行规划算法

先进的卫星任务调度算法可以有效提升卫星工作计划的质量，使卫星消耗等量资源和时间的前提下完成更多成像任务。然而，任务规划模型的复杂性造成了传统的运筹学算法在求解实际问题时效率大大降低，所以在实际工程中通常采用简单的启发式算法来保证其可行性。现行的“高景一号”任务规划算法也将问题分为两个部分求解：首先求解任务分配问题，然后求解任务调度问题。

“高景一号”商业遥感卫星星座基于 K-均值聚类的任务分配算法对任务进行分类，从而实现将成像任务分配到各卫星的目的。该算法的主要思想是：首先读取完整的任务序列；接着随机初始化四个聚类中心点，然后计算每个任务到聚类中心点的距离，并将任务归属于距离最近的聚类；所有任务都考虑完成后，根据每个聚类中任务的实际位置重新计算聚类中心的位置，并重复上述过程，直到聚类中心点收敛。该算法的伪代码如**算法 6.1** 所示。

算法 6.1 基于 K-均值聚类的任务分配算法

输入: 待分配任务集合

输出: 任务分配方案

```
1:  参数初始化：k = 4;
2:  随机产生 k 个聚类中心点（即卫星的某一个轨道）;
3:  repeat
4:    for i = 1 : |TS|  do
5:      for j = 1 : 4  do
6:        根据式 (6.1) 计算任务 i 到聚类中心 j 的聚类指标;
7:        将任务 i 归属于聚类指标最小的聚类;
8:      end for
9:    end for
10:   for j = 1 : 4  do
11:     重新计算该聚类的中心，即聚类 j 中所有任务的质心;
12:   end for
13: until 聚类中心点的位置收敛
```

在该算法中，$|\mathbf{TS}|$ 代表的是任务集中包含的任务数量，聚类数量 $k=4$ 根据卫星的数量来设置。计算任务到聚类中心指标的过程与许多实际因素相关，例如目标到星下线之间的距离、平均成像质量、任务在不同资源上的可见时间窗长度、云层遮挡状况等。这些因素都可以作为任务分配的准则，具体可根据操作者的偏好来选择。在“高景一号”任务规划项目中，常规任务规划过程通常采用的是任务在不同卫星上的覆盖率作为聚类指标对任务进行聚类，其计算方法如下：

$$\text{任务覆盖率} = \frac{\text{该任务的可见时间窗与其他任务重叠区域大小}}{\text{该任务可见时间窗长度}} \tag{6.1}$$

本质上这种算法也属于启发式算法，其聚类指标通常是结合业务背景和领域知识设计的启发式函数。该方法有一个明显的优点，即方法的可解释性强，可快速获得可行方案。该方法的核心部分是聚类准则的设计，然而该项目中所涉及的聚类准则通常是根据个人经验或偏好获取，且实际问题中很难找到方法论能够用于指导如何设计和选择聚类准则。所以该方法很难保证在各种复杂场景中的合理性。

目前“高景一号”任务规划系统中使用的任务调度过程分为成像任务调度过程和回放任务调度过程。使用的方法可以概括为基于最佳成像时机的爬山算法。该算法的伪代码如**算法 6.2**。在该算法中，爬山步长和爬山步数根据经验提前确定。任务按照其过顶时间逐一向调度方案中加入任务。当加入新的任务后不违反约束，则直接加入该任务，否则基于爬山策略尝试调整任务的执行时刻。

算法 6.2 基于最佳成像质量的爬山算法

输入: 待调度任务集合

输出: 任务调度方案

```
1: 参数初始化：爬山步长 s，爬山步数 c;
2: 对任务集合按照任务过顶时间升序排列;
3: while 任务序列非空 do
4:    根据式 (4.4) 计算当前任务 i 的最佳成像质量所对应的成像时刻;
5:    尝试基于最佳成像时机确定任务开始时间;
6:    if 加入该任务后整个方案不满足约束 then
7:       for k = 1 : c do
8:          任务开始时间 = 最佳成像时机 +k * s;
9:          if 调整后方案不满足约束 then
10:            continue;
11:         else
12:            以当前尝试的时刻接受任务 i ，跳出当前循环;
13:         end if
14:      end for
15:      for k = 1 : c do
16:         任务开始时间 = 最佳成像时机 −k * s;
17:         if 调整后方案不满足约束 then
18:            continue;
19:         else
20:            以当前尝试的时刻接受任务 i ，跳出当前循环;
21:         end if
22:      end for
23:   else
24:      接受任务 i 并更新调度方案;
25:   end if
26: end while
```

该算法过程也可以有效与复杂的约束条件解耦合，但是该算法无法保证解的质量。另外，该算法尝试搜索的过程存在盲目性，导致计算效率偏低。该算法在实际任务规划场景中的应用情况将在本章仿真实验部分详细讨论。

6.2 系统设计

“高景一号”任务规划系统是“高景一号”商业遥感卫星星座地面运控系统中的核心部分，也是各成员卫星日常管控、运行维护等业务的“中枢”。本节从“高景一号”星座的实际运控过程出发，遵循当前运控过程特点与习惯，设计了“高景一号”任务规划系统的外部、内部接口，以及任务规划的数据结构，为“高景一号”任务规划模型的建立与求解提供前提条件。

6.2.1 外部接口设计

“高景一号”任务规划系统外部接口设计如图 6.3 所示，接口内容及用途等详细情况如表 6.3 所示。图中展示了“高景一号”任务规划系统与运控系统中其他部分（业务管理系统、接收资源管控系统）以及外部系统（卫星测控系统）之间的主要接口关系，为了便于理解，图中还梳理了用户、接收站和各“高景一号”卫星与对应系统之间的主要接口关系。

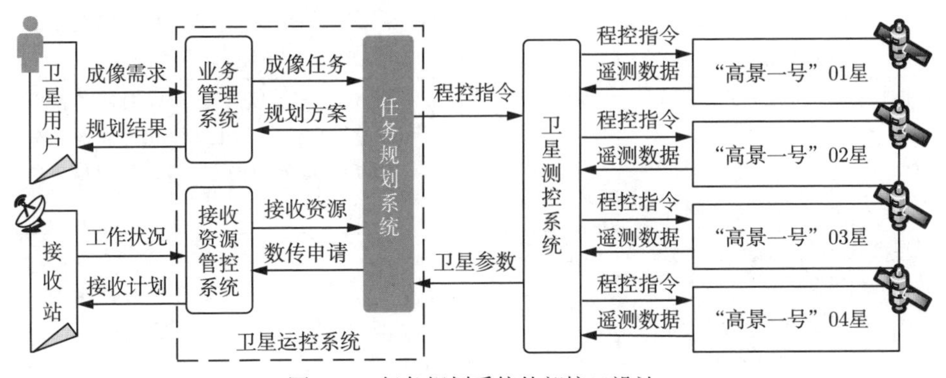

图 6.3 任务规划系统外部接口设计

任务规划系统、业务管理系统、接收资源管控系统是“高景一号”商业遥感卫星星座地面运控系统的主要组成部分。任务规划系统获取来自业务管理系统的成像任务作为规划过程的输入参数之一。成像任务是由业务管理系统通过接收各卫星用户提交的成像需求后，经过一系列操作得来的，这些操作包括需求管理、需求受理与分析、任务标准化等。任务规划系统获取来自接收资源管控系统的接收资源信息，并根据其他资源与成像任务产生对应的任务规划方案。任务规划系统一方面将整体方案反馈给业务管理系统，用于通知卫星用户规划结果，另一方面将方案中的数传资源使用申请发送给接收资源管控系统，用于产生各接收站的数据接收计划。

表 6.3　任务规划系统外部接口说明

接口名称	发送方	接收方	接口内容及用途
成像任务	业务管理系统	任务规划系统	任务规划系统接收业务管理系统标准化的成像任务，包括对成像时间、地理位置、清晰度、成像模式、工作模式等方面的要求
规划方案	任务规划系统	业务管理系统	任务规划系统向业务管理系统发送任务规划方案，包括方案整体信息与每一个任务的具体参数配置信息
接收资源	接收资源管控系统	任务规划系统	接收资源管控系统将当前接收资源使用情况发送给任务规划系统。任务规划过程基于此制订合适的数据接收计划
数传申请	任务规划系统	接收资源管控系统	任务规划系统形成数据传输计划，依据该计划，需要向接收资源管控系统发送数传申请，请求对应接收站方配合卫星的数据传输工作
程控指令	任务规划系统	卫星测控系统	任务规划系统将任务规划方案整理为各资源的工作计划，进而将计划编译为卫星程控指令，发送给卫星测控中心
卫星参数	卫星测控系统	任务规划系统	卫星测控系统基于各“高景一号”卫星反馈的遥测数据修正资源的实时参数，包括卫星的轨道参数、载荷参数、工作日志等，并将其发送给任务规划系统，是任务规划的条件之一

卫星测控系统独立于卫星运控系统，它是地面运控系统与成像卫星之间的桥梁。在该系统中，每一个任务规划方案会被转化为每一颗卫星的运行控制计划，进而被编译为“高景一号”各卫星可以识别的程控指令。任务规划系统将程控指令

发送至卫星测控系统，卫星测控系统审核后，通过合适的测控通道将程控指令上注至对应卫星。各卫星通过调用平台与载荷各工作模块执行程控指令，产生遥感数据。卫星测控系统接收各卫星的遥测数据，并更新和整理卫星轨道、任务执行状态等信息，反馈给任务规划系统，为后续任务规划过程提供信息支持。

6.2.2 内部接口设计

图 6.4 给出了任务规划系统内部主要功能模块之间的接口关系，以及与这些功能模块直接相关的部分外部接口。各内部接口的发送方、接收方、内容及用途详见表 6.4。与常规的遥感卫星任务规划系统类似，“高景一号”任务规划系统构成包括轨道计算与预报模块、任务预处理模块、任务分配算法模块、任务调度算法模块、计划编排模块、指令生成模块、效能评估模块等七个功能模块。除了以上七个功能模块，其他还有如任务管理模块、资源管理模块、仿真推演模块等为了提升用户体验而设计的辅助功能模块。这些功能模块不直接影响任务规划主流程，所以本书不再展开讨论。

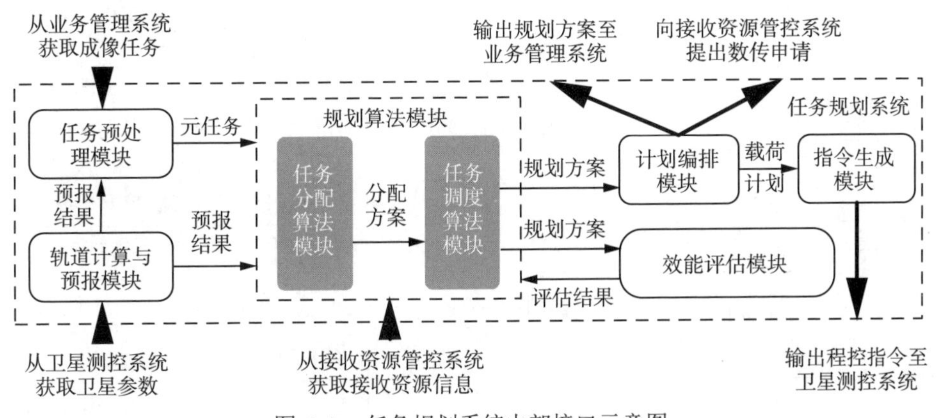

图 6.4 任务规划系统内部接口示意图

任务调度系统内部各功能模块有着不同的功能，其中规划算法模块在任务规划系统中起到了中心主导作用：规划算法模块可直接调用接收资源管控系统中的接收资源信息；任务预处理模块、轨道计算与预报模块分别接收来自业务管理系统的成像任务、卫星测控系统的卫星参数，并将这些信息进一步加工处理为元任务与卫星轨道预报结果，以供规划算法调用。各系统所管理的资源信息均汇总至规划算法模块，通过科学计算，得到数据接收资源、卫星测控资源、星上载荷资源等各资源的工作计划。因此，规划算法的计算效率和求解精度就决定了整个应用系统的运行效率。

表 6.4 任务调度系统内部接口说明

接口名称	发送方	接收方	接口内容及用途
元任务	任务预处理模块	规划算法模块	任务预处理模块将成像任务转化为元任务，并发送至规划算法模块，为任务规划过程提供任务可见时间窗、收益、成像时长等信息
规划方案	规划算法模块	计划编排模块、效能评估模块	根据接收到的任务与资源参数，规划算法模块生成满足约束条件的任务规划方案，并发送给效能评估模块和计划编排模块
载荷计划	计划编排模块	指令生成模块	计划编排模块根据规划方案整理为成像卫星的载荷计划、地面接收站的数据接收计划等。并将这些计划一方面生成载荷工作计划发送给指令生成模块，另一方面分别向业务管理系统和接收资源管控系统发送规划方案和数传申请
预报结果	轨道计算与预报模块	任务预处理模块、规划算法模块	根据测控中心提供轨道参数，轨道计算与预报模块计算规划周期内的星历与轨道信息，为任务预处理、任务规划过程提供基础数据支撑
评估结果	效能评估模块	规划算法模块	效能评估模块接收到规划方案后，依据设定好的指标对方案进行评价，并将结果反馈至任务调度模块，可用于指导调度方案的改进
分配方案	任务分配算法模块	任务调度算法模块	任务分配算法在接收到元任务和资源信息后，将任务分配至合适的成像资源。分配结果是任务调度算法的输入条件之一

6.2.3 数据结构设计

“高景一号”任务规划系统中，数据结构描绘了系统存储和组织数据的方式。基于图 6.4，“高景一号”任务规划系统内部数据结构设计如图 6.5所示。

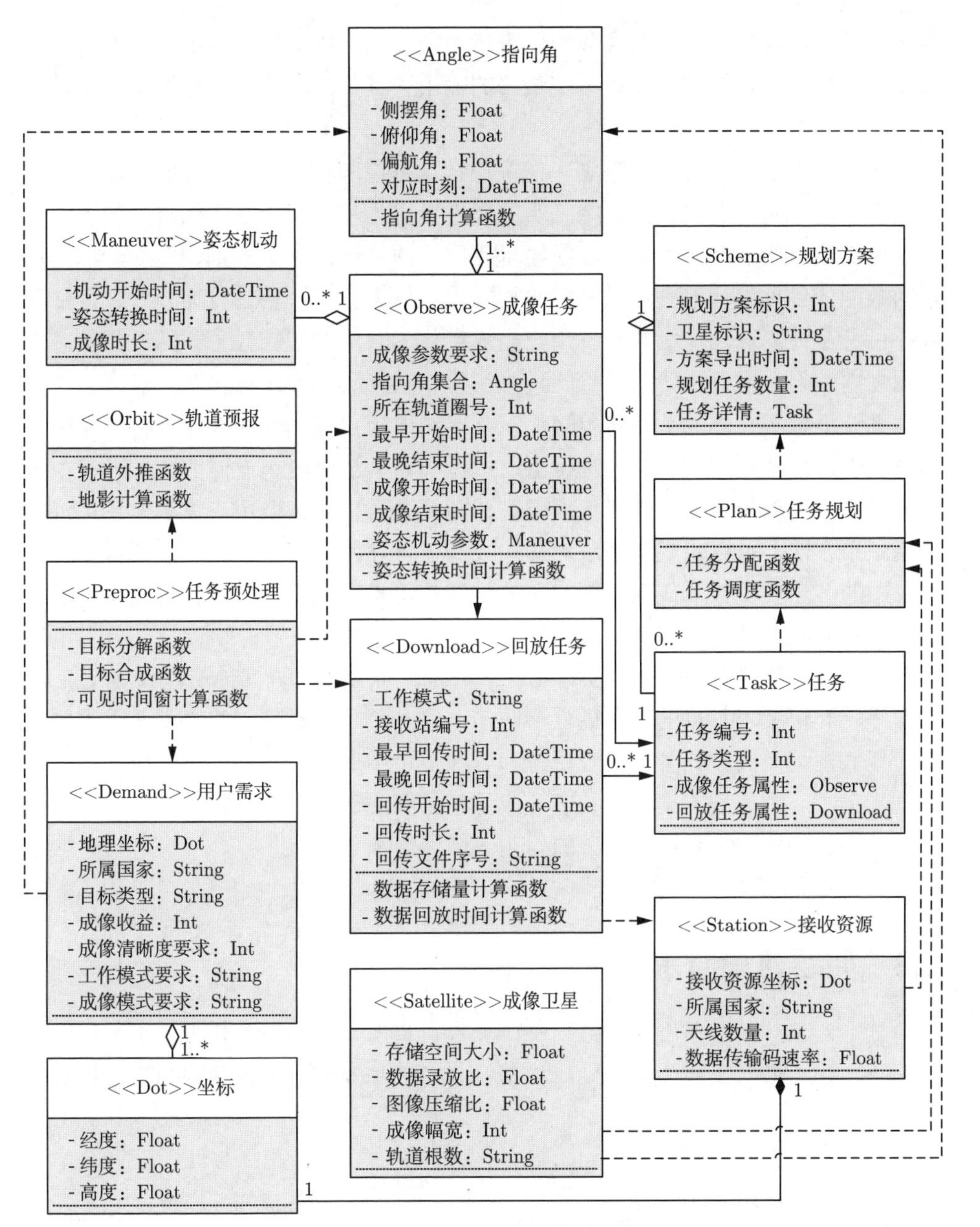

图 6.5 任务规划系统内部数据结构设计

图 6.5 通过 UML 建模方法中的类图整理了系统中的操作对象及其关系。图中，每一个类包含三个部分：类名、类的属性和类的操作。其中，用户需求类、坐标类、成像任务类、回放任务类、任务类、指向角类、姿态机动类、接收资源类、

成像卫星类、规划方案类是实体类，表示系统中的数据对象。其中规划方案类记录了规划结果的详细信息，是系统最终的输出；其他的各实体类是根据系统功能需求所设计的。

轨道预报类、任务预处理类、任务规划类是控制类，通过相应的功能函数来保证实体类之间的逻辑关系。控制类的属性可以为空，每一个控制类由若干相关的功能函数组成。其中，轨道预报属于底层算法，通过轨道外推、地影计算等功能函数为任务预处理过程提供基础数据支撑；任务预处理通过目标分解、目标合成、可见窗计算等功能函数，将用户需求转化为对应的成像任务和回放任务；任务规划则统筹考虑各资源、任务的具体参数，制定满意的任务规划方案。

系统中各类之间的关系可整理如下：系统将用户提出的成像需求存储在用户需求类中，包括用户对目标地理位置、成像收益、清晰度等方面的要求。其中一个用户需求可能包含多个点目标成像；任务预处理模块读取用户需求信息，依赖轨道预报方法，可以生成与需求对应的成像任务和回放任务。这些任务考虑用户需求中的各项要求计算成像任务和回放任务的可见时间窗，以及各时刻点卫星对成像任务的指向角序列。任务类通常包含了若干成像任务和若干回放任务，也可为空。接收资源类中的每一个实体都代表一个地面接收站，其地理位置唯一确定；成像卫星类记录了卫星的一些硬件参数，这些参数与任务规划的约束条件直接相关。任务规划类读取任务、接收资源和成像卫星中的必要属性，制定合理的任务规划方案。一个规划方案中包含若干成像任务和回放任务，且规划方案中的成像任务和回放任务通常是成对出现的。

6.3 问题建模与求解

基于本书之前的所有设计，结合“高景一号”星座的实际特点，本节建立了面向“高景一号”星座的双层优化模型，并设计学习型双层任务规划算法对其进行求解。

6.3.1 双层优化模型

1) 输入参数

根据第 3 章的设计，“高景一号”任务规划问题的输入参数也由两部分构成：资源信息和任务信息。假设系统中第 i 颗卫星在一次任务规划周期内包含 m_i 个轨道圈次，那么“高景一号”01~04 星所构成的任务规划模型总共资源数

量 $m=\sum_{i=1}^{4} m_i$。资源的具体信息由属性来刻画，即 $C_1, C_2, \cdots$。这些属性的物理含义及取值通常与资源的能力参数、约束条件等具体内容息息相关。结合本章前半部分的调研与设计，"高景一号" 01~04 星的资源属性描述如表 6.5 所示。

表 6.5 资源属性描述

属性标识	属性名	数据类型	属性说明
C_1	写固存速率	Const	单位时间内成像任务所占用的存储空间大小
C_2	录放比	Const	写固存速率与数据回传速率之比
C_3	可用固存	Float	星载存储单元的存储空间大小
C_4	累计成像时长	Float	时间区间内所有成像任务的成像时长之和
C_5	累计成像次数	Int	时间区间内所有成像任务的成像次数之和
C_6	累计机动次数	Int	时间区间内所有任务的姿态机动次数之和
C_7	侧摆角	Float	某一时刻卫星的侧摆角的值
C_8	俯仰角	Float	某一时刻卫星的俯仰角的值
C_9	偏航角	Float	某一时刻卫星的偏航角的值

值得一提的是，有些参数都是资源的固有属性，如 C_1、C_2、C_3，其取值为常数，而 $C_4 \sim C_9$ 是与时间相关的变量，这些属性直接或间接用于任务规划过程中的部分约束条件的判定过程。

本问题中任务的基本属性根据式 (3.6) 来设计，即通过时间窗、收益和成像时长配合其他一些必要参数来描述一个任务。这些必要参数包括：

(1) 卫星编号、轨道编号、元任务编号、是否处于地影区、时间窗开始时间、时间窗结束时间、任务持续时间、俯仰角集合、侧摆角集合、偏航角集合是通过任务预处理过程计算得到的。

(2) 任务编号、任务收益由用户单位和卫星管控部门协商决定，并将其存入用户需求单中。

(3) 录放比、写固存速率、成像载荷是基于各"高景一号"卫星的实际情况，结合任务需求的特点确定的，这些属性在用户提出需求时就已确定。

(4) 回传站编号、回传窗口编号是指用于回传该任务的地面站及其对应回传窗口的编号，有些任务对于回传站有特殊要求，有一些则可根据资源的实际情况灵活配置。

2) 输出参数

模型最终输出是四颗"高景一号"任务规划方案。输出的方案中，大部分参数无须通过决策优化算法赋值，可直接通过调用输入参数、中间参数，或经过数值计算即可得到。输出数据中需要决策的变量只有两项：

(1) 任务与资源的对应关系——即每一个任务在哪一颗卫星上执行；

(2) 任务的调度方案——即每一个待执行的任务在对应资源上的具体执行时刻。

3) 目标函数与约束条件

结合具体的约束条件，在此建立面向“高景一号”星座的双层规划模型：

$$\max \sum_{\{i|r_i>0\}} p_i^{r_i} \tag{6.2}$$

$$\text{s.t.} \quad G_k^1(\boldsymbol{r}) \leqslant 0, k=1,2,\cdots,g^1 \tag{6.3}$$

$$G_k^2(\boldsymbol{r}) \leqslant 0, k=1,2,\cdots,g^2 \tag{6.4}$$

$$G_k^3(\boldsymbol{r},\mathbf{es}) \leqslant 0, k=1,2,\cdots,g^3 \tag{6.5}$$

$$G_k^4(\boldsymbol{r},\mathbf{es}) \leqslant 0, k=1,2,\cdots,g^4 \tag{6.6}$$

$$\boldsymbol{r}=(r_1,r_2,\cdots,r_n) \in \Omega_1 \tag{6.7}$$

$$\mathbf{es}=(\mathrm{es}_1,\mathrm{es}_2,\cdots,\mathrm{es}_n) \in \Omega_2 \tag{6.8}$$

该模型遵循“高景一号”星座的实际运控过程和运控系统的业务标准，将实际工程问题转化为上述双层优化模型，具有较强的学术研究价值和工程借鉴意义，仅需要根据具体背景进行少量改动即可在其他工程项目中应用，具有较强的可移植性。

正如 3.3.3 节的分析，本问题的目标函数是最大化所有调度方案中任务的收益之和，计算方法如式 (6.2) 所示。不等式组 (6.3) ~ 不等式组 (6.6) 分别代表的是“高景一号”任务规划问题中的累计型约束、滚动型约束、任务属性约束和任务相关性约束，g^1 、g^2 、g^3 和 g^4 分别代表对应类型的约束条目数量。

在四类约束条件中，累计型约束 G_k^1 和滚动型约束 G_k^2 构成双层调度模型中的上层约束集合，对应模型式 (3.26) 中的 G_k^u 。上层约束集合可根据最终任务规划方案中的任务分配情况统计得到，通常与任务的具体执行时刻无关；任务属性约束 G_k^3 和任务相关性约束 G_k^4 则对应模型式 (3.26) 中的 G_k^l ，它们必须依据任务与相关任务的具体执行时刻才能实现对约束的判定过程。因此，根据第 3 章的设计，“高景一号”任务规划问题可以建模为双层优化问题：首先考虑 G_k^1 和 G_k^2 来求解“高景一号”任务分配问题，然后在任务分配方案确定的条件下，结合所有约束条件求解任务调度问题。

6.3.2 学习型规划算法

本方案将成像卫星任务规划问题考虑为双层优化问题求解，其中上层优化过程求解任务分配问题，下层优化过程求解任务调度问题。结合第 4 章和第 5 章的实验结果，本章选择深度 Q 学习算法分别结合 HADRT 算法、DPTS 算法构造集成确定性算法和强化学习的成像卫星任务规划算法，并应用于求解“高景一号”任务规划问题，以进一步深入探索所设计的算法在实际工程应用过程中收敛性、泛化性、能力边界等方面的性能。

基于第 5 章的实验结果，选择用于求解“高景一号”任务规划问题的两种算法的基本算法构成见表 6.6。

表 6.6 集成确定性算法和深度 Q 学习的成像卫星任务规划算法

序号	任务分配过程	任务调度过程	算法名称
1	深度 Q 学习算法	基于任务排序的动态规划算法	DQN_DP
2	深度 Q 学习算法	基于剩余任务密度的启发式算法	DQN_CH

应用于“高景一号”星座的集成算法基本框架与图 3.9 所设计的基本相同，在此不再赘述。在对“高景一号”任务规划问题分析的基础上，结合第 4 章与第 5 章对相关算法的设计过程，可将“高景一号”任务规划问题中实现 DQN_CH 算法和 DQN_DP 算法的要点列举如下：

(1) 各算法中使用的约束检查模块根据实际约束增减条目，约束检查算法的算法流程无须调整，同算法 4.1；

(2) DPTS 算法和 HADRT 算法的过程无须调整，同算法 4.3 和算法 4.2。

(3) DQN 算法中动作设计与 5.2.2 节的设计相同，设置两类动作：“为当前资源选择一个任务”和“结束为当前资源添加任务”。值得一提的是，动作“选择任务”在第 4 章和第 5 章实验中仅包含成像任务，本章实验为了贴近实际工程应用，考虑对成像任务和数传任务的决策。

(4) DQN 算法中状态更新的思路与步骤同 5.2.1 节和 5.2.3 节的设计。更新状态的关键是 MDP 模型中关于环境的描述。环境由任务调度算法 DPTS 和 HADRT 结合具体问题特征来实现的，所以在“高景一号”任务规划问题中，DQN 算法的状态更新过程比之前的仿真实验更复杂。

(5) DQN 算法中短期回报的计算公式不变，同式 (5.11)。每一个任务的收益值直接影响短期回报的设计，进而影响训练效率。“高景一号”星座中接收到成像任务的收益值一般由用户与管控方协商决定，本书成像任务的收益值随输入信息读入系统，无须更改；回传任务的收益设置为 50，远大于每一个成像任务的收益。这是因为实际问题中，只有将图像数据回传，才能产生实际应用效益。如此设计任务的收益值一方面避免了稀疏回报[184] 的问题，另一方面也可引导算法优先选择回传任务，以尽快将数据回传，提升全流程的快速响应性，并及时释放更多卫星存储空间为后续成像任务服务。

(6) DQN 算法中价值函数及内部配置信息均使用第 5 章研究成果。价值函数的拓扑结构同图 5.6，内部激活函数、损失函数、优化器等配置方案基于 5.2.5 节实验结论来设计。

6.4 仿真实验

本章所设计的算法基于 Python 程序设计语言编写，所有实验过程在配备有 Intel(R) Core(TM) i7-8750H CPU、16.0GB RAM 和 NVIDIA GeForce GTX 1060 的个人笔记本电脑上进行。

6.4.1 实验场景

1) 场景数据来源

在“高景一号”任务规划实例中，输入的数据主要由成像任务、数传任务、资源和约束相关属性构成。

(1) 成像任务。

“高景一号”商业遥感卫星星座运控系统中的成像任务是基于接收到来自不同用户单位的成像需求结合相关算法计算得到的。本章项目背景中所介绍的实际工程问题中各种任务类型、工作模式和成像模式，最终都通过标准化处理，转化为形式统一的成像任务。在本问题中，描述一个成像任务至少需要 17 项属性。成像任务中各基本属性的数据类型和数据来源如表 6.7 所示。

(2) 数传任务。

数传资源可以基于数传站的地理位置和卫星信息，结合相关预处理算法将可用的数传机会处理为数传任务。数传任务主要用地面站编号、卫星编号、数传窗口编号、轨道圈号、是否处于地影区、是否可实传、窗口开始时间、窗口结束时间、窗口持续时长等 9 个属性来描述。数传任务属性表（样表）如表 6.8 所示。

此外，本问题中资源和约束相关属性设计方案已分别在 6.3.1 节详细阐述，在此不再赘述。至此，实验准备工作完成。

表 6.7　成像任务属性说明

任务属性	数据类型	数据来源
卫星编号	Int	通过任务预处理计算
任务编号	Int	从用户需求单中提取
轨道圈号	Int	通过任务预处理计算
任务收益	Float	从用户需求单中提取
录放比	Float	在卫星技术指标中选择
写固存速率	Float	在卫星技术指标中选择
元任务编号	Int	通过任务预处理计算
回传站编号	Int	从用户需求提报或根据算法决策
回传窗编号	Int	从用户需求提报或根据算法决策
是否处于地影区	Bool	通过任务预处理计算
使用成像载荷	String	在卫星技术指标中选择
时间窗开始时间	DateTime	通过任务预处理计算
时间窗结束时间	DateTime	通过任务预处理计算
任务持续时长	Float	通过任务预处理计算
俯仰角集合	Float	通过任务预处理计算
侧摆角集合	Float	通过任务预处理计算
偏航角集合	Float	通过任务预处理计算

表 6.8　数传任务属性表（样表）

地面站编号	卫星编号	数传窗口编号	轨道圈号	是否位于地影	是否可实传	窗口开始时间	窗口结束时间	窗口持续时长
1663	1	1	12636	0	0	42808	43312	504
1703	1	2	12637	0	0	48178	48750	572
1723	1	3	12639	0	0	59132	59563	431
⋮	⋮	⋮	⋮	⋮	⋮	⋮	⋮	⋮

2) 实验组织方案

本实验所有数据取自“高景一号”星座实际管控系统产生的真实数据[183]。基于现实系统中的任务规划数据集，本实验方案将原始数据整理为 14 个任务规划场景，场景基本特征总结如表 6.9 所示。

在 14 个场景中，编号 1~7 的场景为面向单颗“高景一号”卫星的成像任务规划场景，编号 8~14 的场景为面向“高景一号”星座的协同任务规划场景。由于这些任务场景是通过设置梯度任务数量、梯度规划周期，并考虑算法在不同任务分布、不同的卫星约束条件而进行设计的，因此，通过分组实验可以控制场景中的变量，研究算法随场景中单一因素的性能变化趋势。具体的实验组织方案见表 6.10。

表 6.9 “高景一号”任务规划场景整理

序号	场景代号	任务规划对象	规划周期	成像任务总数	数传窗口总数
1	S1_D1_1	“高景一号”01 星	24h	113	7
2	S1_D1_2	“高景一号”02 星	24h	148	7
3	S1_D1_3	“高景一号”03 星	24h	55	8
4	S1_D1_4	“高景一号”04 星	24h	137	7
5	S1_D2_1	“高景一号”01 星	48h	190	9
6	S1_D4_1	“高景一号”01 星	96h	397	28
7	S1_D7_1	“高景一号”01 星	168h	635	47
8	S4_D1_1	“高景一号”01~04 星	24h	272	35
9	S4_D1_2	“高景一号”01~04 星	24h	345	32
10	S4_D1_3	“高景一号”01~04 星	24h	580	35
11	S4_D1_4	“高景一号”01~04 星	24h	686	37
12	S4_D2_1	“高景一号”01~04 星	48h	617	55
13	S4_D4_1	“高景一号”01~04 星	96h	1266	56
14	S4_D7_1	“高景一号”01~04 星	168h	2228	167

表 6.10 “高景一号”任务规划实验组织方案设计

实验组	实验场景	场景说明	实验目的
1	1,2,3,4	不同任务集下单星任务规划场景	测试算法性能在不同任务规模、任务分布条件下的变化规律
2	1,5,6,7	不同规划周期同一颗卫星下单星任务规划场景	测试算法性能随任务规模、规划周期长度的变化规律
3	8,9,10,11	不同任务集下多星任务规划场景	测试算法在复杂约束场景下的性能随任务规模和任务分布等因素的变化规律
4	11,12,13,14	不同规划周期的多星任务规划场景	测试算法的能力边界，讨论算法性能随任务规模、规划周期长度的变化规律

在表 6.10 中，实验组 1 和 2 讨论集成算法在单星场景中的性能，实验组 3 和 4 讨论集成算法在多星场景中的性能。关于单星场景和多星场景的具体实验实

施过程、实验结果及结论分别在本章第 6.4.2 和第 6.4.3 节中详细展开讨论。

3) 算法参数配置

除了应用本书所设计的 DQN_CH 算法和 DQN_DP 算法来求解“高景一号”任务规划问题，本实验中还引入两种对比算法——自适应并行模因演化算法（记为 APMA）[183] 及基于 K-均值聚类和爬山算法的任务规划算法（记为 HC）。其中，基于 K-均值聚类和爬山算法的任务规划算法是目前实际“高景一号”运控系统中使用的求解算法，自适应并行模因演化算法 APMA[183] 是近期公开发表的学术成果，并被成功应用于“高景一号”任务规划问题中。算法的基本流程、主要参数总结于表 6.11。

表 6.11 “高景一号”任务规划实验中使用的算法基本情况与主要参数

序号	算法名称	算法代号	算法流程	算法主要参数
1	基于深度 Q 学习和构造启发式算法的任务规划算法	DQN_CH	见图 5.8	见本书第 5.3 节算法参数设计
2	基于深度 Q 学习和动态规划算法的任务规划算法	DQN_DP	见图 5.8	见本书第 5.3 节算法参数设计
3	自适应并行模因演化算法	APMA	见文献 [183]	1. 种群规模: 100 2. 迭代次数: 任务数量 ×500
4	基于 K-均值聚类和爬山算法的任务规划算法	HC	结合算法 6.1 和算法 6.2	1. 爬山步长: 5s 2. 迭代次数: 任务数量 ×500

有了输入数据与场景参数、结合实验组织方案和算法的介绍，即可开展“高景一号”任务规划的相关研究。

6.4.2 单星规划实验结果

将 DQN_CH 算法、DQN_DP 算法、APMA 算法、HC 算法应用于表 6.9 中的场景 1~7。各算法在每个场景中分别重复运行 10 次，记录每一次运行得到的方案总收益，并统计方案总收益的标均值和标准差汇总于表 6.12 中。

基于表 6.12 的数据，可得如下结论：

(1) 在所有算法中，得到的方案总收益均值 DQN_DP 算法绝对占优，且 DQN_CH 算法在大多数场景中超越了 APMA 算法和 HC 算法，仅在场景

S1_D2_1 中，APMA 算法的总收益均值略高于 DQN_CH 算法。相较于 APMA 算法、HC 算法，两种集成算法的优势随着问题规模的提升而加大。这证明了集成算法在求解精度上的优越性。

表 6.12　四种算法在单星任务规划场景中的方案总收益分析

场景	DQN_DP		DQN_CH		APMA		HC	
	均值	标准差	均值	标准差	均值	标准差	均值	标准差
S1_D1_1	**79**	0	**79**	0	77	1.764	74.3	1.337
S1_D1_2	**89**	0	**89**	0	87.5	2.278	78.3	3.020
S1_D1_3	**55**	0	**55**	0	53.3	0.456	52.1	0.738
S1_D1_4	**89**	0	88	0	85.7	1.789	77.2	4.185
S1_D2_1	**101**	0	99	0	99.1	1.792	98.5	6.485
S1_D4_1	**283**	0	261	0	225	3.716	201.5	16.944
S1_D7_1	**596**	0	549	0	—	—	512.2	13.067

注：加黑数字表示最好的结果。

(2) DQN_CH 算法和 DQN_DP 算法的实验结果中方案总收益的标准差为 0。当强化学习训练过程结束后，价值函数即不再更新。强化学习应用过程不存在随机变量，因此集成确定性算法后形成的 DQN_CH 和 DQN_DP 无随机性，即在每一个场景中重复运行若干次，其实验结果均不会发生改变，保证了算法的稳定性。

(3) 基于本实验的硬件水平（i7-8750H CPU、16.0GB RAM、GTX 1060），APMA 算法在场景 S1_D7_1 中无法得到最终的结果，原因是内存溢出，而其他算法均可成功规划所有单星场景。这说明了在相同的任务规划场景中，APMA 算法所需要的计算资源更多。换句话说，当计算资源有限时，APMA 算法可解的场景规模小于其他方法。

此外，关于运算时间方面，集成确定性算法和强化学习的任务规划算法的程序运行时间在重复 10 次实验中保持稳定。而 APMA 算法和 HC 算法均在部分实验场景中出现了程序运行时间离群点：HC 算法在场景 S1_D1_2 和场景 S1_D1_4、APMA 算法在场景 S1_D2_1 等实验过程中，均存在运算时间远大于正常所需运算时间的记录。截取实验中程序运行时间出现离群点的相关记录于表 6.13。

表 6.13 中下划线的数据即为离群点。HC 算法和 APMA 算法均在重复实验中出现了离群点，其原因是：HC 算法和 APMA 算法均属于基于随机搜索策略构造的启发式算法，其搜索过程效率偏低，因此通常采用并行的手段提升算法运行

效率。然而并行算法的运算效率易受计算资源上其他进程的影响，从而导致离群点的出现。集成算法 DQN_DP 和 DQN_CH 在各测试场景中重复实验的运算时间均较稳定，这说明了集成算法在运行时间方面的稳定性，有利于提升实际应用该过程中的用户体验。

表 6.13 运算时间离群点及相关数据

算法	场景	重复 10 次试验所记录的程序运行时间/s									
HC	S1_D1_2	36.1	39.7	43.8	39.3	37.1	41.7	47.9	88.9	41.2	91.9
HC	S1_D1_4	36.8	32.8	34.2	27.6	34.0	36.5	35.2	33.3	73.4	33.2
APMA	S1_D2_1	68.3	329.3	67.5	74.9	69.2	69.2	69.6	70.5	69.9	69.6

注：下划线的数据为离散群点。

将单星任务规划场景中所有结果分为两组，即可分析得到算法在不同任务集、不同卫星约束中的表现以及算法性能随规划周期的变化情况。实验组 1 和实验组 2 中各算法的任务总收益平均值记录于图 6.6。

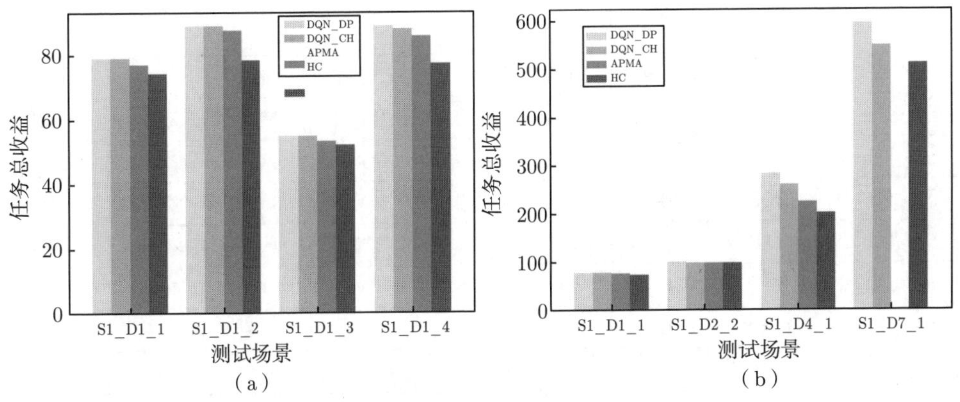

图 6.6 单颗卫星任务规划场景实验结果

(a) 实验组 1 中各算法结果统计; (b) 实验组 2 中各算法结果统计

图 6.6(a) 记录了四种算法在四种任务分布各异的场景中的表现。其中，场景 S1_D1_3 代表的是不足订阅场景，而另外是那种场景被认为是过度订阅场景。图中结果可以说明，DQN_DP 算法和 DQN_CH 算法在处理不同任务分布的场景，均能比 APMA 算法和 HC 算法取得更好的任务总收益，说明算法在各不同场景中具有较高的求解精度。

图 6.6(b) 记录了四种算法在不同任务规划周期、不同任务规模的场景中的表现。由于在小规模场景中，所有算法均能得到接近该能力上限的解。随着算法

接近卫星的能力上限，求解结果的提升难度就会越来越大。在场景 S1_D1_1 和 S1_D2_1 中，与 APMA 算法、HC 算法相比，DQN_DP 算法和 DQN_CH 算法仍然在求解精度方面具有优势，说明所设计的集成算法在这类场景中也是有效的。随着规划周期的增加，DQN_DP 算法和 DQN_CH 算法与其他两种算法的任务总收益差距逐渐拉大。值得一提的是，在场景 S1_D7_1 中，APMA 算法无法在实施本实验的计算机上完成运算，其原因是内存溢出。这说明 APMA 算法在长规划周期、多任务数量的场景中对计算资源的要求较高，不利于在大规模问题中推广使用。

6.4.3 多星协同实验结果

将 DQN_CH 算法、DQN_DP 算法、APMA 算法、HC 算法应用于表 6.9 中的场景 8~14。各算法在每个场景中分别重复运行 10 次，记录每一次运行得到的方案总收益，并统计方案总收益的标均值和标准差汇总于表 6.14。

表 6.14 四种算法在多星协同规划场景中的方案总收益分析

场景	DQN_DP		DQN_CH		APMA		HC	
	均值	标准差	均值	标准差	均值	标准差	均值	标准差
S4_D1_1	**241**	0	239	0	236.1	2.132	222.1	3.635
S4_D1_2	**263**	0	259	0	258.6	3.239	236.3	6.255
S4_D1_3	**299**	0	298	0	295.3	3.683	280.8	3.910
S4_D1_4	**342**	0	337	0	330.7	4.596	301.6	7.516
S4_D2_1	**551**	0	538	0	—	—	468.5	7.106
S4_D4_1	**1163**	0	1116	0	—	—	—	—
S4_D7_1	—	—	**2011**	0	—	—	—	—

注：加黑数字表示最好的结果。

基于表 6.14，可得如下结论：

(1) 在所有的多星协同任务规划场景中，DQN_DP 算法的求解精度仍然是所有算法中最好的，且 DQN_CH 算法在所有场景中的收益值超越了 APMA 算法和 HC 算法的平均收益。这证明了所设计的两种集成算法求解精度方面在多星协同任务规划场景中仍然具有优越性。

(2) 在多星场景中，DQN_CH 算法和 DQN_DP 算法的方案总收益标准差为 0。这是确定性算法的优势，具体分析已在前文给出，在此不再赘述。

(3) 基于本实验的硬件水平（i7-8750H CPU、16.0GB RAM、GTX 1060），除了 DQN_CH 算法，其他三种算法均出现了内存溢出的现象：APMA 算法在规划周期超过 1 天的规划场景中均无法得到最终的结果；HC 算法则在超过 2 天的场景中内存溢出；DQN_DP 算法仅在场景 S4_D7_1 中无法有效得到计算结果。因此，集成算法在求解大规模问题时，APMA 算法和 HC 算法对计算资源要求更高，而集成算法可以用较小的计算资源得到满意的结果。

对四星协同任务规划场景的实验结果分组，并将结果统计于图 6.7。

图 6.7(a) 中的应用场景为同一规划周期下，不同任务分布、不同任务规模的多星协同任务规划场景的结果统计。从图中的结果可直观地看出：在所有场景中，HC 算法的求解精度最低，两种集成算法的求解精度在所有多星协同任务规划场景中均高于另外两种算法。其中，DQN_DP 算法的求解精度在所有场景中均处于最优。

图 6.7(b) 测试了算法的能力边界。图中，DQN_CH 算法可以求解所有场景，DQN_DP 算法可以求解前三个场景（S4_D1_1、S4_D2_1、S4_D4_1），HC 算法可求解场景 S4_D1_1 和场景 S4_D2_1，APMA 算法则只能在 S4_D1_1 中求得任务规划方案。通过分析单个算法在不同场景中的表现，可以发现：把任务规划周期拉长后，所有算法得到的规划方案中任务总收益均随之增长。因此，可以判断，所有算法在不同任务规划周期的多星协同任务规划场景中均能够有效得到满意解，其中 DQN_DP 算法的求解精度最高，DQN_CH 算法对计算资源的能力要求最低。

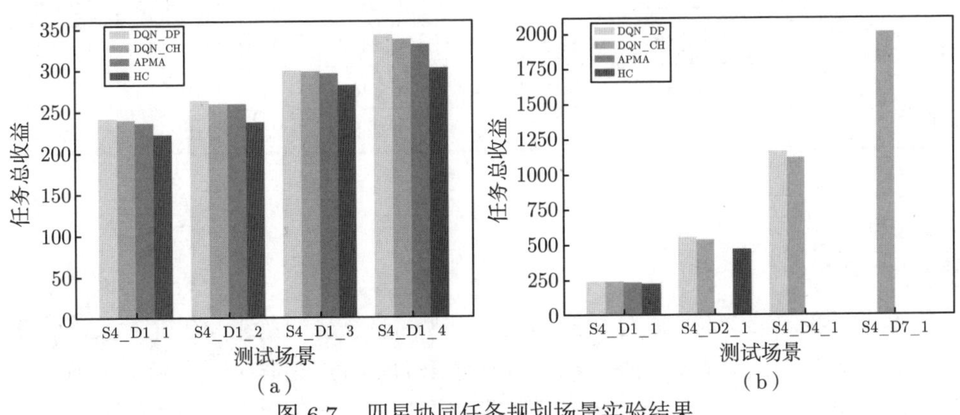

图 6.7 四星协同任务规划场景实验结果

(a) 实验组 3 中各算法结果统计; (b) 实验组 4 中各算法结果统计

最后，本实验还测试了基于 DQN_DP 算法和 DQN_CH 算法所得到的求解方案中各卫星的负载均衡性。实验场景是由四颗“高景一号”商业遥感卫星组成的卫星星座，卫星管控部门通常希望系统中四颗卫星的工作强度尽可能平均，这样就可以避免某一颗卫星的工作强度过大，导致星座中各卫星的使用寿命差距过大。因此，系统中卫星的负载均衡性通常也是实际应用过程中关注的一个评价指标。

通过对每颗卫星在规划周期内执行的任务数量与规划方案任务总数量比值来分析与讨论方案的负载均衡性，即

$$\text{卫星}j\text{的负载均衡性指标}=\frac{\text{卫星}j\text{需要执行的任务数量}}{\text{当前方案任务总数量}} \tag{6.9}$$

表 6.15 显示了不同场景下每颗卫星的负载均衡性指标。图中所有数据都在 23%～27%，因此单个任务规划方案中每颗卫星所执行的任务数量在 4% 以内。由于“高景一号”星座中四颗卫星被分为两组，两组卫星的约束条件不尽相同，这也导致了在卫星满载的情况下可执行的任务数量之间存在细微差异。根据实验结果可以得出结论：考虑到不同约束、不同轨道条件，所提出的方案可以在不同卫星之间实现良好的负载平衡。

表 6.15 多星场景中卫星的负载均衡分析

场景	DQN_DP				DQN_CH			
	01 星	02 星	03 星	04 星	01 星	02 星	03 星	04 星
S4_D1_1	0.2407	0.2448	0.2614	0.2531	0.2469	0.2469	0.2469	0.2594
S4_D1_2	0.2433	0.2395	0.2586	0.2586	0.2432	0.2394	0.2587	0.2587
S4_D1_3	0.2408	0.2408	0.2609	0.2575	0.2450	0.2383	0.2617	0.2550
S4_D1_4	0.2456	0.2427	0.2544	0.2573	0.2374	0.2433	0.2611	0.2582
S4_D2_1	0.2450	0.2432	0.2559	0.2559	0.2416	0.2454	0.2546	0.2584
S4_D4_1	0.2442	0.2476	0.2519	0.2562	0.2455	0.2473	0.2518	0.2554
S4_D7_1	—	—	—	—	0.2481	0.2501	0.2511	0.2506

6.5 本章小结

本章以我国首个商业遥感卫星星座——“高景一号”星座为研究对象，验证了双层优化模型、集成确定性算法和强化学习的任务规划方法在实际工程项目中的应用效果。本章首先从“高景一号”星座运行控制系统出发，剖析了该项目中任务规划的特点与难点；然后通过梳理“高景一号”任务规划系统的外部接口和内部接口，整理出系统内外数据流，并抽取出与任务规划相关的要素并建立双层优化模型、设计集成规划算法对其求解。

最后将算法与其他工程应用中常用的求解算法对比，在实际应用场景中的求解精度分析、负载均衡分析，证明了集成确定性算法和强化学习的任务规划算法应用于实际工程中可稳定提高所得任务规划方案的平均收益，且在处理大规模复杂场景的能力上，集成算法也更具优势。因此，学习型双层任务规划算法在求解实际工程中的成像卫星任务规划问题中具有巨大的优势和发展潜力。

第7章

总结与展望

7.1 总结

伴随航天应用领域和最优化领域的学者对成像卫星任务规划问题的思考不断深入，该问题的研究逐渐从面向理论模型向服务于实际应用的方向转变。然而，工程应用过程中多型号、多载荷卫星协同的应用需求日益突出，导致成像卫星任务规划问题的复杂度进一步加大：决策变量维度逐渐提高、约束条件增多且日益复杂，进而导致问题的解析性质越来越难以被挖掘。另外，卫星管控方对成像卫星的精细化管控需求，以及用户对卫星成像产品的快速响应需求日益迫切，对成像卫星任务规划问题的求解过程提出了更高的要求：不仅对任务规划算法在求解精度和运算效率等方面的期望不断提升，还希望算法可以对不同类型、不同性质的成像卫星实现统一接入、有机整合，以提升算法对各类成像卫星的综合管控和统筹应用效果。在充分调研现有卫星任务规划技术的基础上，本书提出了学习型双层任务规划理论与方法来求解成像卫星任务规划问题。

首先，遵循计算机软件系统设计的规范，设计了成像卫星任务规划系统。定义了必要的专业术语后，从调研国外典型的成像卫星任务规划系统项目出发，梳理国外典型系统的结构、功能及系统内部各模块的相互关系，充分分析不同项目的设计目标和实际考虑，梳理研究任务规划系统在整体应用流程、功能结构、业务逻辑等方面的需求，进而提出系统设计理念，确定了系统的整体设计思路和系统设计原则。利用 UML 系统建模工具，对系统的用例模型、结构对象和行为对象进行详细设计，为成像卫星运行控制部门相关工作者、科研人员提供理解卫星任务规划过程、设计任务规划系统的方法论。

其次，深入理解成像卫星任务规划问题的本质特征，并建立双层优化模型来描述成像卫星任务规划问题：上层任务分配过程采用强化学习训练得到的价值函数选择任务的成像机会，下层任务调度过程使用确定性算法产生稳定且满意的任务规划方案。按照这个思路将复杂的成像卫星任务规划问题“分而治之”，可以有效降低问题整体求解难度，保证求解质量和运算效率。通过上下两层求解过程的大量交互产生的数据来不断训练价值函数：任务分配过程输出的分配方案作为任务调度过程的输入条件，任务调度过程得到的最终方案可以产生训练价值函数的数据。该求解框架是一种用于求解卫星任务规划问题的新范式，可以充分发挥确定性算法和强化学习的优势，在保证求解质量的前提下，提升算法的时间效率。

再次，为任务调度问题设计了两种确定性算法。具体而言，在基于对任务调度过程的建模及约束分析，提出了基于时间线推进机制的约束检查方法，并作为底层算法模块支持任务调度算法的运行。同时设计了基于剩余任务密度的启发式（HADRT）算法、基于任务排序的动态规划（DPTS）算法用于求解任务调度问题。这两种算法都可在多项式时间复杂度内得到满意的解，说明了算法运算效率符合预期结果；确定性算法的本质保证了算法运算结果的稳定性；关于约束的处理保证了算法的通用性；并分别证明了这两种算法在其特定假设条件下的最优性。仿真实验证明了这两种算法在求解精度、求解效率方面的优越性，并对比这两种算法之间的差异，得到了两种算法各自的适用场景：HADRT 算法更适合在大规模场景中以较小的时间代价得到满意的解，而 DPTS 算法则适合在任务冲突度大的场景中进一步提高解的质量。

复次，提出了面向任务分配过程的有限马尔可夫决策（MDP）模型。该模型中嵌套了任务调度的求解过程，以保证训练过程的完整性。通过对 MDP 模型中的要素设计与分析，设计了面向随机初始状态的算法求解框架、基于领域知识和约束的动作剪枝策略，并应用于改进深度 Q 学习（DQN）算法。对算法进行消融性研究，综合研究了 DQN 算法中采用不同的配置对算法性能的影响：确定了改进 DQN 算法中激活函数、损失函数和优化器的配置方案，并分析在此配置方案下算法的收敛性、泛化性等性能，从而验证了 DQN 在求解任务分配问题的有效性。通过研究不同的算法集成方案的性能，发现集成 DQN 算法和 HADRT 算法、集成 DQN 算法和 DPTS 算法等两种任务规划算法（DQN_DP 算法和 DQN_CH 算法）在收敛速度、收敛精度和结果稳定性等方面优于其他两类典型强化学习算法（A3C 算法和 PtrN 算法）与 HADRT 算法和 DPTS 算法的集成算法。对 DQN_DP 算法和 DQN_CH 算法的对比分析表明，DQN_CH 算法在运算效率方面具有优势，DQN_DP 算法在求解精度方面更有优势，因此可根据实际需求合理配置算法来求解实际复杂应用场景下的成像卫星任务规划问题。

最后，在实际工程问题——“高景一号”商业遥感卫星星座任务规划问题中验证所提出来的模型和方法的有效性。设计了符合运控系统操作规范和标准的“高景一号”商业遥感卫星星座任务规划系统，建立了面向“高景一号”商业遥感卫星星座任务规划问题的双层优化模型，并将本书所提出的集成确定性算法和强化学习的成像卫星任务规划算法应用于求解该模型。利用真实的任务规划场景数据开展案例研究，将本书所设计的集成算法与另外两种在本项目中已成功应用的算法进行对比，分别分析了所提出的方法在单颗卫星任务规划场景和四星协同任务规划场景中的应用效果。结果表明，本书所提出的集成算法无论在求解精度还是计算效率方面都优于两种对比算法，并且在卫星的负载均衡方面都取得了令人满意的结果，这说明了任务分配过程的合理性。通过对算法的能力边界分析可得，当计算资源有限时，基于 DQN 和 DPTS 的集成算法更适合在小规模场景中提升求解质量，基于 DQN 和 HADRT 的集成算法则更适合在大规模场景中利用较小的计算资源得到满意解。

总而言之，学习型双层任务规划理论与方法能够有效缓解成像卫星任务规划问题中通用性与高效性之间、求解效率与求解精度之间的矛盾，对缩小成像卫星任务规划领域理论与实践之间的鸿沟起到了积极的作用。

7.2 展望

本书的研究内容是集成机器学习和运筹学算法求解复杂的成像卫星任务规划问题这一道路上的初步探索，并且经过一系列的研究，已经得到了一些令人振奋的结果和结论。可以预见，随着相关底层技术与科学研究条件的不断成熟，这条道路在未来较长时间内都是一个很有前景的研究方向。面对成像卫星任务规划过程向体系化、智能化、精细化、快速响应化发展的趋势，未来的研究工作可以从理论和应用两个层面展开。

1) 在理论层面进一步提升集成算法的求解精度和求解效率

(1) 目前方案中所设计的确定性算法都是条件最优。这是因为本书中提到的成像卫星调度问题被证明为是 NP 难问题，所提出的确定性方法无法保证任何情况下都能在多项式时间内得到问题的最优解。所以目前的算法仍有提升的空间，可以通过进一步改进算法，使算法在更多、更一般的情形中保证最优性。

(2) 双层优化模型中分层方式对整个求解过程的影响。根据参考文献 [71] 的设计，成像卫星任务规划问题可以进一步细分为三个有逻辑先后顺序的求解过程：

任务与资源的匹配问题、任务排序问题、任务执行时刻的决策问题。按照任务类型来分，如果考虑成像任务与数传任务一体化调度，这个问题又可以分为成像调度和数传调度两个求解阶段。以不同的方式来对问题分层求解会对实验结果产生什么样的影响？研究并回答这一问题有利于深入挖掘强化学习算法与确定性算法结合的内在科学规律。

(3) 改进 MDP 模型中的各组成要素的设计方案。本书基于多年总结的领域知识和研究经验设计的 MDP 模型，但是该模型仍然是针对成像卫星任务规划问题的初步模型。模型中各要素的结构与实现方法相对简单，例如本方案中采用的是基于原始输入参数的状态表示方法，基于三层全连接网络的价值函数等算法中的要素，都可以展开深入研究，进一步优化。例如是否能够采用其他的属性描述场景的本质状态以提高模型在任务规模上的泛化能力、是否能够通过设计更加复杂的短期回报函数和长期价值函数以提高算法的收敛效率，都是值得研究的科学问题。

2) 在应用层面进一步拓展双层优化模型和集成算法的应用广度

(1) 利用双层优化模型和集成算法求解超大规模成像卫星集群任务调度问题[77,185-186]。面对超大规模成像卫星集群任务规划问题，本书所设计的集成算法可能会出现计算代价过高、价值函数无法收敛等问题。因此，为了适应未来超大规模成像卫星集群管控的发展趋势，需要对目前的双层优化模型和集成算法做相应的改进，以应对求解空间爆炸、训练时动作选择的回报率低等问题。

(2) 考虑卫星动态性的成像卫星任务自主规划问题[25,187-189]，也是成像卫星任务规划领域的研究者关注的重点方向之一。由于卫星在飞行过程中会遇到各种各样的不确定性，同时，在硬件条件和管控手段成熟时，成像卫星可自主接收用户需求，并进行相应的决策。双层优化模型和集成确定性算法和强化学习的任务规划算法在这种条件下如何才能在各种不确定条件下快速地作出科学决策，是一个值得深入研究的课题。

参考文献

[1] 史兼郡, 张进, 罗亚中, 等. 基于深度强化学习算法的空间站任务重规划方法 [J]. 载人航天, 2020, 26 (4): 469-476.

[2] HE Y M, XING L N, CHEN Y W, et al. A generic markov decision process model and reinforcement learning method for scheduling agile earth observation satellites [J]. IEEE Transactions on Systems, Man, and Cybernetics: Systems, 2022, 52(3): 1463-1474.

[3] 陈豪. 高景一号卫星发射成功 [J]. 空间电子技术, 2017, 14 (3): 91.

[4] 尤政, 王翀, 邢飞, 等. 空间遥感智能载荷及其关键技术 [J]. 航天返回与遥感, 2013, 34 (1): 35-43.

[5] 卢万杰. 空间目标态势认知与服务关键技术研究 [D]. 郑州: 信息工程大学, 2020.

[6] 郭晗. 高景一号正式商用, 中国商业遥感进入 0.5 米时代 [J]. 卫星应用, 2017 (5): 62-63.

[7] NAG S, LI A S, MERRICK J H. Scheduling algorithms for rapid imaging using agile Cubesat constellations [J]. Advances in Space Research, 2018, 61 (3): 891-913.

[8] IP F, DOHM J, BAKER V, et al. Autonomous flood sensorweb: multisensor rapid response and early flood detection [C]//3rd International Congress on Environmental Modeling and Software, Burlington, United States. 2006: 1-8.

[9] FASANO G, PINTÉR J D. Modeling and optimization in space engineering [M]. Berlin: Springer, 2013.

[10] 李国辉. 多成像自主卫星鲁棒性任务规划模型与算法研究 [D]. 哈尔滨: 哈尔滨工业大学, 2018.

[11] HU X X, ZHU W M, AN B, et al. A branch and price algorithm for EOS constellation imaging and downloading integrated scheduling problem [J]. Computers & Operations Research, 2019, 104: 74-89.

[12] VERBEECK C, SÖRENSEN K, AGHEZZAF EH, et al. A fast solution method for the timedependent orienteering problem [J]. European Journal of Operational Research, 2014, 236 (2): 419-432.

[13] 张忠山, 谭跃进, 义余江, 等. 基于资源预留的成像卫星鲁棒性任务规划方法 [J]. 系统工程理论与实践, 2016, 36 (6): 1544-1554.

[14] LIU X L, LAPORTE G, CHEN Y W, et al. An adaptive large neighborhood search meta-heuristic for agile satellite scheduling with timedependent transition time [J]. Computers and Operations Research, 2017, 86: 41-53.

[15] 廉振宇, 谭跃进, 王沛, 等. 全球卫星导航系统规划与调度集成问题研究 [C]// 第四届中国卫星导航学术年会论文集, 湖北武汉, 2013: 131-135.

[16] JI B, YUAN X H, YUAN Y B. A hybrid intelligent approach for coscheduling of cascaded locks with multiple chambers [J]. IEEE transactions on Cybernetics, 2019, 49 (4): 1236-1248.

[17] 徐瑞, 徐晓飞, 崔平远. 基于时间约束网络的动态规划调度算法 [J]. 计算机集成制造系统, 2004, 10 (2): 188-194.

[18] KONA H, BURDE A, ZANWAR D R. A review of traveling salesman problem with time window constraint [J]. International Journal for Innovative Research in Science & Technology, 2015, 2 (1): 253-254.

[19] BRÄYSY O, GENDREAU M. Tabu search heuristics for the vehicle routing problem with time windows [J]. Top, 2002, 10 (2): 211-237.

[20] LI B J, WU G H, HE Y M, et al. An overview and experimental study of learning based optimization algorithms for vehicle routing problem [J]. IEEE/CAA Journal of Automatica Sinica, 2022, 9 (7): 1115-1138.

[21] DAKNAMA R, KRAUS E. Vehicle routing with drones [J]. arXiv preprint arXiv:1705.06431, 2017: 1-24.

[22] MITROVICMINIC S, THOMSON D, BERGER J, et al. Collection planning and scheduling for multiple heterogeneous satellite missions: survey, optimization problem, and mathematical programming formulation [M] // Giorgio Fasano, János D. Pintér. Modeling and optimization in space engineering[M]. Berlin: Springer, 2019: 271-305.

[23] ZUFFEREY N, VASQUEZ M. A generalized consistent neighborhood search for satellite range scheduling problems [J]. RAIRO-Operations Research, 2015, 49 (1): 99-121.

[24] 李济廷. 多星自主协同任务规划问题研究——以高低轨多星协同为例 [D]. 长沙: 国防科技大学, 2017.

[25] ZHANG J, DAI J H. Simulation based autonomous satellite constellations design [C]// 6th International Conference on System Simulation and Scientific Computing, Beijing, China, 2005: 1020-1024.

[26] 陈成. 时间依赖调度方法及在敏捷卫星任务规划中的应用研究 [D]. 长沙: 国防科学技术大学, 2014.

[27] 杜永浩, 邢立宁, 陈盈果, 等. 卫星任务调度统一化建模与多策略协同求解方法 [J]. 控制与决策, 2019, 34 (9): 1847-1856.

[28] BENOIST T, ROTTEMBOURG B. Upper bounds for revenue maximization in a satellite scheduling problem [J]. Quarterly Journal of the Belgian, French and Italian Operations Research Societies, 2004, 2 (3): 235-249.

[29] 郭雷. 敏捷卫星调度问题关键技术研究 [D]. 武汉: 武汉大学, 2015.

[30] 姜维, 郝会成, 李一军. 对地观测卫星任务规划问题研究述评 [J]. 系统工程与电子技术, 2013, 35 (9): 1878-1885.

[31] TURNER J, MENG Q, SCHAEFER G, et al. Distributed task rescheduling with time

constraints for the optimization of total task allocations in a multi-robot system [J]. IEEE transactions on Cybernetics, 2018, 48 (9): 2583-2597.

[32] 徐一帆. 天基海洋移动目标监视的联合调度问题研究 [D]. 长沙: 国防科学技术大学, 2011.

[33] WANG J J, DEMEULEMEESTER E, QIU D S. A pure proactive scheduling algorithm for multiple earth observation satellites under uncertainties of clouds [J]. Computers & Operations Research, 2016, 74: 1-13.

[34] WANG J J, DEMEULEMEESTER E, HU X J, et al. Exact and heuristic scheduling algorithms for multiple earth observation satellites under uncertainties of clouds [J]. IEEE Systems Journal, 2019, 13 (3): 3556-3567.

[35] ZHAO J, WANG T Y, PEDRYCZ W, et al. Granular prediction and dynamic scheduling based on adaptive dynamic programming for the blast furnace gas system [J]. IEEE transactions on Cybernetics, 2021, 51 (4): 2201-2214.

[36] 张良. 卫星编队飞行的自主控制体系结构和规划调度算法研究 [J]. 计算机光盘软件与应用, 2010 (8): 94.

[37] ZHANG W, DIETTERICH T G. High performance job shop scheduling with a time delay TD() network [J]. Advances in neural information processing systems, 1996, 8: 1024-1030.

[38] YIN W J, LIU M, WU C. A genetic learning approach with casebased memory for job shop scheduling problems [C]//2002 International Conference on Machine Learning and Cybernetics, Beijing, China, 2002: 1683-1687.

[39] NAZARI M, OROOJLOOY A, SNYDER L V, et al. Reinforcement learning for solving the vehicle routing problem [C]// Advances in Neural Information Processing Systems, Montreal, Canada, 2018: 9839-9849.

[40] TALBI E G. Machine learning into metaheuristics: a survey and taxonomy [J]. ACM Computing Surveys, 2021, 54 (6): 1-32.

[41] GOERIGK M, KASPERSKI A, ZIELIŃSKI P. Two stage combinatorial optimization problems under risk [J]. Theoretical Computer Science, 2020, 804: 29-45.

[42] GUPTA J N, STRUSEVICH V A, ZWANEVELD C M. Two stage no-wait scheduling models with setup and removal times separated [J]. Computers & Operations Research, 1997, 24 (11): 1025-1031.

[43] TANG Y J, LIU R K, SUN Q X. Two stage scheduling model for resource leveling of linear projects [J]. Journal of Construction Engineering and Management, 2014, 140 (7): 1-10.

[44] SADHU A K, KONAR A. Improving the speed of convergence of multiagent qlearning for cooperative taskplanning by a robotteam [J]. Robotics and Autonomous Systems, 2017, 92: 66-80.

[45] SILVA M A L, DE SOUZA S R, SOUZA M J F, et al. A reinforcement learningbased multiagent framework applied for solving routing and scheduling problems [J]. Expert

Systems with Applications, 2019, 131: 148-171.
[46] SADHU A K, KONAR A. An efficient computing of correlated equilibrium for cooperative Q learning based multi-robot planning [J]. IEEE Transactions on Systems, Man, and Cybernetics: Systems, 2020, 50 (8): 2779-2794.
[47] 冷猛. 卫星对地观测需求分析方法及其应用研究 [D]. 长沙: 国防科学技术大学, 2011.
[48] 张晓, 李遂贤. 一种面向应用主题的多源遥感卫星需求建模方法 [J]. 电子技术与软件工程, 2016 (6): 120-124.
[49] 马满好, 祝江汉, 范志良, 等. 一种对地观测卫星应用任务描述模型 [J]. 国防科技大学学报, 2011, 33 (2): 89-94.
[50] SHEN L X, JIANG C J, LIU G J. Satellite objects extraction and classification based on similarity measure [J]. IEEE Transactions on Systems, Man, and Cybernetics: Systems, 2016, 46 (8): 1148-1154.
[51] 刘晓东, 陈英武, 贺仁杰, 等. 基于空间几何模型的遥感卫星任务分解算法 [J]. 系统工程与电子技术, 2011, 33 (8): 1783-1788.
[52] SHERWOOD R, CHIEN S, TRAN D, et al. Intelligent systems in space: The EO-1 autonomous sciencecraft [R]. Arlington: Jet Propulsion Laboratory, 2005: 150-160.
[53] REILE H, LORENZ E, TERZIBASCHIAN T. The FireBird mission - a scientific mission for earth observation and hot spot detection [C]// 9th Iaa Symposium on Small Satellites for Earth Observation, Berlin, Germany, 2013: 1-4.
[54] GLEYZES M A, PERRET L, KUBIK P. Pleiades system architecture and main performances [C]//XXII ISPRS Congress, Melbourne, Australia, 2012: 537-542.
[55] 罗开平, 李一军. 系统科学视角下高分辨率对地观测系统任务管控统筹优化 [J]. 系统工程理论与实践, 2011 (S1): 43-54.
[56] 凌晓冬. 多星测控调度问题建模及算法研究 [D]. 长沙: 国防科学技术大学, 2009.
[57] LIN W C, LIAO D Y, LIU C Y, et al. Daily imaging scheduling of an earth observation satellite [J]. IEEE Transactions on Systems, Man, and Cybernetics Part A: Systems and Humans, 2005, 35 (2): 213-223.
[58] 王沛, 李菊芳, 谭跃进. 多星联合对地观测能力评估系统设计与实现 [J]. 军事运筹与系统工程, 2007, 21 (2): 68-73.
[59] PRALET C, VERFAILLIE G. Using constraint networks on timelines to model and solve planning and scheduling problems [C]//18th International Conference on Automated Planning and Scheduling, Sydney, Australia, 2008: 272-279.
[60] XHAFA F, SUN J, BAROLLI A, et al. Genetic algorithms for satellite scheduling problems [J]. Mobile Information Systems, 2012, 8 (4): 351-377.
[61] 刘洋, 陈英武, 谭跃进. 卫星地面站系统任务调度的动态规划方法 [J]. 中国空间科学技术, 2005, 25 (1): 44-47.
[62] RUAN Q M, TAN Y J, HE R J, et al. Simulationbased scheduling for photo reconnaissance satellite [C]//37th Winter Simulation Conference, Orlando, United states, 2005: 2585-2589.

[63] ÁLVAREZ A J V, ERWIN R S. An introduction to optimal satellite range scheduling [M]. Berlin: Springer, 2015.

[64] 廉振宇, 谭跃进, 贺仁杰, 等. 高分对地观测系统通用任务规划框架设计 [J]. 计算机集成制造系统, 2013, 19 (5): 981-989.

[65] TANGPATTANAKUL P, JOZEFOWIEZ N, LOPEZ P. A multiobjective local search heuristic for scheduling Earth observations taken by an agile satellite [J]. European Journal of Operational Research, 2015, 245 (2): 542-554.

[66] IVANCIC W D, PAULSEN P E, MILLER E M, et al. Secure, autonomous, intelligent controller for integrating distributed emergency response satellite operations [C]//2013 IEEE Aerospace Conference, Big Sky, United states, 2013: 1-12.

[67] IZZO D, PETTAZZI L. Autonomous and distributed motion planning for satellite swarm [J]. Journal of Guidance, Control, and Dynamics, 2007, 30 (2): 449-459.

[68] BARRY J. Increasing autonomy through satellite expert system scheduling [C]// AIAA 2nd Space Logistics Symposium, 1988: 153-156.

[69] BARRY J M, SARY C. Expert system for onboard satellite scheduling and control [C]//4th Conference on Artificial Intelligence for Space Applications, Huntsville, United States, 1988: 193-203.

[70] BARBULESCU L, HOWE A, WHITLEY D. AFSCN scheduling: how the problem and solution have evolved [J]. Mathematical and Computer Modelling, 2006, 43 (9): 1023-1037.

[71] WOLFE W J, SORENSEN S E. Three scheduling algorithms applied to the earth observing systems domain [J]. Management Science, 2000, 46 (1): 148-168.

[72] CHEN X Y, REINELT G, DAI G, et al. A mixed integer linear programming model for multi-satellite scheduling [J]. European Journal of Operational Research, 2019, 275 (2): 694-707.

[73] PENG G S, SONG G P, XING L N, et al. An exact algorithm for agile earth observation satellite scheduling with time dependent profits [J]. Computers & Operations Research, 2020, 120: 1-15.

[74] BENGIO Y, LODI A, PROUVOST A. Machine learning for combinatorial optimization: a methodological tour d' horizon [J]. European Journal of Operational Research, 2021, 290 (2): 405-421.

[75] EVANS G W, FAIRBAIRN R. Selection and scheduling of advanced missions for NASA using 01 integer linear programming [J]. Journal of the Operational Research Society, 1989, 40 (11): 971-981.

[76] HARTMANN S, BRISKORN D. A survey of variants and extensions of the resource constrained project scheduling problem [J]. European Journal of operational research, 2010, 207 (1): 1-14.

[77] BERGER J, GIASSON E, FLOREA M, et al. A graphbased genetic algorithm to solve the virtual constellation multiSatellite collection scheduling problem [C]//2018

IEEE Congress on Evolutionary Computation (CEC), Rio de Janeiro, Brazil, 2018: 1-10.

[78] PENG G S, DEWIL R, VERBEECK C, et al. Agile earth observation satellite scheduling: an orienteering problem with time-dependent profits and travel times [J]. Computers & Operations Research, 2019, 111: 84-98.

[79] ABRAMSON D. Constructing school timetables using simulated annealing: sequential and parallel algorithms [J]. Management Science, 1991, 37 (1): 98-113.

[80] 白国庆. 区域普查试验卫星任务规划方法与应用研究 [D]. 长沙: 国防科学技术大学, 2009.

[81] 王钧, 李军, 景宁, 等. 基于约束满足的多目标对地观测卫星成像调度 [J]. 国防科技大学学报, 2007, 29 (4): 66-71.

[82] BAPTISTE P, LABORIE P, LE PAPE C, et al. Constraintbased scheduling and planning [M] // Francesca Rossi, Peter van Beek, Toby Walsh. Handbook of constraint programming[M]. Amsterdam: Elsevier, 2006: 761-799.

[83] 陈蔼祥, 姜云飞, 柴啸龙. 规划的形式表示技术研究 [J]. 计算机科学, 2008, 35 (7): 105-110.

[84] 刘洋. 成像侦察卫星动态重调度模型、算法及应用研究 [D]. 长沙: 国防科学技术大学, 2004.

[85] 高永明, 赵立军, 闫慧. 一种支持自主任务规划调度的航天器系统建模方法 [J]. 系统仿真学报, 2009, 21 (2): 320-324.

[86] 刘嵩. 集成任务和动作的敏捷对地观测卫星自主规划方法研究 [D]. 长沙: 国防科学技术大学, 2017.

[87] ACKERMANN S, ANGRISANO A, DEL PIZZO S, et al. Digital surface models for GNSS mission planning in critical environments [J]. Journal of Surveying Engineering, 2014, 140 (2): 1-11.

[88] BEAUMET G, VERFAILLIE G, CHARMEAU MC. Feasibility of autonomous decision making on board an agile earthobserving satellite [J]. Computational Intelligence, 2011, 27 (1): 123-139.

[89] LI J T, ZHANG S, LIU X L, et al. Multi-objective evolutionary optimization for geostationary orbit satellite mission planning [J]. Journal of Systems Engineering and Electronics, 2017, 28 (5): 934-945.

[90] DONG W B, ZHOU K, QI H Q, et al. A tissue P system based evolutionary algorithm for multiobjective VRPTW [J]. Swarm and evolutionary computation, 2018, 39: 310-322.

[91] ADIBI M, ZANDIEH M, AMIRI M. Multi-objective scheduling of dynamic job shop using variable neighborhood search [J]. Expert Systems with Applications, 2010, 37 (1): 282-287.

[92] 陈永抗. 组网成像卫星任务规划鲁棒性建模与算法研究 [D]. 哈尔滨: 哈尔滨工业大学, 2016.

[93] WU G H, PEDRYCZ W, LI H F, et al. Coordinated planning of heterogeneous earth observation resources [J]. IEEE Transactions on Systems, Man, and Cybernetics: Systems, 2015, 46 (1): 109-125.
[94] CHIEN S, TRAN D, RABIDEAU G, et al. Timeline based space operations scheduling with external constraints [C]//20th International Conference on Automated Planning and Scheduling, Toronto, Canada, 2010: 34-41.
[95] WANG L, JIANG C X, KUANG L L, et al. Mission scheduling in space network with antenna dynamic setup times [J]. IEEE Transactions on Aerospace and Electronic Systems, 2019, 55 (1): 31-45.
[96] SUN K K, MOU S S, QIU J B, et al. Adaptive fuzzy control for non-triangular structural stochastic switched nonlinear systems with full state constraints [J]. IEEE Transactions on Fuzzy Systems, 2019, 27 (8): 1587-1601.
[97] QIU J B, SUN K K, RUDAS I J, et al. Command filter based adaptive NN control for MIMO nonlinear systems with full state constraints and actuator hysteresis [J]. IEEE transactions on cybernetics, 2020, 50 (7): 2905-2915.
[98] VICENTE L N, CALAMAI P H. Bi-level and multi-level programming: A bibliography review [J]. Journal of Global optimization, 1994, 5 (3): 291-306.
[99] LU J, HAN J L, HU Y G, et al. Multi-level decision making: A survey [J]. Information Sciences, 2016, 346: 463-487.
[100] HE L, LIU X L, LAPORTE G, et al. An improved adaptive large neighborhood search algorithm for multiple agile satellites scheduling [J]. Computers & Operations Research, 2018, 100: 12-25.
[101] CHU X G, CHEN Y N, TAN Y J. An anytime branch and bound algorithm for agile earth observation satellite onboard scheduling [J]. Advances in Space Research, 2017, 60 (9): 2077-2090.
[102] VINYALS O, FORTUNATO M, JAITLY N. Pointer networks [C]//29th Annual Conference on Neural Information Processing Systems, Montreal, Canada, 2015: 2692-2700.
[103] 褚骁庚. 敏捷自主卫星调度算法研究 [D]. 长沙: 国防科学技术大学, 2017.
[104] 王沛. 基于分支定价的多星多站集成调度方法研究 [D]. 长沙: 国防科学技术大学, 2011.
[105] 白保存, 贺仁杰, 李菊芳, 等. 卫星单轨任务合成观测问题及其动态规划算法 [J]. 系统工程与电子技术, 2009, 31 (7): 1738-1742.
[106] DILKINA B, HAVENS B. Agile satellite scheduling via permutation search with constraint propagation [R]. Vancouver: Actenum Corporation, 2005: 1-20.
[107] 薛志家. 对地观测卫星自主任务规划技术研究 [D]. 南京: 南京航空航天大学, 2015.
[108] MALDAGUE P F, KO A. JIT planning: an approach to autonomous scheduling for space missions [C]//IEEE Aerospace Conference, Aspen, United states, 1999: 339-349.
[109] CHIEN S, SHERWOOD R, TRAN D, et al. Autonomous science on the EO-1 mission

[C]//International Symposium on Artificial Intelligence Robotics and Automation in Space, Nara, Japan, 2003: 1-6.

[110] CHIEN S, TRAN D, RABIDEAU G, et al. Planning operations of the earth observing satellite EO1: representing and reasoning with spacecraft operations constraints [C]//6th International Workshop on Planning and Scheduling in Space, Darmstadt, Germany, 2009: 1-8.

[111] CICHY B, CHIEN S, RABIDEAU G, et al. Validating the autonomous EO1 science agent [C]//15th International Conference on Automated Planning and Scheduling, Monterey, United states, 2005: 39-47.

[112] 程松涛, 龚燃. 首颗“昴宿星”今年升空 [J]. 国际太空, 2011, 7: 11-16.

[113] WILLE B, WÖRLE M T, LENZEN C. VAMOS-verification of autonomous mission planning onboard a spacecraft [C]//19th IFAC Symposium on Automatic Control in Aerospace, Wurzburg, Germany, 2013: 382-387.

[114] GOETZ K A, HUBER F, VON SCHOENERMARK M. VIMOS autonomous image analysis on board of BIROS [C]//19th IFAC Symposium on Automatic Control in Aerospace, Wurzburg, Germany, 2013: 423-428.

[115] ZENDER J, BERGHMANS D, BLOOMFIELD D, et al. The projects for onboard autonomy (PROBA2) science centre: sun watcher using APS detectors and image processing (SWAP) and large yield radiometer (LYRA) science operations and data products [J]. Solar Physics, 2013, 286 (1): 93-110.

[116] 高洪涛, 陈虎, 刘晖, 等. 国外对地观测卫星技术发展 [J]. 航天器工程, 2009, 18 (3): 84-92.

[117] CHEN Y T, HUANG A, WANG Z Y, et al. Bayesian optimization in alphago [J]. arXiv preprint arXiv:1812.06855, 2018: 1-7.

[118] LACHHWANI K, DWIVEDI A. Bi-level and multi-level programming problems: taxonomy of literature review and research issues [J]. Archives of Computational Methods in Engineering, 2018, 25 (4): 847-877.

[119] QIU H F, ZHAO B, GU W, et al. Bi-level two stage robust optimal scheduling for ac/dc hybrid multimicrogrids [J]. IEEE Transactions on Smart Grid, 2018, 9 (5): 5455-5466.

[120] CHIEN S A, KNIGHT R, STECHERT A, et al. Using iterative repair to improve the responsiveness of planning and scheduling [C]//5th International Conference on Artificial Intelligence Planning Systems, Breckenridge, United states, 2000: 300-307.

[121] 王海蛟, 贺欢, 杨震. 敏捷成像卫星调度的改进量子遗传算法 [J]. 宇航学报, 2018, 39 (11): 1266-1274.

[122] 陈英武, 姚锋, 李菊芳, 等. 求解多星任务规划问题的演化学习型蚁群算法 [J]. 系统工程理论与实践, 2013, 33 (3): 791-801.

[123] GLOBUS A, CRAWFORD J, LOHN J, et al. Scheduling earth observing satellites with evolutionary algorithms [C]//International conference on space mission chal-

lenges for information technology, 2003: 1-7.

[124] GLOBUS A, CRAWFORD J, LOHN J, et al. A comparison of techniques for scheduling earth observing satellites [C]//19th National Conference on Artificial Intelligence, San Jose, United states, 2004: 836-843.

[125] HABET D, PARIS L, TERRIOUX C. A tree decomposition based approach to solve structured SAT instances [C]//21st IEEE International Conference on Tools with Artificial Intelligence, Newark, United states, 2009: 115-122.

[126] ZHAI X J, NIU X, TANG H, et al. Robust satellite scheduling approach for dynamic emergency tasks [J]. Mathematical Problems in Engineering, 2015, 2015: 1-20.

[127] WANG M C, DAI G M, VASILE M. Heuristic scheduling algorithm oriented dynamic tasks for imaging satellites [J]. Mathematical Problems in Engineering, 2014, 2014 (5): 1-11.

[128] WANG J J, ZHU X M, YANG L T, et al. Towards dynamic realtime scheduling for multiple earth observation satellites [J]. Journal of Computer and System Sciences, 2015, 81 (1): 110-124.

[129] 严珍珍, 陈英武, 邢立宁. 基于改进蚁群算法设计的敏捷卫星调度方法 [J]. 系统工程理论与实践, 2014, 34 (3): 793-801.

[130] 姚锋, 邢立宁. 求解卫星地面站调度问题的演化学习型蚁群算法 [J]. 系统工程与电子技术, 2012, 34 (11): 2270-2274.

[131] 邢立宁, 陈英武. 基于混合蚁群优化的卫星地面站系统任务调度方法 [J]. 自动化学报, 2008, 34 (4): 414-418.

[132] 邢立宁, 陈英武. 基于知识的智能优化引导方法研究进展 [J]. 自动化学报, 2011, 37 (11): 1285-1289.

[133] CHU X G, CHEN Y N, XING L N. A branch and bound algorithm for agile earth observation satellite scheduling [J]. Discrete Dynamics in Nature and Society, 2017, 2017: 1-16.

[134] 马振华. 现代应用数学手册: 运筹学与最优化理论卷 [M]. 北京: 清华大学出版社，1998.

[135] 申培萍. 全局优化方法 [M]. 北京: 科学出版社，2006.

[136] TSAI C C, LI S H. A two stage modeling with genetic algorithms for the nurse scheduling problem [J]. Expert Systems with Applications, 2009, 36 (5): 9506-9512.

[137] PARISIO A, JONES C N. A two stage stochastic programming approach to employee scheduling in retail outlets with uncertain demand [J]. Omega, 2015, 53: 97-103.

[138] WU F, SIOSHANSI R. A two stage stochastic optimization model for scheduling electric vehicle charging loads to relieve distribution system constraints [J]. Transportation Research Part B: Methodological, 2017, 102: 55-82.

[139] DASHTI H, CONEJO A J, JIANG R, et al. Weekly two stage robust generation scheduling for hydrothermal power systems [J]. IEEE Transactions on Power Systems, 2016, 31 (6): 4554-4564.

[140] HE L, LIU X L, CHEN Y W, et al. Hierarchical scheduling for real-time agile satellite

task scheduling in a dynamic environment [J]. Advances in Space Research, 2019, 63 (2): 897-912.

[141] DENG B Y, JIANG C X, KUANG L L, et al. Two phase task scheduling in data relay satellite systems [J]. IEEE Transactions on Vehicular Technology, 2017, 67 (2): 1782-1793.

[142] 李国梁. 通信约束下分布式对地观测卫星系统在线协同任务调度模型与算法 [D]. 长沙: 国防科学技术大学, 2017.

[143] 王冲. 基于 Agent 的对地观测卫星分布式协同任务规划研究 [D]. 长沙: 国防科学技术大学, 2014.

[144] 于在亮. 多中心协同卫星任务规划平台关键技术研究 [D]. 长沙: 国防科学技术大学, 2010.

[145] 苗悦. 编队飞行成像卫星的自主任务规划技术研究 [D]. 哈尔滨: 哈尔滨工业大学, 2016.

[146] GRASSETBOURDEL R, VERFAILLIE G, FLIPO A. Planning and re-planning for a constellation of agile Earth observation satellites [C]//21th International Conference on Automated Planning and Scheduling, Freiburg, Germany, 2011: 29-36.

[147] DESALE S, RASOOL A, ANDHALE S, et al. Heuristic and metaheuristic algorithms and their relevance to the real world: a survey [J]. International Journal of Computer Engineering in Research Trends, 2015, 2 (5): 269-304.

[148] 伍国华. 基于勘探和开采策略控制的智能优化算法及其应用研究 [D]. 长沙: 国防科学技术大学, 2014.

[149] 周志华. 机器学习 [M]. 北京: 清华大学出版社，2016.

[150] SONG H D, TRIGUERO I, ÖZCAN E. A review on the self and dual interactions between machine learning and optimisation [J]. Progress in Artificial Intelligence, 2019, 8 (2): 143-165.

[151] SUTTON R S, BARTO A G. Reinforcement learning: an introduction [M]. Cambridge, Massachusetts: MIT press, 2018.

[152] SILVER D, HUANG A, MADDISON C J, et al. Mastering the game of go with deep neural networks and tree search [J]. Nature, 2016, 529 (7587): 484-489.

[153] SILVER D, SCHRITTWIESER J, SIMONYAN K, et al. Mastering the game of go without human knowledge [J]. Nature, 2017, 550 (7676): 354-359.

[154] SILVER D, HUBERT T, SCHRITTWIESER J, et al. A general reinforcement learning algorithm that masters chess, shogi, and go through selfplay [J]. Science, 2018, 362 (6419): 1140-1144.

[155] MORAVČÍK M, SCHMID M, BURCH N, et al. Deepstack: expert level artificial intelligence in headsup nolimit poker [J]. Science, 2017, 356 (6337): 508-513.

[156] XU Z, LI Z X, GUAN Q W, et al. Large scale order dispatch in ondemand ride-hailing platforms: a learning and planning approach [C]//24th ACM SIGKDD International Conference on Knowledge Discovery and Data Mining, London, United kingdom, 2018: 905-913.

[157] QIN Z W, TANG X C, JIAO Y, et al. Ride hailing order dispatching at DiDi via reinforcement learning [J]. INFORMS Journal on Applied Analytics, 2020, 50 (5): 272-286.

[158] HU H Y, ZHANG X D, YAN X W, et al. Solving a new 3d bin packing problem with deep reinforcement learning method [J]. arXiv preprint arXiv:1708.05930, 2017: 1-7.

[159] PINEDO M. Scheduling: theory, algorithms, and systems [M]. Berlin: Springer, 2012.

[160] GRUNITZKI R, DE OLIVEIRA RAMOS G, BAZZAN A L C. Individual versus difference rewards on reinforcement learning for route choice [C]// 2014 Brazilian Conference on Intelligent Systems, Sao Carlos, Brazil, 2014: 253-258.

[161] LI Y X. Deep reinforcement learning: an overview [J]. arXiv preprint arXiv: 1701.07274, 2017: 1-85.

[162] ADAM S, BUSONIU L, BABUSKA R. Experience replay for realtime reinforcement learning control [J]. IEEE Transactions on Systems, Man, and Cybernetics, Part C: Applications and Reviews, 2012, 42 (2): 201-212.

[163] CUI R X, YANG C G, LI Y, et al. Adaptive neural network control of AUVs with control input nonlinearities using reinforcement learning [J]. IEEE Transactions on Systems, Man, and Cybernetics: Systems, 2017, 47 (6): 1019-1029.

[164] SHARMA R. Fuzzy Q learning based UAV autopilot [C]//the International Conference on Innovative Applications of Computational Intelligence on Power, Energy and Controls with Their Impact on Humanity, Ghaziabad, India, 2014: 29-33.

[165] WANG Y, RU Z Y, WANG K Z, et al. Joint deployment and task scheduling optimization for large scale mobile users in multi UAV enabled mobile edge computing [J]. IEEE transactions on cybernetics, 2020, 50 (9): 3984-3997.

[166] GAMBARDELLA L M, DORIGO M. AntQ: A reinforcement learning approach to the traveling salesman problem [C]// 12th International Conference on Machine Learning, Tahoe City, United states, 1995: 252-260.

[167] WEI Y Z, ZHAO M Y. A reinforcement learning based approach to dynamic job shop scheduling [J]. Acta Automatica Sinica, 2005, 31 (5): 765-771.

[168] DAI H J, KHALIL E B, ZHANG Y Y, et al. Learning combinatorial optimization algorithms over graphs [C]//Advances in Neural Information Processing Systems, Long Beach, United states, 2017: 6349-6359.

[169] LI K W, ZHANG T, WANG R. Deep reinforcement learning for multi-objective optimization [J]. IEEE transactions on cybernetics, 2021, 51 (6): 3103-3114.

[170] LU H, ZHANG X W, YANG S. A learningbased iterative method for solving vehicle routing problems [C]//International Conference on Learning Representations, Addis Ababa, Ethiopia, 2020: 1-15.

[171] USAHA W, BARRIA J A. Reinforcement learning for resource allocation in LEO satellite networks [J]. IEEE Transactions on Systems, Man, and Cybernetics, Part B: Cybernetics, 2007, 37 (3): 515-527.

[172] 王冲, 景宁, 李军, 等. 一种基于多 Agent 强化学习的多星协同任务规划算法 [J]. 国防科技大学学报. 2011, 33 (1): 53-58.

[173] 王海蛟. 基于强化学习的卫星规模化在线调度方法研究 [D]. 北京: 中国科学院大学 (中国科学院国家空间科学中心), 2018.

[174] WANG H J, ZHEN Y, WUGEN Z, et al. Online scheduling of image satellites based on neural networks and deep reinforcement learning [J]. Chinese Journal of Aeronautics, 2019, 32 (4): 1011-1019.

[175] NGUYEN T T, NGUYEN N D, NAHAVANDI S. Deep reinforcement learning for multi-agent systems: a review of challenges, solutions, and applications [J]. IEEE transactions on cybernetics, 2020, 50 (9): 3826-3839.

[176] KINGMA D P, BA J L. Adam: a method for stochastic optimization [C]// 3rd International Conference on Learning Representations, San Diego, United states, 2015: 1-15.

[177] SCHAUL T, QUAN J, ANTONOGLOU I, et al. Prioritized experience replay [C]// 4th International Conference on Learning Representations, San Juan, United States, 2016: 1-21.

[178] HE Y M, WANG Y, CHEN Y W, et al. Auto mission planning system design for imaging satellites and its applications in environmental field [J]. Polish Maritime Research, 2016, 23 (S1): 59-70.

[179] BELLO I, PHAM H, LE Q V, et al. Neural combinatorial optimization with reinforcement learning [C]//5th International Conference on Learning Representations, Toulon, France. 2016: 1-15.

[180] 刘兆军. “高景一号”卫星开创中国商业遥感的新纪元 [J]. 航天返回与遥感, 2017, 38 (2): 2.

[181] 杨存成, 付玉荣, 陈令霞, 等. 高景一号卫星整装待发我国将首次进入 0.5 米级商业遥感市场 [J]. 安装, 2017 (2): 26.

[182] 崔恩慧. 高景一号成功发射我国首颗中学生科普小卫星搭载发射 [J]. 中国航天, 2017 (1): 22.

[183] 杜永浩. 面向卫星任务调度问题的通用化调度引擎研究 [D]. 长沙: 国防科技大学, 2021.

[184] MATARIC M J. Reward functions for accelerated learning [C]//11th International Conference on Machine Learning, New Brunswick, United states, 1994: 181-189.

[185] KIM H, CHANG Y K. Mission scheduling optimization of SAR satellite constellation for minimizing system response time [J]. Aerospace Science and Technology, 2015, 40: 17-32.

[186] WANG P, REINELT G, GAO P, et al. A model, a heuristic and a decision support system to solve the scheduling problem of an earth observing satellite constellation [J]. Computers and Industrial Engineering, 2011, 61 (2): 322-335.

[187] ZHANG J, DAI J H. A hybrid agent oriented modeling method of autonomous distributed satellite systems (DSS) [C]//6th International Conference on System Simu-

lation and Scientific Computing, Beijing, China, 2005: 4-7.

[188] THOMAS D, MOTT K, TETREAULT K, et al. Real-time onboard estimation & optimal control of autonomous micro-satellite proximity operations [C]//55th AIAA Aerospace Sciences Meeting, Grapevine, United states, 2017: 1-16.

[189] PENG S, CHEN H, DU C, et al. Onboard observation task planning for an autonomous earth observation satellite using long shortterm memory [J]. IEEE Access, 2018, 6: 65118-65129.

附录A 符号说明

表 A-1 双层优化模型中使用的符号

符号	含义
i	任务编号
j	资源编号
n	任务数量
m	卫星数量
k	轨道圈数
$\mathbf{TS}$	任务集合
$\mathbf{RS}$	资源集合
r_i	执行任务 i 的资源编号
$\boldsymbol{C}$	资源能力参数集合
es_i	任务 i 的执行开始时间
ee_i	任务 i 的执行结束时间
ws_i^j	任务 i 在资源 j 上的可见窗口开始时间
we_i^j	任务 i 在资源 j 上的可见窗口结束时间
d_i^j	任务 i 在资源 j 上的执行时长
p_i^j	任务 i 在资源 j 上执行后获得的收益
$\varOmega$	成像卫星任务规划问题的解空间
$\varOmega_u$	任务分配问题的解空间
$\varOmega_l$	任务调度问题的解空间
$G_{k_1}^u$	任务分配问题的约束条件集合
$G_{k_2}^l$	任务调度问题的约束条件集合
g^u	任务分配问题所考虑的约束条目数量
g^l	任务调度问题所考虑的约束条目数量

表 A-2 基于剩余任务密度的启发式算法中使用的符号

符号	含义
TSQ	完整任务序列
HQ	当前任务序列
Stat_k	第 k 条累计型约束
Roll_k	第 k 条滚动型约束
Att_k	第 k 条任务属性约束
Corr_k	第 k 条任务相关性约束
L	任务调度周期
k_s	累计型约束与滚动型约束的约束条目数量
k_a	任务属性约束与任务相关性约束的约束条目数量
S_{opt}	最优解代表的任务规划方案
S_{HADRT}	基于剩余任务密度的启发式算法得到的任务规划方案

表 A-3 基于任务排序的动态规划算法中使用的符号

符号	含义
x_i	多阶段决策模型中阶段 i 的状态
X_i	阶段 i 的允许状态集合
$u_i(x_i)$	阶段 i 时状态 x_i 的决策变量
$U_i(x_i)$	阶段 i 时状态 x_i 的允许决策集合
$p_{i,j}(x_i)$	从阶段 i 的状态 x_i 到阶段 j 的策略
$p_{i,j}^*(x_i)$	从阶段 i 的状态 x_i 到阶段 j 的最优策略

表 A-4 有限马尔可夫决策模型及改进深度 Q 学习算法中使用的符号

符号	含义
t	序贯决策过程中的阶段
N	任务数量
a_t	有限马尔可夫决策过程中，时间步 t 时的动作
S_t	有限马尔可夫决策过程中，时间步 t 时的状态
R_t	有限马尔可夫决策过程中，时间步 t 时的奖励值
$\boldsymbol{A}$	有限马尔可夫决策过程中的动作空间
$\boldsymbol{A}(S_t)$	状态 S_t 下的可行动作集
g^i	任务 i 的地理位置信息
p^i	任务 i 的收益
v_t^i	时间步 t 之后，任务 i 剩余可选的时间窗数量
l_i^t	时间步 t 之后，任务 i 的可用性指标

缩写词列表

缩写词	全称	含义
A3C	asynchronous advantage actor-critic	异步优势演员—评论家（算法）（强化学习）
Adam	adaptive moment estimation	自适应矩估计（深度学习）
AEOSSP	agile earth observation satellite scheduling problem	敏捷地球观测卫星调度问题
AGATA	autonomy generic architecture test and application	自主通用体系结构测试与应用（法国）
ALNS	adaptive large neighborhood search	自适应大邻域搜索（算法）
ASPEN	automated planning/scheduling environment	（EO-1 卫星）自动规划与调度环境（美国）
BC	binary crossentropy	二元交叉熵（深度学习）
CASPER	continuous activity scheduling planning execution and replanning	星上调度规划与重规划模块（美国）
CC	categorical crossentropy	多元交叉熵（深度学习）
CNES	Centre National D'études Spatiales	法国国家空间研究中心
CP	mean cosine proximity	余弦相似度（深度学习）
CSP	constraint satisfaction problem	约束满足问题
DLR	Deutsches Zentrum Für Luft-und Raumfahrt	德国宇航中心
DPTS	dynamic programming based on task sorting	基于任务排序的动态规划（算法）
DQN	deep q-networks	深度 Q 学习（算法）（强化学习）
EO-1	earth observing-1	地球观测一号（美国）

续表

缩写词	全称	含义
ESA	European Space Agency	欧洲航天局
FireBIRD	fire bi-spectral infrared detection	“火鸟一号”卫星（法国）
GEO	geostationary orbit	地球静止轨道
HADRT	heuristic algorithm based on the density of residual tasks	基于剩余任务密度的启发式（算法）
HATW	heuristic algorithm based on time-window	基于时间窗的启发式（算法）
HEO	high earth orbit	高地球轨道
HG	hinge	合页（深度学习）
JSP	job-shop scheduling problem	车间作业调度问题
KLD	kullback leibler divergence	KL 散度（深度学习）
LACO	learnable ant colony optimization	学习型蚁群优化（算法）
LEO	low earth orbit	低地球轨道
MAE	mean absolute error	绝对误差（深度学习）
MAPE	mean absolute percentage error	平均绝对百分误差（深度学习）
MDP	finite Markov decision process	有限马尔可夫决策过程
MEO	medium earth orbit	中地球轨道
MSE	mean squared error	均方误差（深度学习）
MSLE	mean squared log error	均方对数误差（深度学习）
NASA	National Aeronautics and Space Administration	美国国家航空航天局
NP	non-deterministic polynomial	多项式复杂程度的非确定性问题
OBETTE	on-board event triggered timeline extension	星载事件触发时间线插件
PDDL	planning domain definition language	规划域建模语言
PROBA	project for on-board autonomy	星载自主计划（欧洲）
PtrN	actor-critic algorithm with pointer-networks	基于指针网络的演员—评论家（算法）（强化学习）
RL	reinforcement learning	强化学习
RMSprop	root mean square propagation	自适应学习率梯度下降（深度学习）
SAR	synthetic aperture radar	合成孔径雷达
SGD	stochastic gradient descent	随机梯度下降（深度学习）
SH	squared hinge	平方合页（深度学习）
TLE	two line elements	两行轨道根数
TSP	traveling salesman problem	旅行商问题

续表

缩写词	全称	含义
TSPTW	traveling salesman problem with time window	带时间窗的旅行商问题
UML	unified modeling language	统一建模语言
VAMOS	verification of autonomous mission planning onboard a spacecraft	星载自主任务规划试验（德国）
VRP	vehicle routing problem	车辆路径问题

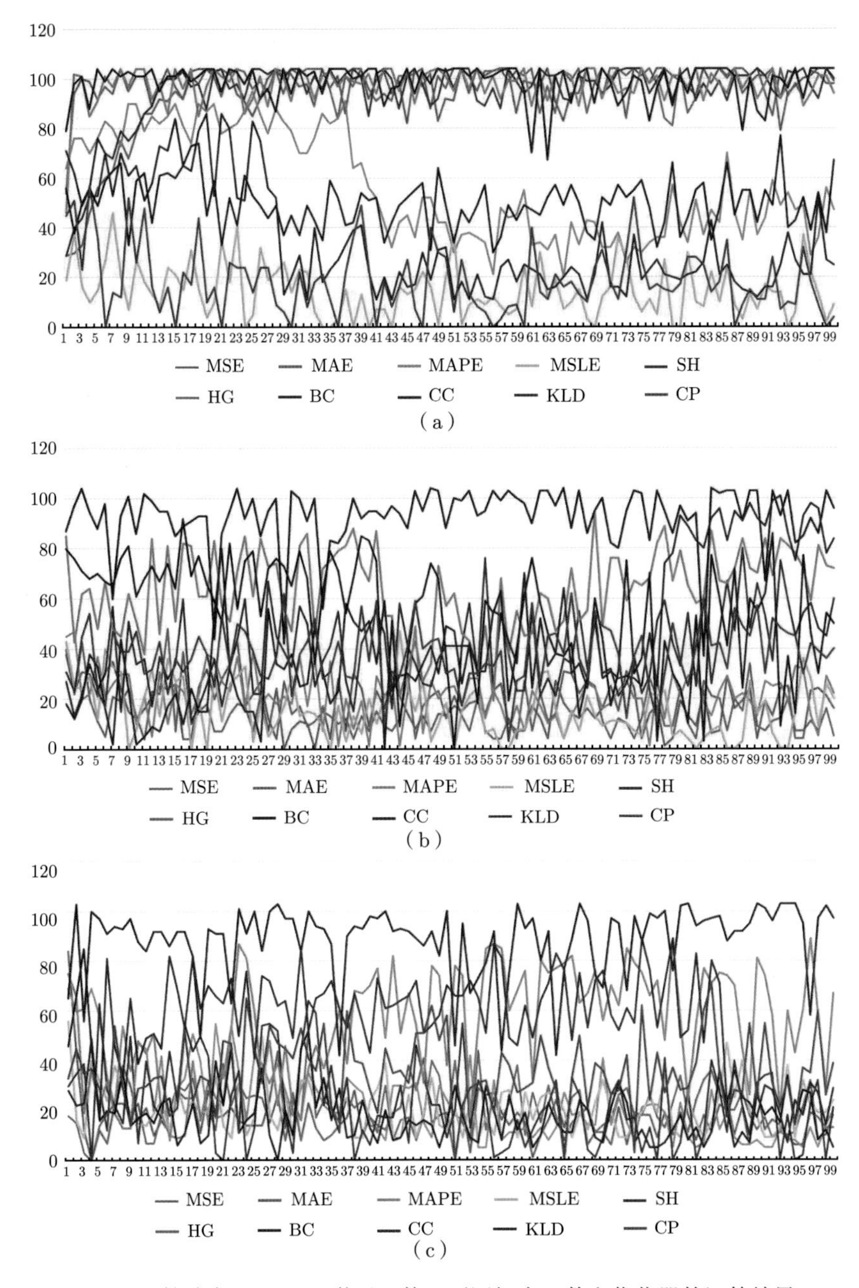

图 5.9 算法在 Sigmoid 激活函数下不同损失函数和优化器的运算结果

(a) SGD 优化器；(b) RMSprop 优化器；(c) Adam 优化器

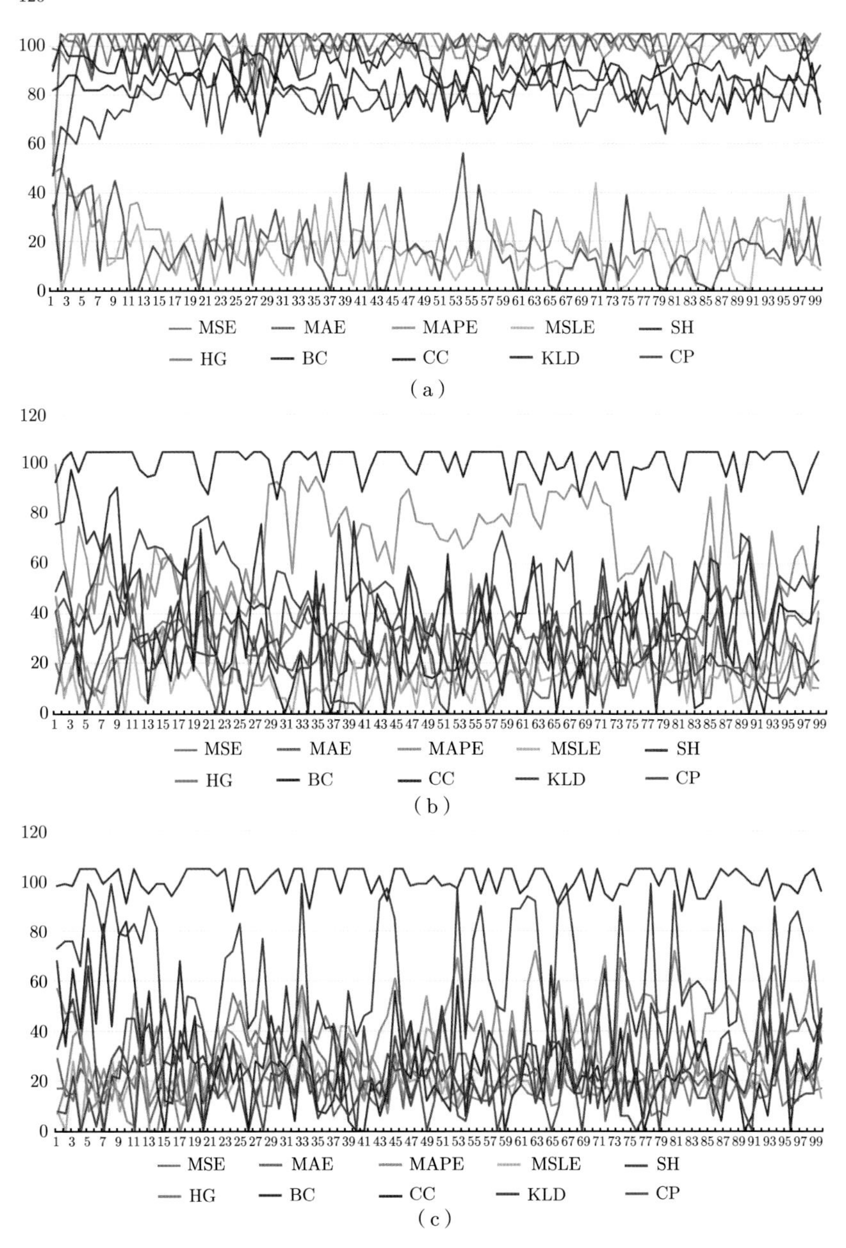

图 5.10　算法在 ReLU 激活函数下不同损失函数和优化器的运算结果

(a) SGD 优化器；(b) RMSprop 优化器；(c) Adam 优化器

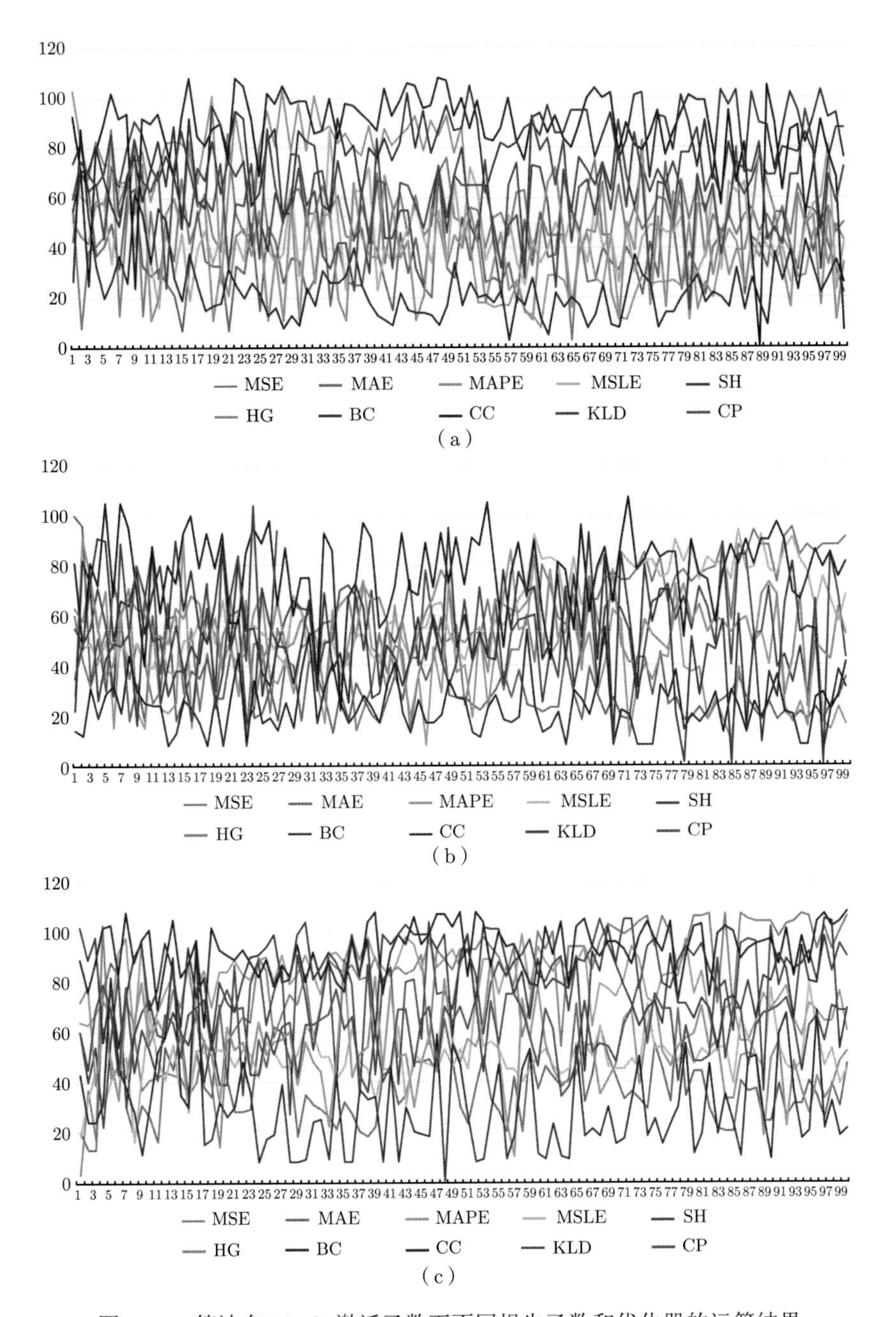

图 5.11 算法在 Tanh 激活函数下不同损失函数和优化器的运算结果

(a) SGD 优化器；(b) RMSprop 优化器；(c)Adam 优化器

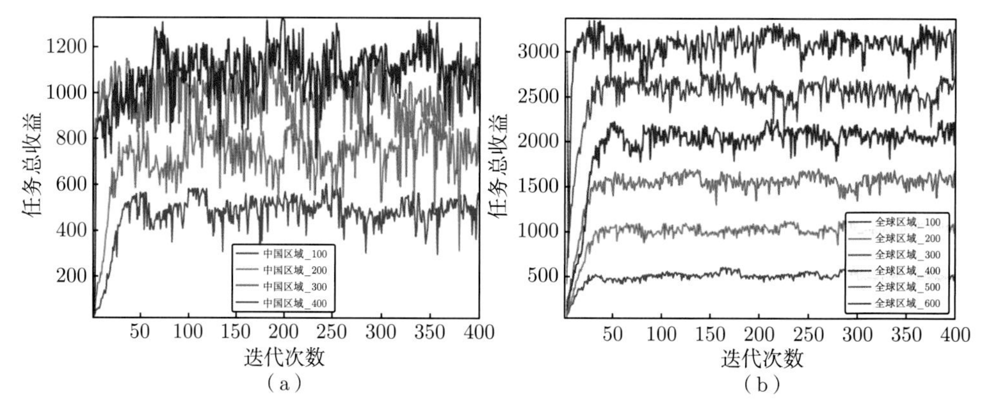

图 5.12 不同场景下迭代 400 次的总收益变化折线图

(a) 中国区域；(b) 全球区域

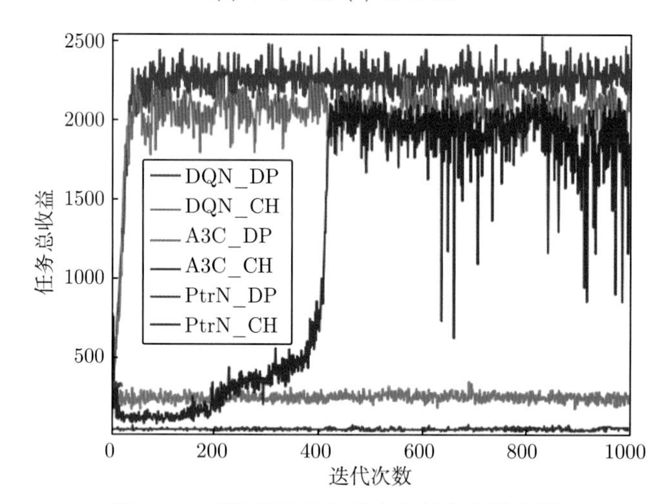

图 5.16 不同算法的集成方案的收敛性分析

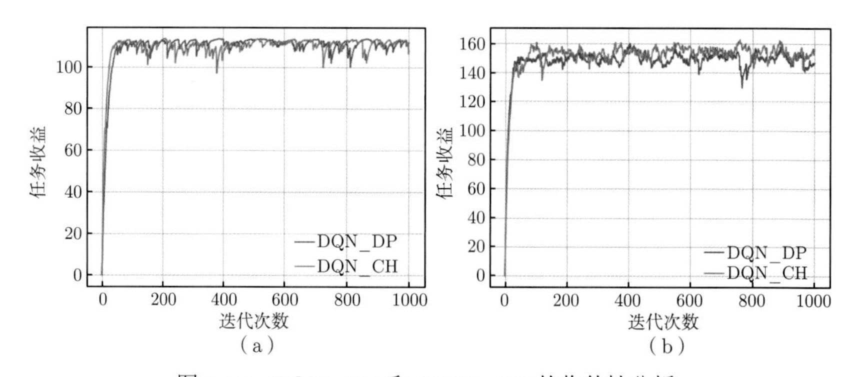

图 5.17 DQN_DP 和 DQN_CH 的收敛性分析

(a) 训练集 H_20；(b) 训练集 H_50；(c) 训练集 C_100；(d) 训练集 C_200；(e) 训练集 C_400

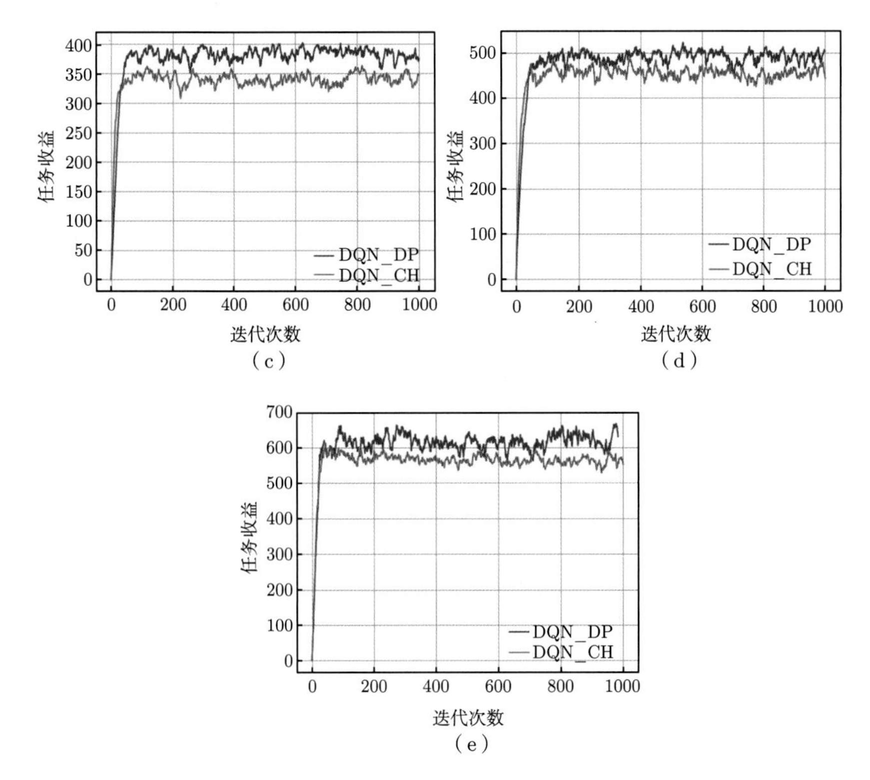

图 5.17 （续）

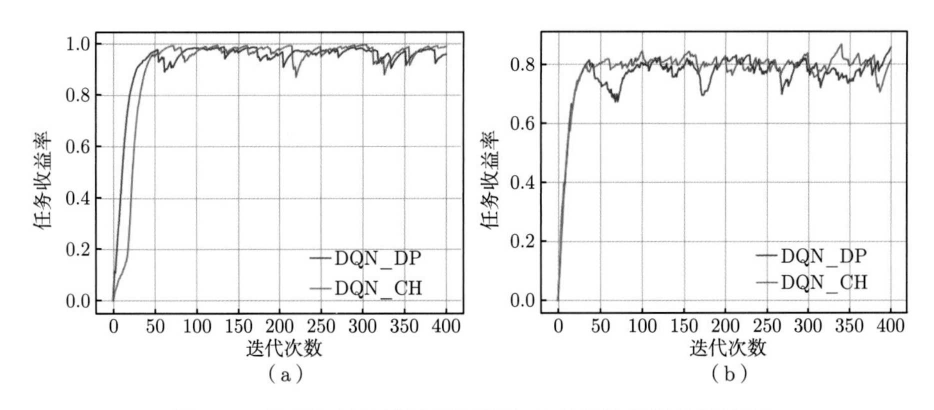

图 5.18 DQN_DP 算法和 DQN_CH 算法的泛化性分析

(a) 训练集 H_20；(b) 训练集 H_50；(c) 训练集 C_100；(d) 训练集 C_200；(e) 训练集 C_400

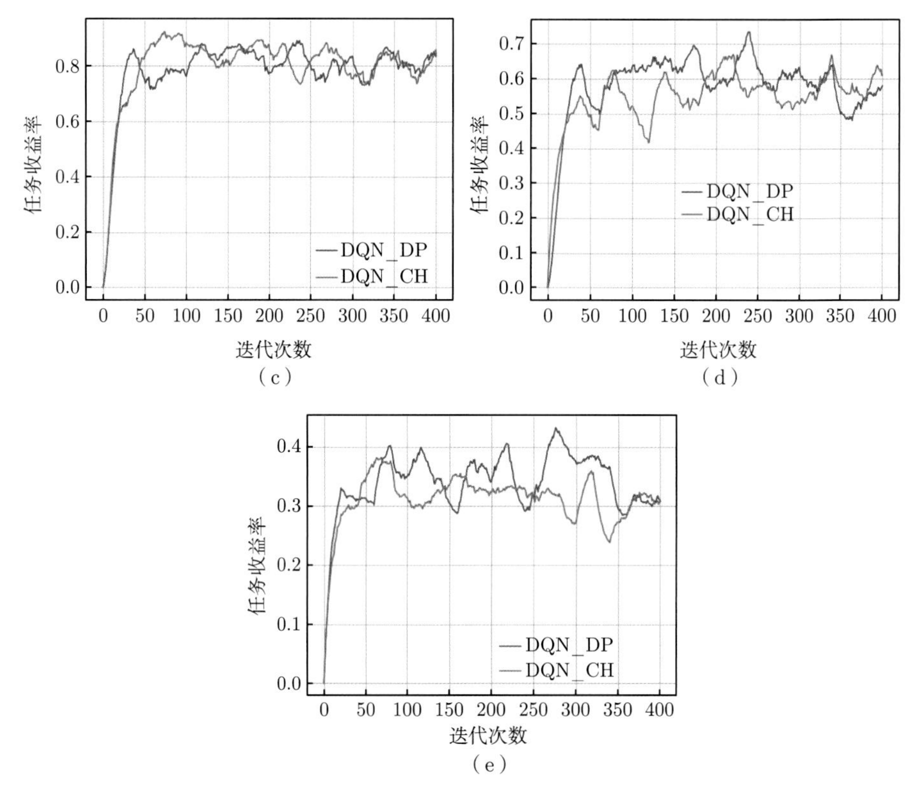

图 5.18 （续）

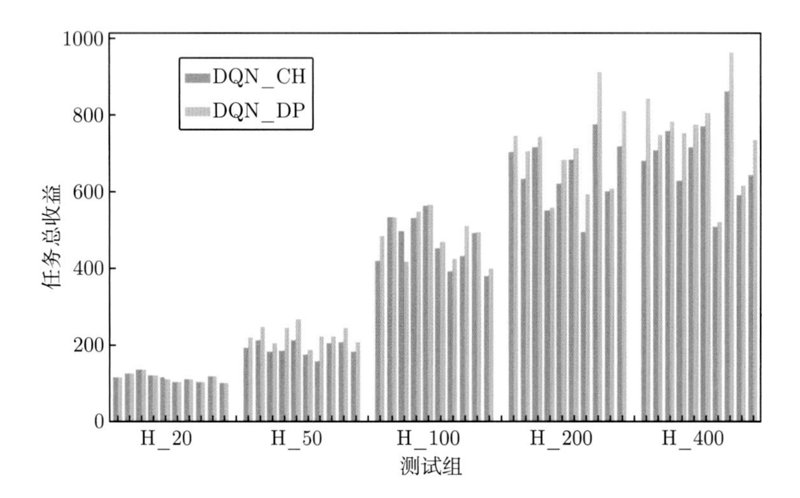

图 5.19 实验结果在新的 20 个场景中泛化性测试效果

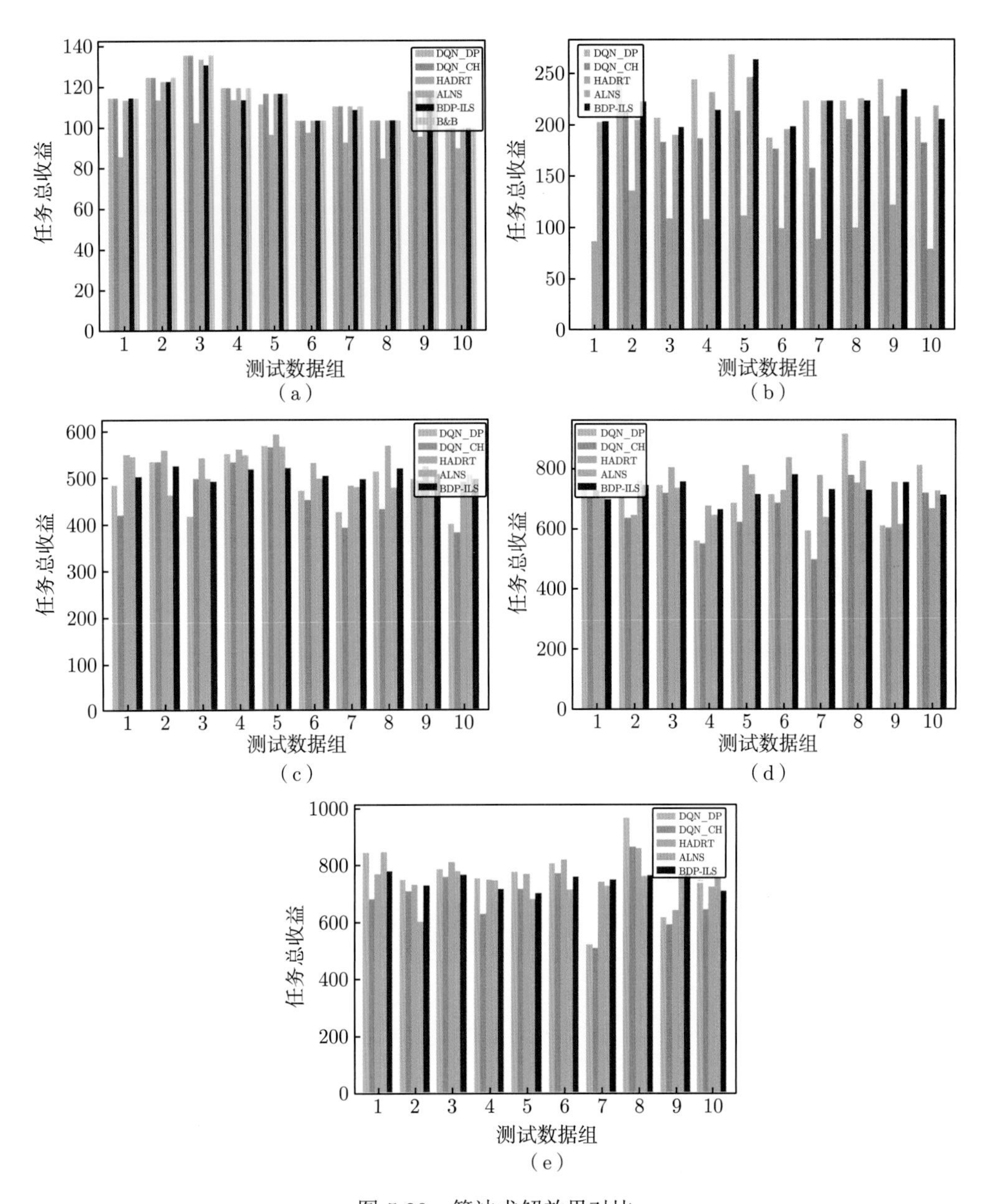

图 5.20 算法求解效果对比

(a) 训练集 H_20；(b) 训练集 H_50；(c) 训练集 C_100；(d) 训练集 C_200；(e) 训练集 C_400